天空地一体化水稻农情监测预警技术及应用

何彬彬　张宏国　等　著

科学出版社

北京

内 容 简 介

本书系统介绍水稻长势及病虫害监测预警方法及应用，主要内容包括基于多源遥感数据的水稻种植区提取方法、基于无人机高光谱的水稻叶绿素含量估算方法、产量估算与稻曲病监测、稻飞虱种群动态规律分析与预报方法、水稻药肥精准施用大数据平台的设计与研发。

本书可供农业信息技术、农业植物保护、农业气象及农业技术推广部门工作者参考，也可供农林业、地理信息、遥感、空间信息等学科领域的科研和教学人员参考。

审图号：GS 川 (2024) 140 号

图书在版编目 (CIP) 数据

天空地一体化水稻农情监测预警技术及应用 / 何彬彬等著.-- 北京：
科学出版社, 2024.9. -- ISBN 978-7-03-079026-2

Ⅰ. X835

中国国家版本馆 CIP 数据核字第 20242RT779 号

责任编辑：郑述方　李小锐 / 责任校对：彭　映
责任印制：罗　科 / 封面设计：墨创文化

科 学 出 版 社 出版

北京东黄城根北街16号
邮政编码：100717
http://www.sciencep.com

成都锦瑞印刷有限责任公司 印刷
科学出版社发行　各地新华书店经销
*

2024 年 9 月第 一 版　　开本：787×1092 1/16
2024 年 9 月第一次印刷　　印张：14 1/2　　插页：2
字数：344 000

定价：188.00 元
（如有印装质量问题，我社负责调换）

《天空地一体化水稻农情监测预警技术及应用》

作 者 名 单

何彬彬　　张宏国　　行敏锋

安刚强　　冯实磊　　曹　辉

前　言

水稻是全球主要粮食作物，也是我国三大粮食作物之一，保障其产量和品质对我国粮食安全具有重要意义。农药、化肥是农业生产活动中的重要资料，可以有效降低病虫害和营养不良造成的农作物产量损失。但也正是农药、化肥在农业生产中的广泛使用，使我国有害生物发生频率增高、危害加重，农民对农药、化肥产生高度依赖性，导致农药、化肥施用量大幅增加甚至出现了过量施用现象，给农产品质量安全、生态环境乃至人类生命健康都带来巨大的破坏和危害。目前，在水稻生产中，农民施肥、施药决策主要还是依赖人工经验。田间取样调查的方式存在时效性、代表性差和不确定性大等弊端。因此，对水稻长势、病虫害进行大范围、快速、精确的监测及预报是实现农药、化肥投入减量化的关键。遥感技术是在大范围内快速获取空间连续地表信息的手段，凭借其空间连续、周期短等突出优势逐步成为农业信息获取的重要技术。其在植物保护领域的应用是农业遥感的一个重要方向，尤其是随着无人机、卫星遥感技术的发展，为实现水稻长势、病虫害等多尺度动态监测提供了更多可能。因此，获取农作物遥感参数，并融合机器学习、数据挖掘、生态学等多学科方法，以判断水稻生长动态及营养状态，分析病虫害发生规律，构建预测模型，指导施肥施药等针对性田间管理，对推动我国绿色农业发展，保障农田生态环境和农产品的质量安全具有重要意义。

本书是在作者主持的国家重点研发计划项目"华南及西南水稻化肥农药减施技术集成研究与示范"课题"药肥精准施用跨境跨区域大数据平台"（2018YFD0200301）的支持下，指导多名博士生和硕士生开展相关研究并完成学位论文的基础上，总结提升而成。本书重点阐述了水稻长势及病虫害的监测预警方法及应用，并介绍自主研发的软件系统"水稻药肥精准施用大数据平台"。

本书由五个部分组成，共 13 章。第一部分主要简述水稻农情及病虫害监测预报研究现状与意义，包括第 1 章和第 2 章；第二部分为水稻种植区遥感提取方法，包括第 3 章和第 4 章，其中，第 3 章介绍基于 MODIS 数据的中低分辨率水稻种植区提取方法，第 4 章介绍基于 Landsat、Sentinel 等中高分辨率卫星遥感数据的水稻种植区提取方法；第三部分为利用无人机遥感技术监测水稻长势、病害及产量研究，包括第 5～7 章，其中，第 5 章介绍基于波长 a 和 b 间反射率变化速率的水稻叶绿素含量估算，第 6 章介绍基于机器学习的水稻稻曲病识别方法，第 7 章介绍基于植被指数的水稻产量估算方法；第四部分为水稻稻飞虱的监测预报，包括第 8～10 章，其中，第 8 章介绍华南、西南地区稻飞虱种群时空动态，第 9 章介绍基于因果推断的稻飞虱种群动态主控因子探测方法，第 10 章介绍顾及时空依赖的稻飞虱种群动态预报方法；第五部分为水稻药肥精准施用大数据原型平台设计与实现，包括第 11～13 章，重点阐述平台需求分析、平台功能、体系结构、数据库设计及实现。

本书的主要内容是前些年作者团队研究成果的一个阶段性总结。本书出版的主要目的是为水稻长势及病虫害监测预报研究提供及时、可靠的参考资料。本书由何彬彬负责统筹策划，具体分工为：第 1 章和第 2 章由何彬彬、张宏国编写；第 3 章和第 4 章由冯实磊、张宏国、何彬彬编写；第 5～7 章由安刚强、行敏锋、何彬彬编写；第 8～10 章由张宏国、何彬彬编写；第 11～13 章由曹辉、何彬彬编写。

由于作者水平和精力有限，书中尚有诸多不足之处，欢迎读者批评指正。

目　　录

第1章 绪　　论

1.1　研究背景及意义

水稻是全球主要粮食作物，也是我国三大粮食作物之一，保障其产量和品质对粮食安全具有重要意义，施肥和施药是确保作物产量和品质的重要措施。我国地理气候及生态环境复杂，病虫害发生频率高、危害重，特别是在全球变暖的气候背景下，病虫害会加剧作物产量损失[1]。Wang 等发现病虫害发生面积比自 1970 年以来以每年 3%的速度增加，到 2016 年病虫害发生面积比达到 218%(图 1-1)，水稻病虫害发生面积约占所有病虫害发生面积的 48%[2]。为防治病虫害，降低作物产量损失，农民对农药产生了高度依赖性，导致农药施用量大幅增加甚至出现过量施用的情况[3]。另外，农民在作物种植过程中为实现高产量、高收益往往会盲目施用过量肥料。农药化肥的过量施用，给农产品质量安全、生态环境乃至人类生命健康都带来了极大的破坏和危害[3]。

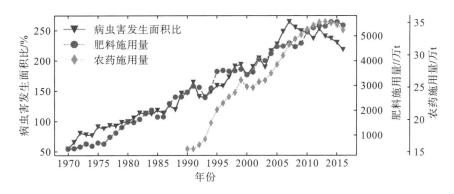

图 1-1　1970～2021 年作物病虫害发生面积比及肥料、农药施用量

在农业绿色发展的需求下，对作物长势、病虫害进行大范围、快速、精确的监测及预报是实现农药、化肥等减量化的关键[4]。在病虫害监测预报方面，目前主要还是依赖植保人员田间调查、取样的方式来进行监测，并在此基础上通过专家研判来确定病虫害的发生趋势。这些传统方法存在时效性差、主观性和极大的不确定性等一系列缺点[5, 6]。病虫害发生受到病虫源、气候变化、寄主作物(空间分布、生育期、长势)等多因素影响，多种因素的动态变化和相互作用给预测带来极大的困难。虽然针对一些重大病虫害利用其发生气候背景建立了预测模型，但建立的模型对影响病虫害发生的病虫源、寄主作物等关键因素考虑不足，导致模型时效性、准确性以及适用性都不尽如人意。预测模型对关键因素考虑不全面的主要原因是气象信息相对容易获取，而大范围的作物生长状态信息难以获取[7]。作物生长状态不仅能影响病虫害发生，也是在作物种植过程中施肥

的重要参考依据。通过植被状态，指导肥料的施用策略，可以避免因肥料施用过量或不足导致的经济成本增加、环境污染[8, 9]和作物减产、降质[10]等问题。

遥感技术是在大范围内快速获取空间连续地表信息的手段，凭借其空间连续、周期短等突出优势逐步成为农业信息获取的重要技术，在农作物种植区提取、产量估测、病虫害监测、昆虫生境因子监测等方面被广泛应用[11-15]。遥感技术在植物保护领域的应用是农业遥感的一个重要方向，通过选用合适的数据，获取农田作物遥感参数，融合机器学习、数据挖掘、生态学等多学科方法，诊断作物生长动态及营养状态，分析病虫害发生规律，构建预测模型，以指导制定施肥施药等针对性的田间管理措施[7]。作者团队参与的国家重点研发计划"化学肥料和农药减施增效综合技术开发"专项项目"华南及西南水稻化肥农药减施技术集成研究与示范"(2018YFD02003)的目标之一便是构建多源时空数据支持下的稻区及病虫害监测预警体系与方法。依靠遥感技术实现寄主植被分布和长势的监测，并与气象、传统监测相结合实现更准确的病虫害监测预报已成为必然的发展趋势。

鉴于此，作者团队通过多学科交叉研究，构建了作物长势遥感监测和基于时空大数据挖掘技术的作物长势及病虫害监测预报方法体系，并研发了水稻药肥减施大数据平台。这些成果有利于减少水稻种植过程中化肥和农药的投入，推动我国绿色农业发展，保障农田生态环境和农产品的安全。

1.2　水稻农情遥感监测研究进展

与传统农作物信息获取手段相比，卫星遥感技术凭借其覆盖范围广、空间连续、周期短等突出优势逐步成为大尺度农业信息获取的重要手段，在农作物种植区提取、产量估测、病虫害监测、昆虫生境因子监测等方面被广泛应用[11-15]。随着遥感仪器的不断更新换代，数据时间分辨率和空间分辨率不断提升，同时大量历史存档的遥感数据免费向公众开放[16, 17]，为大尺度长时间的历史农业信息获取提供了可能。其中最具代表性的数据是美国国家航空航天局(National Aeronautics and Space Administration，NASA)和美国地质调查局(U.S.Geological Survey，USGS)提供的 30m 空间分辨率的陆地卫星 Landsat 系列数据以及空间分辨率为 250~1000m 的中分辨率成像光谱仪(moderate-resolution imaging spectroradiometer，MODIS)数据。

1.2.1　水稻种植区提取

水稻的空间分布直接影响病虫害的分布与发展，因此对水稻种植空间分布的监测有助于跟踪病虫害发生动态及提升病虫害预报能力[18-20]。当前已有许多基于遥感数据的全球土地覆盖产品，如 FORM-GLC[21]、GLC_FCS30[22]、GlobeLand 30[23]等，但这些产品中不包含可用的水稻种植区数据。也有一些学者提供了国家或区域尺度上的水稻种植区分布数据[24-27]，但这些水稻种植区分布数据是静态或时间不连续的，缺少可用的长时间连续的数据。

1. 水稻种植区提取的数据源

水稻种植区提取采用的遥感数据主要包括合成孔径雷达(synthetic aperture radar, SAR)影像和光学遥感影像。SAR 影像，如 Sentinel-1、RADARSAT 和 PALSAR 等，受云、雨等天气的影响较小，特别适用于多云雨地区的水稻种植区提取[28-30]。然而缺乏免费可用的长时间历史存档的 SAR 数据，限制了其在历史水稻种植区监测中的应用。MODIS 数据和 Landsat 数据作为两种重要的光学卫星遥感数据，分别可提供 20 余年和50 年的历史存档数据且免费向公众开放，为历史水稻信息提取奠定了坚实的数据基础。MODIS 数据具有较高的时间分辨率，已成为大范围水稻种植区提取的重要数据源[31, 32]。与 MODIS 数据相比，Landsat 数据具有更高的空间分辨率，且有 50 年免费可用的数据，使 Landsat 数据在水稻种植区提取及种植分布动态变化分析中被广泛应用[25, 33, 34]。在水稻种植区提取研究中，所使用的光学遥感数据主要包括反射率数据和归一化植被指数(normalized difference vegetation index，NDVI)、增强型植被指数(enhanced vegetation index，EVI)、陆表水体指数(land surface water index，LSWI)、归一化积雪指数(normalized difference snow index，NDSI)等光谱指数[24, 34-36]。

2. 水稻种植区提取方法

利用卫星遥感技术进行水稻种植区提取，所依据的基本原理是在不同的水稻生育期，例如移栽期、长穗期和成熟期等，稻田具有独特的反射或散射特征。利用这些独特的反射或散射特征可以将水稻与其他植被分离开来[30, 32, 35]。图 1-2 显示了不同生育期的水稻生长状况，在水稻移栽期，稻田中会蓄存一定深度的水，是区分水稻与其他植被最重要的特征[33, 37]。目前国内外基于此基本原理，利用遥感数据进行水稻种植区提取的方法可分为三类：①基于图像统计的分类方法；②基于时间序列分析的方法；③基于水稻物候特征的方法。

 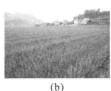  

　　　　(a)　　　　　　　　　　(b)　　　　　　　　　　(c)　　　　　　　　　　(d)

图 1-2　水稻的重要生育期

注：(a)移栽期(2019/04/26 摄于广东省罗定市)；(b)分蘖期(2019/06/27 摄于贵州省岑巩县)；(c)长穗期(2020/08/03 摄于四川省农业科学院现代农业科技创新示范园)；(d)成熟期(2020/09/02 摄于四川省农业科学院现代农业科技创新示范园)。

1) 基于图像统计的分类方法

基于图像统计的方法是利用水稻关键生长期(如移栽期或成熟期)的光学遥感反射率数据、光谱指数或 SAR 影像的后向散射系数，采用人工神经网络(artificial neural network，ANN)、支持向量机(support vector machine，SVM)、最大似然分类器(maximum likelihood classifier，MLC)等方法对单时相或多时相图像进行分类，从而提取水稻种植区[38-41]。

在利用卫星遥感数据进行水稻种植区提取研究的早期，Landsat 数据是主要数据来源，而其他数据（如 SPOT 系列数据和 ERS-1，JERS-1）仅在 Landsat 数据有限的情况下使用，使用的方法以 MLC 为主的监督分类和非监督分类方法。早在 1987 年，McCloy 等就基于 Landsat MSS 反射率数据使用 MLC 和矢量分类器来进行水稻识别与提取，该研究还表明对于不同物候期的水稻应改变其分类标准[42]。Rao 还通过确定水稻与其他作物之间绿度最小重叠程度的时期成功地在印度试点地区识别与提取出了水稻，其中特别提到了作物的关键生长期的时间窗口对于数据选择的重要性[43]。然后，Tennakoon 等发现水稻的光谱特征受生长阶段的土壤水分含量的影响很大，在不同生长阶段使用不同波段的数据可以更好地提取水稻[44]。对反射率数据的选择及其对生长阶段的敏感性的探索仍然受到在时间上有限的数据的限制。除光学遥感数据外，SAR 数据也是使用相似的分类方法（MLC 或者不受限制的分类器）进行水稻识别与提取的另一个数据来源。Kurosu 等通过多时相的 ERS-1 C 波段数据分析发现，野外实测数据对于水稻识别与提取是必不可少的[45]。

自 2000 年以后，一些较新的分类器和数据源（如 MODIS 和光谱指数）逐渐用于水稻种植区提取。例如，利用 ANN 对水稻移栽、刈割和收获阶段多个时期的影像数据分类提取水稻种植区，最后达到了较高的精度（约 91%）[41]。Chen 和 McNairn 测试了 ANN、变化检测（change detection，CD）、ANN 和 CD 结合以及 MLC，发现 ANN 和 CD 结合的方法效果最佳[46]。此外还发现，SAR 数据的后向散射系数在移栽期后的短暂时期内显著增加，可用于分离水稻和其他土地覆盖类型。除 ANN 之外，Zhang 等利用在移栽期、分蘖期和长穗期采集的三景 PALSAR-HH 极化影像数据，使用 SVM 分类器获得了较为准确的水稻种植区分布图[47]。然而，在复杂景观中应用 SVM 分类器所得结果精度较低，因此针对复杂环境中混合像素分解模型提出了组合监督和非监督分类新的分类方法[48]。Tan 等使用熵分解（entropy decomposition，ED）来生成特征向量的方法，进一步改进了 SVM 分类器[49]。除通过改进分类方法之外，也可以通过改变模型原始输入数据来提高精度。由于水稻需要种植在水资源丰富的环境中，因此一些与水有关的光谱指数，如归一化水体指数（normalized difference water index，NDWI）和 LSWI 对于水稻种植区提取是非常有帮助的。与直接对反射率数据进行分类相比，采用一系列光谱指数（如 NDVI、EVI、LSWI、NDWI 和 NDSI 等）可以有效地提高土地覆盖/利用分类的划分准确性[50]。

上述研究都需要应用作物关键物候期（如移栽期、分蘖期和收获期）的影像数据，使用适当的时间窗口数据可以更快速、更准确地提取水稻种植区。但由于气候条件的影响，不同地区水稻种植制度差异较大，数据获取时间窗口难以准确确定，这在一定程度上限制了此类方法的准确性。此外，尽管基于图像统计的分类方法使用了不同物候阶段的影像数据，但水稻的物候变异或时间分布信息并未真正使用。

2）基于时间序列分析的方法

为在水稻种植区提取中充分利用水稻物候的时序变化特征，有研究发展了基于植被指数和 SAR 后向散射系数的时间序列分析方法来提取水稻种植区，一般包括两种方法：

①根据植被指数或 SAR 后向散射系数的时序变化，采用阈值法(决策树)将水稻与其他土地覆盖区分开[30, 51]。Chen 等使用基于长时间序列的 HJ-1A/B 影像数据衍生的 NDVI 数据，利用基于阈值的时间分析方法，对中国南方地区进行水稻识别与提取分析[51]。Li 等使用 USGS 提供的长时间序列的 Landsat 数据衍生的 NDVI 数据绘制了中国鄱阳湖地区 2004~2010 年的种植强度变化图[52]。Son 等使用基于阈值的方法，利用长时间序列的 EVI 数据成功地实现了越南湄公河三角洲的水稻识别与提取，最后绘制了一张水稻空间分布图[53]。除了光学遥感卫星数据，还可以将不受云雨等影响的雷达数据应用到水稻种植区的提取中。Bouvet 和 Le Toan、Chen 等通过移栽阶段和移栽后的生长阶段之间的相同极化方式的后向散射强度的突然增加来检测与识别水稻[54, 55]。②基于时间序列的分类算法进行分类，如光谱匹配算法、递归神经网络(recurrent neural network，RNN)等[29, 37, 56]。Gumma 等使用来自 MODIS 的 NDVI 时间序列数据和光谱匹配技术提取了孟加拉国 2010 年三季水稻的种植分布，通过与野外调查数据比较，总体精度超过 90%[56]。Zhou 等使用长短期记忆网络(long short-term memory，LSTM)对 Senitnel-1A 的 VH 极化强度、VV 极化强度以及 VH 和 VV 极化强度之比的时间序列进行分类，提取了 2018 年湖南省和贵州省部分地区的水稻种植区，其精度较传统机器学习提升了 5%[29]。时间序列影像能有效地用于区分水稻与其他土地覆盖类型。这些研究中的假设条件是水稻的物候模式与其他植被不同，水稻通常在移栽期开始时水分丰富，在生长高峰期(分蘖期)绿度较高，并且收获期土壤含水量较高。但不同地区种植制度、气候与管理水平不同，导致稻田的植被指数或后向散射系数时序曲线的类内差异较大，限制了阈值法向大尺度扩展，同时给时间序列分类方法带来了分类误差。

3) 基于水稻物候特征的方法

基于图像统计的分类方法和基于时间序列分析的方法或多或少地利用了水稻物候信息，但缺乏对水稻关键物候信息的定量化识别。为此，研究者们提出了基于水稻物候特征的方法来进行水稻种植区提取，其中，通过识别水稻移栽期来提取水稻种植区的方法是最具代表性和使用最广泛的方法[24, 57, 58]。在水稻移栽期，稻田的反射光谱特征是由水稻幼苗(秧苗)、水和土壤混合表现出来的。Xiao 等发现，在水稻移栽期，LSWI 会暂时接近或大于 NDVI 或 EVI，这一关系可用于识别水稻移栽期；在此基础上，结合后续水稻物候曲线特征，可将水稻与其他植被区别开来，进而提取出水稻种植区[59]。基于此方法，Xiao 等利用 8d 时间分辨率的 MODIS 数据提取了覆盖华南、南亚和东南亚的水稻种植分布图[24, 32]。此后这种基于物候特征直接提取水稻种植区的方法受到越来越多学者的关注，已在诸多地区成功应用[25, 31, 33, 35]。Dong 等基于此方法利用 Landsat 数据以 5 年为间隔提取了我国北方 30 年水稻种植区分布图，为证明北方地区水稻种植面积持续增加提供了直接证据[25]。

也有部分研究尝试对该方法进行改进以提高其准确性，包括减少时间序列数据中由云带来的噪声对物候信息识别的影响[60]、利用地表温度数据或农业气象站观测的水稻物候期定义水稻物候信息提取的时间窗口[25]、改进非水稻掩膜获取方法[35]等。第一，水稻种植区的光学遥感影像受云干扰严重，在时间序列数据中容易产生噪声，影响物候特征信号的识别。目前采用较多的方法是对原始数据进行填补，获取时间连续的光谱指数数据集。Sakamoto 等利用小波变换对时序光谱指数进行滤波，并使用新的光谱指数产品来检测每年水体的变化，以绘制水产养殖和三季稻种植区域[61]。第二，淹水信号不仅可以来自水稻的移栽期，还可能来自夏季极端降雨、南方梅雨季节、春季积雪融化等，因此移栽期时间窗口的准确识别是非常重要的。一些研究根据农业气象站记录的物候数据来定义淹水/移栽期[11-13]，这些方法减少了其对农业物候数据的依赖性，但是限制了在没有农业气象站观察数据的地区的广泛应用。第三，来自分散的农业气象站的日历数据通过插值等方法扩展至大区域或国家尺度上时也会产生很大的不确定性。因此，一些研究试图利用气温或地表温度来定义时间窗口[42, 43]。例如，利用 MODIS 的地表温度(land surface temperature，LST)产品结合水稻热生长季节的开始日期来定义时间窗口[25]，即定义最低 LST 高于 5℃(动植物以及某些生物开始生命活动的最低温度)的时间为水稻移栽阶段的起点[15]。然而，在热带地区任何时间的最低温度都满足条件，温度不是制约水稻种植的因素，因此，这种方法只适用于受热条件限制的温带地区。第四，还有一些研究改进了非水稻类(例如湿地)的掩膜方法。由于水稻不是唯一具有淹水信号的土地覆盖类型，因此排除非水稻类型对于减少水稻种植区提取的误差至关重要。永久水体、建筑物和林地相对容易区分，像天然湿地这类具有与水稻类似的物候特征与淹水信号的土地覆盖类型难以与水稻区分开来。Shi 等根据天然湿地具有更长的生长周期这一特点，利用 8d 合成 NDVI 产品在一年内是否有超过 15 次较高的值来区分天然湿地和水稻种植区[62]。第五，除了基于光学遥感数据的植被指数关系方法之外，SAR 数据也被用于检测水稻田的淹水和移栽信号。Torbick 等使用 ALOS 卫星上的 PALSAR FBS 数据和决策树来识别淹水信号，结果与基于 MODIS LSWI 和 EVI 的识别结果一致[63]。还有一些其他数据也被用于检测水稻的移栽或者淹水信号，例如，基于 SSM/I 亮度温度的土壤湿度指数(soil water index，SW)被用于检测移栽和淹水信号[64]，获得的水稻移栽期与地面实测数据具有良好的一致性(90%)。这些新数据的应用有助于未来水稻识别与提取。除移栽期外，水稻从分蘖期到抽穗期的 LSWI 和 EVI 变化特征也被用于提取水稻种植区[26]。从分蘖期到抽穗期，水稻的 LSWI 变化相对小于其他作物，利用 LSWI 变化幅度与增强植被指数的比率来生成一个指标用于水稻制图，这种方法在类内水稻变异性方面更加可靠。

此外，有学者利用时间序列植被指数或后向散射系数提取一系列物候变量，并使用 ISODATA[39]、随机森林(random forest，RF)[28]、卷积神经网络(convolutional neural network，CNN)[34, 65, 66]等方法对提取的物候变量进行分类，进而提取出水稻种植区。Zhang 等利用 Landsat 8 与 MODIS 融合的 NDVI 时间序列数据，提取出生长季起始期、生长季结束期、生长期长度等物候变量，并利用 CNN 对这些物候变量进行分类，提取出洞庭湖地区水稻种植分布，提取结果总体精度(overall accuracy，OA)为 97%，较 SVM 和 RF 的 OA 分别高 6%和 8%[34]。利用水稻物候特征和机器学习提取水稻种植区的研究显示出，深度学习在水稻种植区提取研究中具有更好的性能和巨大的应用前景。以上水稻种植区提取算法本质上均利用了水稻独特的物候特征。在利用各种光谱指数来提取水稻物候特征时，除光谱指数的时序变化特征外，多个光谱指数间的关系也有助于提升物候信息识别的准确度，比如通过识别关键生育期来识别水稻的研究便显然运用了这一关系[59]。但在多云雨地区以及种植制度复杂的地区，利用光谱指数时序变化特征和光谱指数间的关系获取可靠的物候特征参数十分困难[65, 67, 68]。

1.2.2 水稻叶绿素含量反演

叶绿素是一种重要的光合色素，在作物光合作用的光吸收中起核心作用[69, 70]，其含量可以影响作物光合作用强度从而对作物长势产生相应的影响，因此作物的叶绿素含量可以反映作物的健康状态[71]。此外，作物的大部分氮素都以叶绿素的形式存储于体内，因此，叶绿素含量可以反映作物的氮素营养状况[72]，指导氮肥的施用，提高作物的整体效益[73]，同时可以避免氮肥乱施滥用导致的经济成本增加、土壤污染、水源污染、大气污染，以及氮肥施用不足带来的作物减产、降质。快速、精准、敏捷、灵活地获取作物的叶绿素含量，从而获取其时空变化特点与规律，对实现农田精准高效管理与农业生产现代化至关重要。近年来，卫星遥感、无人机遥感、地面传感技术的发展为水稻的叶绿素估算带来了很大的便利。

国内外学者做了大量利用遥感技术估算水稻叶绿素的研究。Moharana 和 Dutta 从地面高光谱数据(由地物光谱仪采集)和 EO-1 卫星的 Hyperion 数据中提取 MERIS 陆地叶绿素指数(MERIS terrestrial chlorophyll index，MTCI)、优化土壤调整植被指数(optimized soil adjusted vegetation index，OASVI)、修正简单比值(modified simple ratio，MSR)指数等，并基于这些植被指数，结合线性回归与非线性回归线算法，构建水稻叶绿素含量估算模型，得到了较高的估算精度，决定系数(coefficient of determination)R^2 最高为 0.829[71]。Saberioon 等基于红、绿、蓝三波段影像，提出一种主成分分析指数 I_{pca} (principal component analysis index)，用来估算水稻不同生育期的叶绿素含量，结果显示，叶片尺度的估算精度 R^2 为 0.62，为高时空分辨率下水稻叶绿素含量估算提供了一种快速、无损、有效的遥感手段[74]。Xu 等首先利用 MiniMCA-6 多光谱传感器收集水稻的光谱信息，然后利用 PROSAIL 模型得到的参数确定贝叶斯网络结构，之后计算了水稻叶绿素含量在不同观测组合下的条件概率分布，最后建立了基于贝叶斯网络的水稻叶绿素含量最大条件概率查询表，结果显示，贝叶斯网络方法相较损失函数方法降低了反演的不确定性，得到了更高的反演精度[75]。李静等基于无人机红、绿、蓝三波段(red、green、blue)影像，提取出 (red+green+blue)/3、(green-red)/(green+red)、(green-blue)/(green+blue)、(red-blue)/(red+blue) 等指数，发现红波段与水稻叶绿素含量的相关性最高，最终基于 Red 波段数据构建的模型决定系数 R^2 为 0.48，为田块尺度的叶绿素含量估算提供了一种成本低、灵活性高的遥感监测方法[76]。于丰华等采集了不同氮肥处理下不同生育期的寒地水稻叶片高光谱数据，并基于邻域粗糙集简约法、相关性分析法、连续投影法选择出 465nm、507nm、695nm 和 705nm 水稻叶绿素敏感波段，然后基于这四个波段，构建了红边优化植被指数(ORVI)，最终达到较高的估算精度，R^2 和 RMSE 分别为 0.726 和 2.68mg/L[77]。

上述研究显示，植被指数被广泛用来估算水稻的叶绿素含量，尽管有部分植被指数表现出较好的反演精度，但是实验设计时作物品种较少或者作物类型单一。除此之外，这些植被指数大多基于归一化比值形式或者差值形式，物理可解释性较差。植被光谱的一阶导数可以表示作物光谱反射率在某一波段处的变化速率，具有物理可解释性，曾被广泛应用于作物叶绿素含量估算[78, 79]。然而，光谱的一阶导数只能在微观水平上反映特定波长处反射率的变化，一些相对较为宏观的信息，如可能为叶绿素含量的估计提供更敏感信息的某一波长范围内的反射率变化速率，却不能展现。因此，作物在特定波段区间内的反射率变化速率，可能为作物的叶绿素含量反演带来新的发展方向。

基于遥感技术反演植被生理生化参数的数据建模技术可分为两大类：物理模型和经验模型[80, 81]。物理模型有 PROSAIL 模型、N-PROSAIL 模型等；经验模型中的机器学习算法，如随机森林、支持向量回归(support vector regression，SVR)、人工神经网络、高斯过程(Gaussian process，GP)、梯度提升回归树(gradient boosting regression tree，GBRT)，已经被广泛用于估算作物的生理生化参数[82-87]。与物理模型相比，经验模型的复杂度低，计算效率高，要求的变量少。然而，鲜见有研究对不同机器学习算法在叶绿素含量的估算效果上进行对比；除此之外，一些对机器学习算法的性能有很大的影响的关键超参数的优化过程，在以往的研究中鲜有深入讨论或被忽略。

1.2.3　水稻产量遥感估算

水稻的高产离不开优良的水稻品种，对于优良高产水稻品种的选择，传统的方法是人工调查，即在水稻收割后进行称重，因为优良水稻品种选择往往涉及几十甚至数百种水稻，因此传统方法效率低、工作量大、经济性差，还具有严重的滞后性。遥感技术，尤其是无人机遥感技术的发展为高效、经济的作物估产带来新的契机。

国内外的学者已经做了大量农作物遥感估产的研究，涉的作物类型范围很广(如水稻、小麦、葡萄等)，空间尺度从田块到国家级均有[88, 89]。刘珊珊等基于长时间序列 MODIS-NDVI 产品，通过对比不同月份 NDVI 组合与水稻平均产量的相关性，发现水稻在抽穗期、扬花期以及灌浆期(即 6～8 月)的 NDVI 与水稻产量关系密切，选择出与水稻产量相关性最强的 NDVI 特征，结合线性函数、指数函数、对数函数、多项式函数、幂函数，构建水稻估产模型，其最高精度 $R^2=0.66$[90]。相较于卫星遥感技术，采用无人机遥感技术进行作物估产研究较少。Wang 等采集了不同施氮水平下水稻冠层的无人机高光谱遥感数据，并以正常施肥量的田块小区的植被指数为标准，提取其他施氮田块小区的不同生长日期的相对植被指数，建立了田块小区尺度的水稻产量估算模型，决定系数达到 0.83[91]。Zhou 等采集了不同施氮水平下水稻不同生长期的无人机多光谱数据，通过分析发现，长穗期 NDVI 与水稻产量相关性最高，且与叶面积指数(leaf area index，LAI)相关性强的植被指数可以提高水稻产量估算精度[92]。在田块尺度进行的产量估算主要是对氮肥施用水平做区分，但是同一作物的品种较少，因为没有考虑到作物品种的差异，因此模型的普适性可能较差。田块小区尺度的产量估算，使用的数据主要为无人机多光谱数据，高光谱数据相对较少。作物产量估算方法比较多样，包括线性模型(如一元线性回归、多元线性回归)和机器学习算法(如支持向量机、随机森林、人工神经网络)等，因为作物的产量往往受到多个生长阶段的影响，因此多元线性回归和机器学习算法具有更高的估算精度。

1.3　水稻病虫害监测预报研究进展

1.3.1　水稻病虫害遥感监测

作物受病虫害侵染后，其外部形态结构或者内部生理功能会产生变化(如叶片脱落、叶片卷曲、植株倒伏、养分吸收变缓、叶绿素组织被破坏等)，进而导致光谱反射率呈现出与正常作物不同的反射和吸收特性，这是遥感技术监测作物病虫害的理论依据[93]。

国内外学者利用各种遥感平台，筛选出多种作物病虫害(玉米黏虫、小麦条锈病、小麦白粉病、小麦蚜虫等)的敏感波段或者有效植被指数[94-98]。除玉米、小麦外，水稻病虫害同样受到学者的重视。刘占宇基于室内叶片光谱数据、田间冠层光谱数据，对水稻胡麻斑病、水稻穗颈瘟、水稻干尖线虫病、稻纵卷叶螟和稻飞虱 5 种水稻病虫害进行监测，发现无论光谱数据采用何种变换形式，病虫害的敏感响应波段总是集中在 460～520nm、530～590nm、530～590nm、620～680nm 和 690～730nm[99]。赵晓阳等使用病菌对水稻进行不同程度的侵染，获取了水稻冠层的无人机可见光红绿蓝图像及多光谱图像，发现归一化差异植被指数 NDVI 相较于 NDI、RVI 等其他指数对水稻纹枯病的病害等级有更好的预测精度[100]。谢亚平通过对地面高光谱数据进行分析发现，450～720nm 及 780～900nm 是水稻稻曲病的敏感波段，结合支持向量机算法，可以有效地对稻曲病进行识别[101]。

关于水稻的病虫害监测，目前国内外的研究多数聚集在病虫害危害程度的区分上，且使用的多为地面高光谱数据，难以获取稻曲病的空间连续分布信息。部分研究将无人机多光谱数据应用于水稻病虫害监测，但在实验过程中多使用病虫害试剂对作物进行不同程度的处理，这样处理后的作物受侵染程度较为均一，更容易区别病虫害的危害程度，但同时也忽略了作物病虫害的自然发展规律，导致模型适用性较低。除此以外，对水稻产量和质量有较大影响的稻曲病，相关研究较少，且多基于地面高光谱技术，很难进行田块尺度的监测。稻曲病的时空分布发展变化迅速，传统的地面遥感和地面监测技术难以发挥出它们的优势。

1.3.2　稻飞虱种群动态监测预报

稻飞虱(rice planthopper，RPH)是威胁我国水稻生长最为严重的虫害之一。稻飞虱能进行跨国界、跨区域的远距离迁飞，具有突发性、暴发性等特点。我国发生的稻飞虱主要为褐飞虱(brown planthopper，BPH)和白背飞虱(white-backed planthopper，WBPH)。20 世纪 60 年代，第一次绿色革命推动亚洲各国的水稻生产模式向矮化品种、大量使用化肥和农药的高产出模式转变。这一转变为稻飞虱创造了有利的生存环境，导致稻飞虱逐渐发展成为亚洲各国水稻生长过程中的重要害虫，也成为严重威胁我国水稻生产的主要害虫[102-106]。2019 年，我国稻飞虱的发生面积为 1659.6 万 hm²，造成实际稻谷产量损失 49.4 万 t[105]。2020 年农业农村部将稻飞虱(包括褐飞虱与白背飞虱)列入《一类农作物病虫害名录》。尽管过去几十年我国全力以赴地防治稻飞虱，但时至今日，稻飞虱在我国发生面积依然较大，对我国水稻生产仍具有严重威胁。在水稻生产实践中，对稻飞虱的防治主要通过喷洒农药实现。当植物保护部门不能及时提供准确的用药时机预警时，农户为保证防治效果，会选择过量施用农药[3]。然而过度使用农药会导致防治效果越来越差、增加农户种植成本、形成农药残留、污染环境等一系列问题[102, 107-110]。因此，做好稻飞虱监测预报是防治稻飞虱的首要任务，但稻飞虱的远距离迁飞和突发性的特点为监测预报工作带来极大的困难[111]。

当前我国对稻飞虱的监测预报工作由各级植物保护部门负责，各级植物保护部门通过综合分析稻飞虱监测信息并结合气象预报来研判稻飞虱发生趋势。由于这一过程大多依靠植保人员的个人经验，因此有时效性差、主观性的不确定性大等一系列缺点[5, 6]。稻飞虱是迁飞性害虫，如图 1-3 所示，其种群动态可分为迁飞和田间种群消长两大亚系统[112]。稻飞虱种群动态与其前期虫情、气象条件及其寄主的发育情况等密切相关[103]，是一个受多因子控制的复杂时空扩散过程[113]。国内在稻飞虱发生的气候背景方面开展了大量研究，并据此建立预报模型对稻飞虱长期发生趋势进行预测[114-120]。但这些研究未考虑前期虫源及寄主植被，得到的预报模型在时效性和准确性上也不尽如人意。

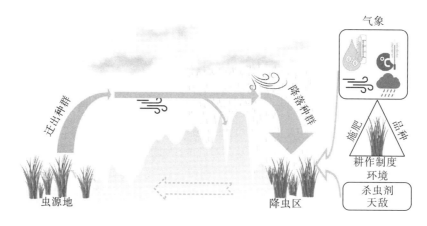

图 1-3　稻飞虱种群动态示意图

1. 稻飞虱种群动态监测

种群是自然界中物种存在、进化和相互作用的基本单位，也是农业上进行有害生物防治的对象。昆虫种群动态主要包括种群数量及空间分布的变化规律[121]，关于昆虫种群动态的研究在其监测预报和防治方面有极其重要的应用价值。中华人民共和国成立后，为及时掌握病虫害发生动态，我国立即着手建设农作物病虫害测报体系。20 世纪 90 年代初，初步建成了国家、省、地(市)、县(市/区)四级病虫害测报网络。截至 2019 年，共有339 个监测站通过灯光诱捕和田间调查等方式对稻飞虱发生情况进行监测[111, 122]。该监测网络有效增强了我国稻飞虱发生的早期预见性与防控能力，同时为稻飞虱种群动态研究提供了大量的基础数据。诸多学者利用这些监测数据对我国稻飞虱生物学特性、迁飞过程、种群生态学等方面进行了研究[18,103,123-131]，为防控稻飞虱作出了卓越贡献。

1) 稻飞虱的基础生物学特性

我国稻飞虱最早由邹钟琳先生于 1926 年发现并为其命名："飞虱之名，不见于古籍，亦不相传于乡里。因其体小善跳，形似虱而有翅能飞也，故作者暂名曰'飞虱'"[132]。危害我国水稻的稻飞虱主要为褐飞虱、白背飞虱和灰飞虱三种，其次还包括稗飞虱、拟褐飞虱、伪褐飞虱、白脊飞虱、白条飞虱等[133]，其中以褐飞虱和白背飞虱危害最为严重。褐飞虱和白背飞虱是亚洲各稻区最重要的两种迁飞性害虫，东亚、南亚、东南亚、太平洋岛屿与澳大利亚均有稻飞虱[19,134,135]，稻飞虱在我国所有稻区均有分布[136-138]。稻飞虱好温湿，仅在海南岛南部及云南南部稻区可终年繁殖。暖冬年份，其越冬北界可达 25°N~26°N，但也仅能在冬季有水稻、野生稻或者再生稻存活的地区少量越冬，在越冬北界以北地区均无法越冬[130,131,138]。我国大部分稻区无越冬虫源，因此各稻区每年稻飞虱发生的虫源由异地迁入。

稻飞虱属渐变态类昆虫，从成虫开始发育到下一代成虫的过程称为一个世代，一个世代需经历卵、若虫和成虫 3 个虫期，其若虫期一般分为 5 个龄期[133]。为便于监测预报，我国将稻飞虱发生划分为八个代次[122]。稻飞虱成虫具有翅二型(wing dimorphism)现象，长翅型个体前后翅正常发育，拥有远距离迁飞能力，能追踪生境条件变化，逃避恶劣生存条件，故又名迁飞扩散型；而短翅型个体由于前翅变短、后翅退化，不适于飞行，但其繁殖能力较长翅型强，产卵期长且产卵量大，有利于种群增长，因而又被称为居留繁殖型[139,140]。稻飞虱的翅二型现象是在长期进化过程中形成的生态对策，通过翅型切换实现迁飞和繁殖需求，有利于其适应生境变化，使种群消长与资源变化同步，以获得种群的延续[141]。

褐飞虱为单食性昆虫，仅能取食水稻。而白背飞虱属于寡食性昆虫，除能取食水稻外，也能在稗草、早熟禾、看麦娘三种禾本科杂草及甘蔗上勉强完成一个世代，但其后代生存能力大幅下降。稻飞虱为害水稻的方式包括直接刺吸为害、产卵为害和传播病毒间接为害三种[137]。稻飞虱是典型的刺吸式昆虫，通过口针吸食水稻韧皮部汁液，导致植株营养流失，影响谷粒形成，秕谷增加。同时稻飞虱刺吸后会形成口针鞘，阻碍植株体内水分及养分运输，使得稻株生长迟缓、稻叶发黄。当田间虫量较高时，可导致稻株下部变黑、腐烂发臭、成片落塘枯死，形成虱烧(hopperburn)，俗称"冒穿"。稻飞虱一般将卵产在稻株体内，产卵时雌虫利用产卵器划伤水稻茎叶组织，致使植株体内水分流失，同时破坏植株的输导组织，弱化稻株的同化能力，从而加速稻株倒伏枯死。稻飞虱在取食的同时会传播病毒为害水稻，如褐飞虱可传播水稻齿叶矮缩病毒(rice ragged stunt virus，RRSV)和水稻草状矮缩病毒(rice grass stunt virus，RGSV)，白背飞虱可传播南方水稻黑条矮缩病毒(southern rice black-streaked dwarf virus，SRBSDV)[142-145]。

2) 稻飞虱的迁飞

(1) 我国稻飞虱的境外虫源地。

稻飞虱在我国大部分稻区无法越冬，我国早期虫源大部分由境外迁入。巫国瑞等 1997 年提出，境外迁入我国的稻飞虱可分为三支：一支来源于泰国和缅甸北部，随西南季风迁入云南西南部边境稻区；一支来源于菲律宾，随台风外围气旋迁入，主要降落在我国东南沿海稻区；另一支来源于中南半岛，凭西南季风气流迁入我国两广地区，随后向全国稻区迁飞扩散，是我国大部分稻区的主要境外虫源[146]。南京农业大学、中国农业科学研究院植物保护研究所、中国水稻研究所、浙江大学等诸多单位自 2008 年起组织了十余次联合考察，初步明确了我国早期迁入虫源主要来源于越南中北部(红河三角洲)稻区和老挝万象平原稻区。而菲律宾为我国提供虫源的概率极低，只能在恰有台风过境时为福建稻区提供少量虫源[145]。Hu 等对越南中北部稻区春季稻飞虱种群动态进行分析，认为迁入我国的虫源主要来自越南中北部[126]，而每年早春越南中北部的稻飞虱主要来自泰国东北部、老挝南部和越南中部沿海稻区[128]。沈慧梅利用后向轨迹模式(hybrid single-particle lagrangian integrated trajectory model，HYSPLIT)分析了福建省早期迁入虫源，发现福建省早期迁入虫源主要来自广东和海南稻区[137]。

(2) 我国稻飞虱的迁飞规律。

稻飞虱在长期进化过程中形成了迁飞的生态策略，以保证自身的生存与种群的繁衍[147-150]。早在 1927 年稻飞虱远距离迁飞的观点便被提出，直到 1967 年 Asahina 和 Tsuruoka 在太平洋上的 Tango 海洋气象站上观测到成群稻飞虱跨海迁飞现象这一观点才被有效证实。随后 Kisimoto 于 1971 年正式提出稻飞虱迁飞学说[151]，并对稻飞虱迁入日本的气象条件以及迁入种群数量与发生程度的关系进行了一系列研究，这些研究在一定程度上启发与推动了我国 20 世纪 70 年代中后期开展的稻飞虱远距离迁飞大规模协作研究[152]。

20 世纪 70 年代初，我国南方各省(区/市)开始稻飞虱协作研究，至 20 世纪 70 年代末期发展为全国范围内的协作研究。研究者们通过一系列技术手段(包括灯诱、田间调查、高山网捕、飞机空捕、海上航捕、多点大规模标记释放与回收、卵巢解剖、天气资料分析等)开展多学科、多方位的协作研究，摸清了稻飞虱在我国东半部进行季节性南北往返迁飞的规律[153-156]。程遐年等通过在我国东半部稻区设点进行稻飞虱迁飞跟踪观察，发现在我国东半部春、夏季褐飞虱有五次由南向北的迁飞过程(4 月中下旬至 5 月上旬开始)，秋季有三次由北向南的迁飞过程(8 月下旬至 9 月初开始)，迁飞过程呈覆瓦式，并据此将东半部稻区划分为 6 个稻飞虱发生区[130]。我国白背飞虱北迁峰次较褐飞虱频繁，北向扩散速度也较快，且迁入与迁出交错发生[131, 153]。我国各稻区白背飞虱监测以及航捕、高山网捕等表明，每年 3 月中下旬开始便有白背飞虱迁入我国南方稻区，6 月下旬至 7 月初可扩散至东北稻区[131]。胡国文等根据白背飞虱迁飞规律及各稻区的发生情况将我国白背飞虱发生区域划分为五带十六区[138]。

(3) 稻飞虱的迁飞过程及影响因素。

稻飞虱的迁飞过程主要包括起飞、空中运行和降落 3 个过程。田间种群密度过高、水稻临近成熟导致食料条件变差及温度变化等一系列因素会使稻飞虱繁殖能力减弱，长翅型比例增加，出现迁飞的征兆[124]。陈若篪和程遐年通过观察田间褐飞虱的起飞行为及日周期节律发现，在气温较高的春、夏两季，褐飞虱通常在日出前或日落后大量起飞，而在气温较低的晚秋，褐飞虱通常选择在暖和的下午起飞[157]。叶志长等发现，在水稻黄熟期褐飞虱起飞迁出的比例最高，而白背飞虱在水稻乳熟期迁出比例最高[158]。此外，稻飞虱通常会选择晴朗、无风或风力较小的天气迁出，强降雨及强下沉气流等会抑制稻飞虱的起飞[125, 159]。稻飞虱主动起飞后会选择适宜的大气风温场，在一定高度成层聚集并开始空中水平迁移。稻飞虱自身飞行能力有限，在空中运行阶段其移动主要依靠高空水平气流实现。飞机网捕数据表明，春、夏两季褐飞虱的适宜迁飞高度为 1000～1500m，白背飞虱为 1500～2000m，而稻飞虱秋季回迁时适宜迁飞高度为 500～1000m，并且稻飞虱飞行高度受季节、天气影响很大[153, 154]。稻飞虱在高空的运行过程可以受气象条件影响而被动降落，如下沉气流和降水。除被动降落外，当稻飞虱体内的供能物质消耗殆尽或途经适宜其生存繁衍的生境时，也会选择主动降落[160-162]。谈涵秋等分析了 20 个稻飞虱北迁的天气情况发现，稻飞虱主要在降水区和下沉气流区降落[124]。Lu 等发现，在褐飞虱的第四和第五次北迁过程中，受西太平洋副热带高压影响而增强的西南气流为褐飞虱北迁提供了充足的运载条件，同时西太平洋副热带高压致使长江下游地区的降水增加，形成雨带阻碍褐飞虱的北迁，从而迫使褐飞虱大量降落在长江下游地区[127]。Hu 等也发现，迁入褐飞虱的时空分布与东亚雨带的季节性分布一致，褐飞虱借助东亚雨带的北移完成第四次和第五次北迁[163]。此外，地形也是导致稻飞虱被动降落的另一重要因素，地形通过改变局部降水与温度条件，从而迫使稻飞虱降落。地形迫使暖湿气流抬升，绝热冷却凝结后形成地形雨，同时气温随地势升高而逐渐降低，稻飞虱由于生理不适应而被迫降低迁飞高度，最终降至地面[164-167]。

3) 稻飞虱种群消长动态及空间格局

稻飞虱种群消长动态研究主要是利用历史监测数据对各地稻飞虱迁入种群的始见期、迁入峰次、迁入虫量、虫源地以及田间种群的种群结构、发生量与发生峰期等信息进行分析，以指导当地稻飞虱预测及防治工作[166-168]。Kwon 等利用韩国 2011～2015 年飞机网捕和灯诱数据对灰飞虱迁入峰期进行了分析，并利用层次聚类法分析发现灰飞虱主要降落在韩国西海岸沿线[166]。陈思妤和刘丕庆通过分析 2010～2020 年广西南宁灯诱虫量与田间发生量，指出广西南宁的稻飞虱种群动态已发生改变，须及时调整防控措施[167]。陈淑群等通过分析四川省稻飞虱迁入种群与田间种群数量动态，认为在其他稻区适用的"压前控后"的防治策略并不适用于四川省的稻飞虱防控，并提出了新的防控策略[168]。范淑琴和翟保平总结了湖北稻区 2000～2013 年白背飞虱的发生情况，并利用 HYSPLIT 分析了湖北稻区迁入虫源地以及迁入降落区的分布及降落的气象条件[169]。

昆虫种群受到生境中诸多因子影响，其在空间上的分布会呈现出一定形式，即为昆虫种群的空间分布格局。国内外生态学家在识别昆虫种群空间分布格局上已做了大量研究，常用的方法包括传统统计分析方法(个体频次分布、聚集度指标以及回归分析法等)与空间统计分析方法[123, 170, 172]。影响昆虫种群分布的生境因子在空间上存在相关性，而传统统计分析方法会假设不同空间位置的样本相互独立，即样本不受空间位置影响，使得这种方法无法提供昆虫种群聚集范围和方向等信息[173]。一般情况下，昆虫种群及其生境因子等变量既包括随机性变量，又有结构性(在空间分布上有某种程度的相关性或连续性)变量[123]，这促使人们将空间统计分析方法引入昆虫生态学研究中，主要用于昆虫种群空间格局及其时序变化特征、空间插值与估计等方面的研究[170-183]。Ward 等利用 Ripley's K 和 Getis-Ord G_i^* 分析了美国 101 种非本土森林昆虫初次发现点的空间格局与入侵热点地区，发现昆虫初次发现点在空间上高度聚集且主要分布在美国东北部港口与路网密集地区，且随着时间推移聚集程度逐步降低，入侵热点地区也主要分布在美国东北部地区，但不同来源和不同食性集团昆虫的初次发现点空间格局和入侵热点地区有所不同[170]。Rogers 等利用半方差函数分析了麦种蝇卵在田间的空间格局，发现其在部分田中呈聚集分布，聚集距离为 100～155m[181]。Ndjomatchoua 等利用莫兰指数(Moran's I)和平均中心分析了受亚澳白裙夜蛾侵袭后玉米植株损伤的空间格局和亚澳白裙夜蛾的侵染扩散过程，发现玉米植株叶损伤(孔洞或卷叶)仅在很短的距离内(不超过 10m)空间相关，随着时间增加，空间相关性增强[113]。

截至目前，仅有少量研究利用地统计学对稻飞虱种群的空间分布格局进行研究[173, 184-189]，鲜有将空间统计分析工具应用到大尺度稻飞虱种群空间格局的研究中。周强等利用半方差函数分析了广东省早稻褐飞虱种群 3 个世代的空间分布规律，发现 3 个世代的褐飞虱种群分别在 400km、200km 和 205km 内呈聚集分布[184]。随后又对广东省早稻和晚稻不同生长期白背飞虱的空间格局进行分析，发现迁入白背飞虱田间分布呈聚集型，田间种群在 17.3～60m 内聚集，且聚集范围随水稻的生长而增加[173]。闫香慧等利用半方差函数先后对重庆市秀山县白背飞虱和褐飞虱种群的空间格局进行了研究。通过 2009 年重庆秀山县褐飞虱田间调查数据建立其发生期空间变异曲线模型，发现各时段褐飞虱种群在 49～132m 内呈聚集分布，且空间相关性随褐飞虱发生期推进先减小后增大[186]。闫香慧又对白背飞虱若虫和长翅型成虫在田间东西和南北两个方向分别建立空间变异曲线模型，发现无论若虫还是长翅型成虫在东西方向上的空间相关范围均小于南北方向，即南北方向是白背飞虱聚集和扩散的主要方向[185, 187]。以上研究阐明了稻飞虱种群生物学特性、小范围内种群的空间分布格局及其在我国东半部迁飞规律及迁飞机制。

2. 稻飞虱种群动态预报

虫害监测预报是虫害综合管理的重要组成部分，为有效治理和防控虫害提供重要依据。当前稻飞虱种群动态预报研究主要包括分析稻飞虱发生相关的生物与非生物因子，以及选择适当的控制因子和基于所选控制因子建立预报模型两方面。

1)稻飞虱种群动态控制因子

影响稻飞虱种群动态的因子主要分为生物因子与非生物因子两种[18, 19, 188-191]，其中生物因子主要包括前期虫量、植被状态、天敌等。稻飞虱是单食性或寡食性昆虫，需要依靠水稻才能完成种群繁衍与延续。水稻不仅为稻飞虱提供食料，而且为其提供了栖息繁衍的场所。水稻品种、生育期及营养状况等均会影响稻飞虱种群动态[18, 19, 188]。Hu 等利用长江中下游地区 30 年来单季稻与双季稻种植面积数据与褐飞虱监测数据，定性分析了水稻种植制度改变对褐飞虱种群时空动态的影响，发现长江中下游地区双季稻种植面积减少，单季稻种植面积增加，在 6～7 月褐飞虱迁入后，处在分蘖拔节期的单季稻能为褐飞虱提供充足且适宜的食料，致使褐飞虱种群得以快速增长，并为后期长三角地区稻飞虱发生提供了大量虫源[18]。Zhu 等发现过量施用氮肥会导致褐飞虱天敌缨小蜂的发育期延长，降低雌性成虫的繁殖能力，阻碍缨小蜂种群的发展，进而促使褐飞虱种群增长[188]。此外，稻飞虱种群发生高峰期虫量与前期虫源基数有关，包括前期迁入虫源与本地虫源。Hu 等分析了浙江和江苏 2003～2010 年 7～9 月的褐飞虱发生情况，认为长三角地区褐飞虱的暴发主要与本地种群的高增长率有关。但也有少部分年份，是由邻近的长江中下游地区迁入的种群导致了长三角地区后期褐飞虱发生[192]。

除生物因子外，气候条件、大气环流等非生物因子对稻飞虱种群动态也有极大的影响[190, 191, 193]。多年气候及虫情资料分析表明，"盛夏不热、晚秋不凉、夏秋多雨"是促使褐飞虱在长江中下游地区灾变的有利条件[18]。Ali 等利用广义线性模型分析了气温和降水变化对褐飞虱种群数量的影响，发现干冷或湿热的月份及地区更有利于褐飞虱种群增长，而其他温湿条件会抑制褐飞虱种群发展[190]。Li 等利用逐步线性回归分析了南昌市 2008～2013 年褐飞虱田间种群月增长率与平均风速、相对湿度、平均温度、最高温度、最低温度和降雨日数之间的关系，发现平均风速对种群增长率影响最大，随后为平均温度和相对湿度，最低温度和降雨日数的影响最小，但每月对种群增长率影响较大的因子不尽相同[191]。何燕等利用相关性分析对广西 45 个站点 1988～2010 年早稻稻飞虱发生等级与上年 12 月至当年 3 月的当地气候条件、虫源地(中南半岛)气候条件以及 74 项环流指数间的关系进行分析，发现广西稻飞虱发生等级与这些气候条件及大气环流密切相关[120]。包云轩等定性分析了我国南方稻区褐飞虱发生等级与中南半岛气候条件间的关系，发现中南半岛冬春季暖湿会导致我国南方稻区褐飞虱偏重以上发生，而中南半岛冬春季干冷则会导致我国南方稻区褐飞虱偏轻以下发生[119]。以上研究均假设稻飞虱种群动态与控制因子间的依赖关系为线性，而昆虫种群动态是一个复杂的非线性过程[150]，采用线性模型来分析其控制因子，难以捕捉到稻飞虱种群动态与其控制因子间的非线性关系，导致出现虚假依赖关系[194]。此外上述研究通常只分析某一类因子(如气象条件、大气环流、植株营养等)对稻飞虱种群动态的影响，而忽略了其他控制因子以及控制因子间的相互影响。例如，气温不仅能通过调节稻飞虱种群的发育、生存、繁殖行为进而影响其种群动态[195]；同时气温也会影响水稻对氮的吸收，温度升高后水稻植株对氮的吸收能力增强，使得水稻植株中氮含量增加[196]，这可能会对稻飞虱的天敌种群带来负面影响，进而对稻飞虱种群产生影响[188]。

2) 稻飞虱种群动态预报方法

我国于 2022 年颁布实行的《农作物病虫害监测与预报管理办法》将病虫害预报分为长期预报、中期预报、短期预报和警报，由县级以上植保机构组织相关专家综合分析监测信息，对可能发生的病虫害种类、时间、范围、程度等内容进行研判和发布[197]。其中短期预报在距防治适期 5 至 10 天发布，中期预报在距防治适期 10 至 30 天发布。但依赖专家经验做出的预报，具有主观性和不确定性等缺点。在稻飞虱预报研究中，主要使用的方法有线性回归法、马尔可夫链、ANN、SVM 等[114-120]。具体做法为利用稻飞虱历史虫情资料与对应的气候条件等数据，探讨与稻飞虱发生量或发生期相关的因子，并据此建立模型进行预报。闫香慧等根据重庆秀山县 1990～2006 年褐飞虱的发生情况与气象资料，采用逐步回归法寻找与主害期发生量密切相关的因子，分别建立了 7、8 月若虫与总虫量的预报模型[118]。陈水校利用 1974～2005 年褐飞虱第五代发生量结合上年 11～12 月平均气温、6 月降水情况等信息，采用多级判别法建立了杭州市萧山区第五代发生程度预报模型[117]。然而稻飞虱发生是一种非常复杂的自然现象，稻飞虱发生与其控制因子间的关系远非简单的线性关系可以表征，因此非线性方法被逐步引入稻飞虱种群动态预报研究中。Yan 等根据贵州省江口县 1997～2007 年稻飞虱灯下虫量，利用马尔可夫链预测法实现了稻飞虱灯下发生程度的长期预报[116]。娄伟平等利用投影寻踪理论建立了浙江省新昌县晚稻稻飞虱主害代发生程度预报模型[198]。投影寻踪模型通过将高维数据投影至低维空间上，在一定程度上解决了控制因子数据的高维非正态、非线性等问题。何燕等利用相关性分析筛选与稻飞虱发生等级相关的气象要素、大气环流特征等因子，然后利用 ANN 对桂东、桂西南和桂西北的早稻稻飞虱发生程度分别建立预报模型，经检验，ANN 预报模型较逐步回归预测模型模拟精度更高[120]。包云轩等利用相关性分析筛选出与褐飞虱年发生等级相关的关键气象因子，应用 SVM、ANN 和多元回归分析分别建立站点褐飞虱年发生等级预报模型，发现 SVM 预报效果最好，ANN 次之[119]。徐小蓉等基于 19 个生物气候变量，采用最大熵模型分别构建了褐飞虱、白背飞虱和灰飞虱的发生预报模型，以省（区/市）为单位对 3 种稻飞虱在我国的潜在发生区进行预报[199]。以上大部分稻飞虱种群动态预报研究从局地稻飞虱发生的气候背景入手，尝试使用气候背景对当地稻飞虱长期发生趋势进行预报[116, 163, 191, 200, 201]。但不同地区的气候条件、稻作制度等不尽相同[202]，使得不同地区稻飞虱种群动态规律也在不断变化，控制因子也不完全一致，甚至同一地区不同季节的控制因子也存在差异，而现有模型难以准确地对这种差异进行表征。

1.4 大数据技术及其在精准农业中的应用

大数据技术包含大数据采集、数据预处理（清洗和标注）、存储、处理（分析与挖掘）、大数据可视化、大数据安全等内容。表 1-1 是大数据各生命周期中使用较为广泛的相关技术与软件产品，在进行大数据平台设计时，要结合数据特点、任务场景、硬件需求等综合考虑，选择满足需求的开源技术。

表 1-1 大数据常见技术与软件[203]

大数据生命周期	主要内容	主要软件或技术
数据采集	爬虫	Scrapy，Pyspider
	数据接口	RESTful 等
	日志采集与消息处理	Flume，Scribe，Kafka
	数据迁移	ETL，Datax，Sqoop

大数据生命周期	主要内容	主要软件或技术
数据存储	分布式文件系统	GFS，HDFS，GridFS
	NoSQL	HBase，Redis，MongoDB，Accumulo
数据分析	并行计算框架	MapReduce，Spark，Storm
	统计分析	Mathout，R
	搜索引擎	Solr，ElasticSearch，Lucene

1.4.1　大数据采集技术

面向多源异构的海量数据，多种数据采集技术应运而生。数据提取、转换与加载（extract-transform-load，ETL）工具可将异构数据规范化，进而将数据注入数据仓库。Villar 等使用 ETL 工具处理环境与医学数据，并结合联机分析处理（online analytical processing，OLAP）对西班牙 16 个省的数千万个单独的医疗、气象和空气质量观测进行飞行分析[204]。然而，ETL 工具主要擅长对历史数据进行离线操作，若要处理实时数据，需要进一步扩展，如分布式按需 ETL（distributed on-demand ETL，DOD-ETL）通过将按需数据流管道与具有内存中缓存和有效数据分区功能的分布式、并行、技术无关性的体系结构相结合来实现此目的[205]。企业、政府机构等每日正常运行产生了大量有价值的日志文件，针对这些数据的采集，出现了一批开源的技术框架，如 Flume，Scribe 等。许多应用案例使用这些技术[205-207]，随着互联网的迅速发展，各种类型的网页上包含海量的非结构化和半结构化的数据，这些数据的采集主要使用爬虫技术，常见的爬虫框架有 Apache Nutch、Crawler4j、Scrapy 等，通过爬虫获取数据已经成为许多研究数据源的重要支撑与保障[208, 209]。

大量由关系型数据库存储的结构化数据，其来源主要是日常模式报表，即通过前台应用系统与业务后台服务器的结合，将大量的业务记录写入数据库中。许多应用分析面向多个数据库，可利用 Apache Sqoop 解决结构化数据存储与 Hadoop 分布式文件系统（hadoop distributed file system，HDFS）之间的转换问题，相对于使用脚本传输数据不仅保证了数据一致性，而且提高了转换效率。张婷婷在设计基于大数据分析的推荐系统时，利用 Sqoop 工具将数据库中的数据转移到 HDFS，以便后续分析算法提取数据[210]。李新卫在构建基于 Hadoop 的音乐推荐系统时利用 Sqoop 完成数据的采集[211]。针对特定任务场景，也可结合相关应用程序编程接口（application programming interface，API）自定义数据迁移功能，如苏鹏涛等基于 Java 数据库连接（java database connectivity，JDBC）访问电力量测类数据传统关系型数据库，基于 HBase Java API 操作 HBase 数据库，进而实现自动化迁移等功能[212]。

1.4.2　大数据存储技术

分布式文件系统是对本地文件系统的扩展，其服务范围包含整个互联网，在提供海量数据的存储服务的同时保障数据安全，常见的分布式文件系统有 GFS、HDFS、

Lustre、Ceph、GridFS 等，其中 HDFS 应用最为广泛。然而，HDFS 在存储海量小文件时在性能与存储效率方面一直有所欠缺，要根据实际需求进一步优化(如结合分布式缓存技术)[213-215]。分布式文件系统是许多 NoSQL 的基础存储，如 HBase 基于 HDFS、MongoDB 基于 GridFS 等。NoSQL 可以解决海量非结构化与半结构化数据的存储与查询问题，虽然也可以存储结构化数据，但相应会失去关系数据库的一些特性。NoSQL 主要分为四类：面向列存储数据库、键值保存的数据库、面向文档的数据库和图形数据库。为满足不同的存储与查询需求，NoSQL 在结构上一般分为四层，即数据持久层、数据分布层、数据逻辑模型层以及接口层[216]。许多大数据分析应用都基于 NoSQL 提供的查询服务[217, 218]，也有研究对如此众多的 NoSQL 进行调查分析，从而给从业者或研究人员提供建议[219]。

1.4.3　大数据分析处理技术

为解决海量数据的计算问题而产生的并行计算框架主要包含 MapReduce、Spark 等。MapReduce 是面向大数据并行处理的平台、框架、计算模型，这三层含义意味着利用普通的服务器即可搭建易扩展、高容错的并行计算集群，并行计算涉及的很多系统底层的复杂细节(如数据分布存储、数据通信等)交由框架处理，使用者通过该编程模型提供的抽象操作和并行编程接口即可完成基本的并行计算任务。MapReduce 在诸多领域[220, 221]的实践中证明其框架具有较强实用性。Spark 是 MapReduce 的通用并行框架，通过启用内存分布式数据集，避免将许多需要迭代的算法(如机器学习与数据挖掘)的中间结果保存至 HDFS 导致的 I/O 性能问题。代明竹和高嵩峰通过使用非排序的基准测序，发现使用 Spark 代替 Hadoop 会使平均执行时间降低 77%[222]。Spark 一度对 Hadoop 造成冲击，但冯兴杰和王文超也指出，Hadoop 与 Spark 有着各自的特点，使得两者拥有不同的应用场景，因此 Spark 无法完全取代 Hadoop[223]。

1.4.4　大数据技术在精准农业中的应用

精准农业是现代农业发展的新趋势。美国、加拿大在这方面的研究处于国际领先地位，其在精准管理、播种、施药、施肥等环节的应用较为成熟。20 世纪 90 年代中后期，我国开始对精准农业进行研究，近年来虽不断加大投入并开展了许多实践工作，但仍然存在科研成果向应用产出转化欠缺、温室和养殖发展较快而大田作物应用出现瓶颈、未能有效发挥由点及面的推广带动作用等不足[224, 225]。在精准农业技术体系方面，信息获取与可靠的专家决策系统是两个主要难点[226]。随着物联网与互联网等技术的不断发展，大数据技术为精准农业提供了新的解决思路。

水稻药肥精准施用是立足于我国国情的精准农业的应用实践。我国历来高度重视药肥滥用问题。自 20 世纪 70 年代起，我国便开展了田间养分精准管理方法与技术的持续研究和推广，积累了大量土壤类型、肥力等基础数据以及农村地籍调查、农业普查、作物需肥规律等田间养分管理相关数据[227]。中华人民共和国成立后，我国开始逐步构建全国农作物重大病虫害监测预警网络体系，2009 年全国农业技术推广服务中心开始建设农作物病虫害数字化监测预警平台并推广至各个监测站点使用，累积了大量病虫害测报数据[228]。随着遥感技术的发展，尤其是我国高分系列卫星的发射以及无人机遥感技术的发展，遥感数据源逐渐丰富，不同时间、空间、光谱分辨率的遥感数据为大尺度决策分析、病虫害监测等提供了可能，对指导水稻精细化种植，发展精准农业具有重大意义[229, 230]。然而，虽然积累了大量多源异构的与水稻种植有关的时空大数据，但在大数据应用方面仍然存在数据共享水平低，数据处理、分析、挖掘能力薄弱等问题[231]。

　　随着大数据等技术的不断成熟，越来越多的研究尝试将其应用到精准农业中。大数据技术正积极推动农情精细化监测，全球农情遥感速报系统通过引入聚类分析、时间序列分析、关联分析、时空变化异常诊断等大数据分析方法提升数据挖掘能力，促进技术体系升级[232]。Ruan 等利用遗传算法优化 SVM (genetic algorithm SVM，GA-SVM) 对农业网络物理系统中产生的大数据进行预测，为农民经营决策提供支撑[233]。Delgado 等认为，可结合大数据分析和物联网、人工智能、GPS、遥感等技术，利用 WebGIS 框架将分散的智慧农场连接至全球或某一区域，从而实现可持续精准农业[234]。大数据技术在采集、传输、存储、处理和应用等各个环节都形成了成熟的技术框架，可根据不同应用场景构建不同的技术体系。CYBELE 是一个保障农产品价值的平台，整合不同类型各种来源的数据形成数据仓库，基于优秀的大数据处理框架 Spark、Hadoop、Kafka、Elastic 构建高性能计算架构，从而提供数据发现、处理、组合和可视化等服务[235]。张波等采用大数据技术、云计算技术、移动应用技术以及 HTML5 等新一代信息技术，构建并实现了精准农业航空服务平台，充分考虑了植保施肥的实际需求[236]。朱亮等利用 Hadoop、Hbase、Spark 等技术设计并建立了农业气象大数据平台，实现对农业气象数据的收集、存储和应用，为"三农"服务，为防灾减灾提供数据支撑[237]。相对于欧盟基于"5S"技术体系形成的精准农业生产方式，我国农业现代化发展相对滞后，特别在遥感农业大数据应用方面发展潜力巨大[238]，将大数据技术应用到水稻药肥精准施用上具有现实意义。

　　目前，有研究开始使用大数据技术提高水稻研究相关算法性能，分析水稻产量与气候的关系。邓兴鹏利用 Hadoop 计算框架研究了杂交水稻算法的分布式实现，旨在解决面临大规模数据量时算法的性能问题，取得了明显的提升效果[239]。崔媛利用前人大数据分析的结果，以华北、华东及东北水稻产区为例，进一步研究了农业气候与农作物产量的变化关系，以期为各种天气条件下保障与提高农作物产量提供理论依据[240]。然而，直接利用大数据技术进行水稻药肥精准施用的研究甚少。在肥料精准施用研究方面，蔡丽霞构建基于 Hadoop 技术的玉米精准施肥智能决策系统，为农业区域的划分以及管理提供实时、准确的信息支撑，从数据收集、大数据平台的搭建、结合 MapReduce 进行分析的分析算法实现等角度系统性地进行了研究[241]。贵州省农业科学院农业科技信息研究所在作物精确施肥方面取得了重要成果，其以贵州省喀斯特山区为研究区域，利用大数据技术与方法开展作物推荐与应用研究，集数据的采集、处理于一体，做到了"服务获取数据，数据促进服务"[242]。何山等结合数据挖掘技术研究基肥和追肥的施用数量及施用时间，同时利用 GIS 实现农田数据的空间信息化和施肥方案田块化管理的可视化，为移动端施肥方案的推送和实现田块尺度上的信息化精细管理奠定基础[227]。在农药精准施用研究方面，有研究利用大数据技术进行农药残留量分析，这对精准施药而言具有指示意义，因为导致农药残留量过高的很大一部分因素是农户在种植过程中施药不当。罗巍通过对调查得到的 37 个露地蔬菜品种上农药施用的品种、用量、成本、施用次数等用药结构进行监测研究，提出改进用药结构的措施[243]。

向农户进行农技推广是水稻药肥精准施用的重要应用出口。农业推广中农民的障碍可简单地概括为：①缺乏解决问题的资源，包括知识、生产资料等，并且不知如何获取并利用这些资源；②农民没有充分意识到采用新技术的好处而缺乏积极性。我国农技推广中的问题包括投资总量少、人均费用低，行政占主导、基层参与少，人员缺乏积极性、专业知识水平低，机构设置不合理，缺乏科学有效的考评机制，技术供给与市场需求脱节等[244]。大数据平台通过从水稻药肥大数据中提取出隐含的规律，并通过网站、移动应用、微信公众号等多终端信息共享平台的推广与使用，能一定程度上解决上述问题。

主要参考文献

[1] Deutsch C A, Tewksbury J J, Tigchelaar M, et al. Increase in crop losses to insect pests in a warming climate[J]. Science, 2018, 361(6405): 916-919.

[2] Wang C Z, Wang X H, Jin Z N, et al. Occurrence of crop pests and diseases has largely increased in China since 1970[J]. Nature Food, 2022, 3(1): 57-65.

[3] 秦诗乐. 稻农施药行为研究[D]. 北京: 中国农业科学院, 2020.

[4] Chang C Y, Zhou R Q, Kira O, et al. An Unmanned Aerial System (UAS) for concurrent measurements of solar-induced chlorophyll fluorescence and hyperspectral reflectance toward improving crop monitoring[J]. Agricultural and Forest Meteorology, 2020, 294: 108145.

[5] 李素, 郭兆春, 王聪, 等. 信息技术在农作物病虫害监测预警中的应用综述[J]. 江苏农业科学, 2018, 46(22): 1-6.

[6] 姜玉英, 刘杰, 曾娟, 等. 我国农作物重大迁飞性害虫发生为害及监测预报技术[J]. 应用昆虫学报, 2021, 58(3): 542-551.

[7] 黄冲, 刘万才, 张剑, 等. 推进农作物病虫害精准测报的探索与实践[J]. 中国植保导刊, 2020, 40(7): 47-50.

[8] Zhu W X, Sun Z, Yang T, et al. Estimating leaf chlorophyll content of crops via optimal unmanned aerial vehicle hyperspectral data at multi-scales[J]. Computers and Electronics in Agriculture, 2020, 178: 105786.

[9] Gong H R, Li J, Ma J H, et al. Effects of tillage practices and microbial agent applications on dry matter accumulation, yield and the soil microbial index of winter wheat in North China[J]. Soil and Tillage Research, 2018, 184: 235-242.

[10] 秦占飞, 常庆瑞, 谢宝妮, 等. 基于无人机高光谱影像的引黄灌区水稻叶片全氮含量估测[J]. 农业工程学报, 2016, 32(23): 77-85.

[11] Dong J W, Xiao X M. Evolution of regional to global paddy rice mapping methods: a review[J]. ISPRS Journal of Photogrammetry and Remote Sensing, 2016, 119: 214-227.

[12] Peng D L, Huang J F, Li C J, et al. Modelling paddy rice yield using MODIS data[J]. Agricultural and Forest Meteorology, 2014, 184: 107-116.

[13] Wu B F, Gommes R, Zhang M, et al. Global crop monitoring: a satellite-based hierarchical approach[J]. Remote Sensing, 2015, 7(4): 3907-3933.

[14] Zhang J C, Huang Y B, Pu R L, et al. Monitoring plant diseases and pests through remote sensing technology: a review[J]. Computers and Electronics in Agriculture, 2019, 165: 104943.

[15] Ghobadifar F, Aimrun W, Jebur M N. Development of an early warning system for brown planthopper（BPH）（*Nilaparvata lugens*）in rice farming using multispectral remote sensing[J]. Precision Agriculture, 2016, 17(4): 377-391.

[16] Wulder M A, Masek J G, Cohen W B, et al. Opening the archive: how free data has enabled the science and monitoring promise of Landsat[J]. Remote Sensing of Environment, 2012, 122: 2-10.

[17] Woodcock C E, Allen R, Anderson M, et al. Free access to Landsat imagery[J]. Science, 2008, 320(5879): 1011.

[18] Hu G, Cheng X N, Qi G J, et al. Rice planting systems, global warming and outbreaks of *Nilaparvata lugens*（Stål）[J]. Bulletin of Entomological Research, 2011, 101(2): 187-199.

[19] Matsumura M. Population dynamics of the whitebacked planthopper, *Sogatella furcifera*（Hemiptera: Delphacidae）with special reference to the relationship between its population growth and the growth stage of rice plants[J]. Researches on Population Ecology, 1996, 38(1): 19-25.

[20] Otuka A, Sakamoto T, Van Chien H, et al. Occurrence and short-distance migration of *Nilaparvata lugens*（Hemiptera: Delphacidae）in the Vietnamese Mekong Delta[J]. Applied Entomology and Zoology, 2014, 49(1): 97-107.

[21] Gong P, Liu H, Zhang M N, et al. Stable classification with limited sample: transferring a 30-m resolution sample set collected in 2015 to mapping 10-m resolution global land cover in 2017[J]. Science Bulletin, 2019, 64(6): 370-373.

[22] Zhang X, Liu L Y, Chen X D, et al. GLC_FCS30: global land-cover product with fine classification system at 30 m using time-series Landsat imagery[J]. Earth System Science Data, 2021, 13(6): 2753-2776.

[23] Chen J, Chen J, Liao A P, et al. Global land cover mapping at 30m resolution: a POK-based operational approach[J]. ISPRS Journal of Photogrammetry and Remote Sensing, 2015, 103: 7-27.

[24] Xiao X M, Boles S, Liu J Y, et al. Mapping paddy rice agriculture in Southern China using multi-temporal MODIS images[J]. Remote Sensing of Environment, 2005, 95(4): 480-492.

[25] Dong J W, Xiao X M, Kou W L, et al. Tracking the dynamics of paddy rice planting area in 1986–2010 through time series Landsat images and phenology-based algorithms[J]. Remote Sensing of Environment, 2015, 160: 99-113.

[26] Qiu B W, Li W J, Tang Z H, et al. Mapping paddy rice areas based on vegetation phenology and surface moisture conditions[J]. Ecological Indicators, 2015, 56: 79-86.

[27] Zhang G L, Xiao X M, Biradar C M, et al. Spatiotemporal patterns of paddy rice croplands in China and India from 2000 to 2015[J]. Science of The Total Environment, 2017, 579: 82-92.

[28] Torbick N, Chowdhury D, Salas W, et al. Monitoring rice agriculture across Myanmar using time series sentinel-1 assisted by landsat-8 and PALSAR-2[J]. Remote Sensing, 2017, 9(2): 119.

[29] Zhou Y N, Luo J C, Feng L, et al. Long-short-term-memory-based crop classification using high-resolution optical images and multi-temporal SAR data[J]. GIScience & Remote Sensing, 2019, 56(8): 1170-1191.

[30] Nelson A, Setiyono T, Rala A, et al. Towards an operational SAR-based rice monitoring system in Asia: examples from 13 demonstration sites across Asia in the RIICE project[J]. Remote Sensing, 2014, 6(11): 10773-10812.

[31] Zhang G L, Xiao X M, Dong J W, et al. Mapping paddy rice planting areas through time series analysis of MODIS land surface temperature and vegetation index data[J]. ISPRS Journal of Photogrammetry and Remote Sensing, 2015, 106: 157-171.

[32] Xiao X M, Boles S, Frolking S, et al. Mapping paddy rice agriculture in South and Southeast Asia using multi-temporal MODIS images[J]. Remote Sensing of Environment, 2006, 100(1): 95-113.

[33] Dong J W, Xiao X M, Menarguez M A, et al. Mapping paddy rice planting area in northeastern Asia with Landsat 8 images, phenology-based algorithm and Google Earth Engine[J]. Remote Sensing of Environment, 2016, 185: 142-154.

[34] Zhang M, Lin H, Wang G X, et al. Mapping paddy rice using a Convolutional Neural Network (CNN) with Landsat 8 datasets in the Dongting Lake Area, China [J]. Remote Sensing, 2018, 10 (11): 1840.

[35] Shi J J, Huang J F. Monitoring spatio-temporal distribution of rice planting area in the Yangtze River Delta Region using MODIS images [J]. Remote Sensing, 2015, 7 (7): 8883-8905.

[36] Wang J, Huang J F, Zhang K Y, et al. Rice fields mapping in fragmented area using multi-temporal HJ-1A/B CCD images [J]. Remote Sensing, 2015, 7 (4): 3467-3488.

[37] Thorp K R, Drajat D. Deep machine learning with Sentinel satellite data to map paddy rice production stages across West *Java*, Indonesia [J]. Remote Sensing of Environment, 2021, 265: 112679.

[38] Park S, Im J, Park S, et al. Classification and mapping of paddy rice by combining landsat and SAR time series data [J]. Remote Sensing, 2018, 10 (3): 447.

[39] Nguyen T T H, De Bie C A J M, Ali A, et al. Mapping the irrigated rice cropping patterns of the Mekong delta, Vietnam, through hyper-temporal SPOT NDVI image analysis [J]. International Journal of Remote Sensing, 2012, 33 (2): 415-434.

[40] Zhang X, Wu B F, Ponce-Campos G E, et al. Mapping up-to-date paddy rice extent at 10 m resolution in China through the integration of optical and synthetic aperture radar images [J]. Remote Sensing, 2018, 10 (8): 1-26.

[41] Shao Y, Fan X T, Liu H, et al. Rice monitoring and production estimation using multitemporal RADARSAT [J]. Remote Sensing of Environment, 2001, 76 (3): 310-325.

[42] McCloy K R, Smith F R, Robinson M R. Monitoring rice areas using Landsat MSS data [J]. International Journal of Remote Sensing, 1987, 8 (5): 741-749.

[43] Rao P P N, Rao V R. Rice crop identification and area estimation using remotely-sensed data from Indian cropping patterns [J]. International Journal of Remote Sensing, 1987, 8 (4): 639-650.

[44] Tennakoon S B, Murty V V N, Eiumnoh A. Estimation of cropped area and grain yield of rice using remote sensing data [J]. International Journal of Remote Sensing, 1992, 13 (3): 427-439.

[45] Kurosu T, Fujita M, Chiba K. The identification of rice fields using multi-temporal ERS-1 C band SAR data [J]. International Journal of Remote Sensing, 1997, 18 (14): 2953-2965.

[46] Chen C, McNairn H. A neural network integrated approach for rice crop monitoring [J]. International Journal of Remote Sensing, 2006, 27 (7): 1367-1393.

[47] Zhang Y, Wang C Z, Wu J P, et al. Mapping paddy rice with multitemporal ALOS/PALSAR imagery in southeast China [J]. International Journal of Remote Sensing, 2009, 30 (23): 6301-6315.

[48] Li Q Z, Zhang H X, Du X, et al. County-level rice area estimation in Southern China using remote sensing data [J]. Journal of Applied Remote Sensing, 2014, 8 (1): 083657.

[59] Tan C P, Koay J Y, Lim K S, et al. Classification of multi-temporal SAR images for rice crops using combined entropy decomposition and support vector machine technique [J]. Progress in Electromagnetics Research, 2007, 71: 19-39.

[50] Pan X Z, Uchida S, Liang Y, et al. Discriminating different landuse types by using multitemporal NDXI in a rice planting area [J]. International Journal of Remote Sensing, 2010, 31 (3): 585-596.

[51] Chen J S, Huang J X, Hu J X. Mapping rice planting areas in Southern China using the China Environment Satellite data [J]. Mathematical and Computer Modelling, 2011, 54 (3/4): 1037-1043.

[52] Li P, Feng Z M, Jiang L G, et al. Changes in rice cropping systems in the Poyang Lake Region, China during 2004-2010 [J]. Journal of Geographical Sciences, 2012, 22 (4): 653-668.

[53] Son N T, Chen C F, Chen C R, et al. A phenology-based classification of time-series MODIS data for rice crop monitoring in Mekong Delta, Vietnam[J]. Remote Sensing, 2013, 6(1): 135-156.

[54] Bouvet A, Toan T L. Use of ENVISAT/ASAR wide-swath data for timely rice fields mapping in the Mekong River Delta[J]. Remote Sensing of Environment, 2011, 115(4): 1090-1101.

[55] Chen J S, Lin H, Pei Z Y. Application of ENVISAT ASAR data in mapping rice crop growth in southern China[J]. IEEE Geoscience and Remote Sensing Letters, 2007, 4(3): 431-435.

[56] Gumma M K, Thenkabail P S, Maunahan A, et al. Mapping seasonal rice cropland extent and area in the high cropping intensity environment of Bangladesh using MODIS 500m data for the year 2010[J]. ISPRS Journal of Photogrammetry and Remote Sensing, 2014, 91: 98-113.

[57] Kontgis C, Schneider A, Ozdogan M. Mapping rice paddy extent and intensification in the Vietnamese Mekong River Delta with dense time stacks of Landsat data[J]. Remote Sensing of Environment, 2015, 169: 255-269.

[58] Qin Y W, Xiao X M, Dong J W, et al. Mapping paddy rice planting area in cold temperate climate region through analysis of time series Landsat 8 (OLI), Landsat 7 (ETM+) and MODIS imagery[J]. ISPRS Journal of Photogrammetry and Remote Sensing, 2015, 105: 220-233.

[59] Xiao X, Boles S, Frolking S, et al. Observation of flooding and rice transplanting of paddy rice fields at the site to landscape scales in China using VEGETATION sensor data[J]. International Journal of Remote Sensing, 2002, 23(15): 3009-3022.

[60] Sakamoto T, Nguyen N V, Kotera A, et al. Detecting temporal changes in the extent of annual flooding within the Cambodia and the Vietnamese Mekong Delta from MODIS time-series imagery[J]. Remote Sensing of Environment, 2007, 109(3): 295-313.

[61] Sakamoto T, Phung C V, Kotera A, et al. Analysis of rapid expansion of inland aquaculture and triple rice-cropping areas in a coastal area of the Vietnamese Mekong Delta using MODIS time-series imagery[J]. Landscape and Urban Planning, 2009, 92(1): 34-46.

[62] Shi J J, Huang J F, Zhang F. Multi-year monitoring of paddy rice planting area in Northeast China using MODIS time series data[J]. Journal of Zhejiang University Science B, 2013, 14(10): 934-946.

[63] Torbick N, Salas W A, Hagen S, et al. Monitoring rice agriculture in the Sacramento valley, USA with multitemporal PALSAR and MODIS imagery[J]. IEEE Journal of Selected Topics in Applied Earth Observations and Remote Sensing, 2011, 4(2): 451-457.

[64] Gupta P K, Oza S R, Panigrahy S. Monitoring transplanting operation of rice crop using passive microwave radiometer data[J]. Biosystems Engineering, 2011, 108(1): 28-35.

[65] Zhao S, Liu X N, Ding C, et al. Mapping rice paddies in complex landscapes with convolutional neural networks and phenological metrics[J]. GIScience & Remote Sensing, 2020, 57(1): 37-48.

[66] Zhu A X, Zhao F H, Pan H B, et al. Mapping rice paddy distribution using remote sensing by coupling deep learning with phenological characteristics[J]. Remote Sensing, 2021, 13(7): 1360.

[67] Bargiel D. A new method for crop classification combining time series of radar images and crop phenology information[J]. Remote Sensing of Environment, 2017, 198: 369-383.

[68] Chockalingam J, Mondal S. Fractal-based pattern extraction from time-series NDVI data for feature identification[J]. IEEE Journal of Selected Topics in Applied Earth Observations and Remote Sensing, 2017, 10(12): 5258-5264.

[69] 卓伟, 于旭峰, 李欣庭, 等. 高光谱成像技术实现马铃薯叶片叶绿素无损检测[J]. 光学仪器, 2020, 42(6): 1-8.

[70] 严林. 基于高光谱遥感的宁夏引黄灌区水稻生理生化参数研究[D]. 咸阳: 西北农林科技大学, 2017.

[71] Moharana S, Dutta S. Spatial variability of chlorophyll and nitrogen content of rice from hyperspectral imagery[J]. ISPRS Journal of Photogrammetry and Remote Sensing, 2016, 122: 17-29.

[72] Gitelson A A, Gritz Y, Merzlyak M N. Relationships between leaf chlorophyll content and spectral reflectance and algorithms for non-destructive chlorophyll assessment in higher plant leaves[J]. Journal of Plant Physiology, 2003, 160(3): 271-282.

[73] An G Q, Xing M F, He B B, et al. Using machine learning for estimating rice chlorophyll content from in situ hyperspectral data[J]. Remote Sensing, 2020, 12(18): 3104.

[74] Saberioon M M, Amin M S M, Anuar A R, et al. Assessment of rice leaf chlorophyll content using visible bands at different growth stages at both the leaf and canopy scale[J]. International Journal of Applied Earth Observation and Geoinformation, 2014, 32: 35-45.

[75] Xu X Q, Lu J S, Zhang N, et al. Inversion of rice canopy chlorophyll content and leaf area index based on coupling of radiative transfer and Bayesian network models[J]. ISPRS Journal of Photogrammetry and Remote Sensing, 2019, 150: 185-196.

[76] 李静, 王建军, 朱安. 基于低成本无人机的水稻叶片 SPAD 值遥感估测[J]. 吉林农业, 2017, (18): 68.

[77] 于丰华, 许童羽, 郭忠辉, 等. 基于红边优化植被指数的寒地水稻叶片叶绿素含量遥感反演研究[J]. 智慧农业(中英文), 2020, 2(1): 77-86.

[78] Xue L H, Yang L Z. Deriving leaf chlorophyll content of green-leafy vegetables from hyperspectral reflectance[J]. ISPRS Journal of Photogrammetry and Remote Sensing, 2009, 64(1): 97-106.

[79] Liu B, Yue Y M, Li R, et al. Plant leaf chlorophyll content retrieval based on a field imaging spectroscopy system[J]. Sensors(Basel, Switzerland), 2014, 14(10): 19910-19925.

[80] Van Cleemput E, Vanierschot L, Fernández-Castilla B, et al. The functional characterization of grass-and shrubland ecosystems using hyperspectral remote sensing: trends, accuracy and moderating variables[J]. Remote Sensing of Environment, 2018, 209: 747-763.

[81] Verrelst J, Camps-Valls G, Muñoz-Marí J, et al. Optical remote sensing and the retrieval of terrestrial vegetation bio-geophysical properties—A review[J]. ISPRS Journal of Photogrammetry and Remote Sensing, 2015, 108: 273-290.

[82] Cavallo D P, Cefola M, Pace B, et al. Contactless and non-destructive chlorophyll content prediction by random forest regression: a case study on fresh-cut rocket leaves[J]. Computers and Electronics in Agriculture, 2017, 140: 303-310.

[83] Yang X H, Huang J F, Wu Y P, et al. Estimating biophysical parameters of rice with remote sensing data using support vector machines[J]. Science China Life Sciences, 2011, 54(3): 272-281.

[84] Liu H J, Li M Z, Zhang J Y, et al. Estimation of chlorophyll content in maize canopy using wavelet denoising and SVR method[J]. International Journal of Agricultural and Biological Engineering, 2018, 11(6): 132-137.

[85] Kalacska M, Lalonde M, Moore T R. Estimation of foliar chlorophyll and nitrogen content in an ombrotrophic bog from hyperspectral data: scaling from leaf to image[J]. Remote Sensing of Environment, 2015, 169: 270-279.

[86] Paul S, Poliyapram V, İmamoğlu N, et al. Canopy averaged chlorophyll content prediction of pear trees using convolutional autoencoder on hyperspectral data[J]. IEEE Journal of Selected Topics in Applied Earth Observations and Remote Sensing, 2020, 13: 1426-1437.

[87] 张宏鸣, 刘雯, 韩文霆, 等. 基于梯度提升树算法的夏玉米叶面积指数反演[J]. 农业机械学报, 2019, 50(5): 251-259.

[88] Guo C L, Zhang L, Zhou X, et al. Integrating remote sensing information with crop model to monitor wheat growth and yield based on simulation zone partitioning[J]. Precision Agriculture, 2018, 19(1): 55-78.

[89] Sun L, Gao F, Anderson M C, et al. Daily mapping of 30 m LAI and NDVI for grape yield prediction in California vineyards[J].

Remote Sensing, 2017, 9(4): 317.

[90] 刘珊珊, 牛超杰, 边琳, 等. 基于 NDVI 的水稻产量遥感估测[J]. 江苏农业科学, 2019, 47(3): 193-198.

[91] Wang F L, Wang F M, Zhang Y, et al. Rice yield estimation using parcel-level relative spectral variables from UAV-based hyperspectral imagery[J]. Frontiers in Plant Science, 2019, 10: 453.

[92] Zhou X, Zheng H B, Xu X Q, et al. Predicting grain yield in rice using multi-temporal vegetation indices from UAV-based multispectral and digital imagery[J]. ISPRS Journal of Photogrammetry and Remote Sensing, 2017, 130: 246-255.

[93] 鲁军景, 孙雷刚, 黄文江. 作物病虫害遥感监测和预测预警研究进展[J]. 遥感技术与应用, 2019, 34(1): 21-32.

[94] 臧红婷. 玉米粘虫时空动态遥感监测与评价[D]. 哈尔滨: 东北农业大学, 2014.

[95] 鲁军景, 黄文江, 蒋金豹, 等. 小波特征与传统光谱特征估测冬小麦条锈病病情严重度的对比研究[J]. 麦类作物学报, 2015, 35(10): 1456-1461.

[96] Yuan L, Huang Y B, Loraamm R W, et al. Spectral analysis of winter wheat leaves for detection and differentiation of diseases and insects[J]. Field Crops Research, 2014, 156: 199-207.

[97] Su J Y, Liu C J, Hu X P, et al. Spatio-temporal monitoring of wheat yellow rust using UAV multispectral imagery[J]. Computers and Electronics in Agriculture, 2019, 167: 105035.

[98] Su J Y, Liu C J, Coombes M, et al. Wheat yellow rust monitoring by learning from multispectral UAV aerial imagery[J]. Computers and Electronics in Agriculture, 2018, 155: 157-166.

[99] 刘占宇. 水稻主要病虫害胁迫遥感监测研究[D]. 杭州: 浙江大学, 2008.

[100] 赵晓阳, 张建, 张东彦, 等. 低空遥感平台下可见光与多光谱传感器在水稻纹枯病病害评估中的效果对比研究[J]. 光谱学与光谱分析, 2019, 39(4): 1192-1198.

[101] 谢亚平. 基于高光谱技术的水稻稻曲病监测研究[D]. 杭州: 杭州电子科技大学, 2018.

[102] Bottrell D G, Schoenly K G. Resurrecting the ghost of green revolutions past: the brown planthopper as a recurring threat to high-yielding rice production in tropical Asia[J]. Journal of Asia-Pacific Entomology, 2012, 15(1): 122-140.

[103] Cheng J. Rice planthoppers in the past half century in China[C]//Heong K L, Cheng J, Escalada M M. Rice Planthoppers: Ecology, Management, Socioeconomics and Policy. Hangzhou: Zhejiang University Press, 2015: 1-32.

[104] 石晶晶. 稻飞虱生境因子遥感监测及应用[D]. 杭州: 浙江大学, 2013.

[105] 陆明红, 周丽丽, 尹丽, 等. 2019 年我国稻飞虱发生特点及原因分析[J]. 中国植保导刊, 2020, 40(5): 52-57.

[106] 刘万才, 刘振东, 黄冲, 等. 近 10 年农作物主要病虫害发生危害情况的统计和分析[J]. 植物保护, 2016, 42(5): 1-9, 46.

[107] Wu S F, Zeng B, Zheng C, et al. The evolution of insecticide resistance in the brown planthopper (*Nilaparvata lugens* Stål) of China in the period 2012-2016[J]. Scientific Reports, 2018, 8(1): 4586.

[108] Roubos C R, Rodriguez-Saona C, Isaacs R. Mitigating the effects of insecticides on arthropod biological control at field and landscape scales[J]. Biological Control, 2014, 75: 28-38.

[109] Huang J K, Hu R F, Qiao F B, et al. Impact of insect-resistant GM rice on pesticide use and farmers' health in China[J]. Science China Life Sciences, 2015, 58(5): 466-471.

[110] 卜元卿, 孔源, 智勇, 等. 化学农药对环境的污染及其防控对策建议[J]. 中国农业科技导报, 2014, 16(2): 19-25.

[111] 刘万才, 陆明红, 黄冲, 等. 水稻重大病虫害跨境跨区域监测预警体系的构建与应用[J]. 植物保护, 2020, 46(1): 87-92, 100.

[112] 陈若篪, 綦立正, 程遐年, 等. 褐飞虱种群动态的研究 I. 温度、食料条件对种群增长的影响[J]. 南京农业大学学报, 1986, (3): 23-33.

[113] Ndjomatchoua F T, Tonnang H E, Plantamp C, et al. Spatial and temporal spread of maize stem borer *Busseola*

　　　　　fusca (Fuller) (Lepidoptera: Noctuidae) damage in smallholder farms [J]. Agriculture, Ecosystems & Environment, 2016, 235: 105-118.

[114] Isichaikul S, Ichikawa T. Relative humidity as an environmental factor determining the microhabitat of the nymphs of the rice brown planthopper, *Nilaparvata lugens* (Stål) (Homoptera: Delphacidae) [J]. Researches on Population Ecology, 1993, 35 (2): 361-373.

[115] Kumar S T, Mazumdar D, Kamei D, et al. Advantages of artificial neural network over regression method in prediction of pest incidence in rice crop [J]. International Journal of Agricultural and Statistical Sciences, 2018, 14 (1): 357-363.

[116] Yan X H, Liu H, Wang J J, et al. Population forecasting model of *Nilaparvata lugens* and *Sogatella furcifera* (Homoptera: Delphacidae) based on Markov chain theory [J]. Environmental Entomology, 2010, 39 (6): 1737-1743.

[117] 陈水校. 简易多级法预测晚稻第五代褐飞虱发生量 [J]. 江苏农业科学, 2006, (4): 48-50.

[118] 闫香慧, 谢雪梅, 肖晓华, 等. 基于逐步回归法对重庆市秀山县褐飞虱发生量的预测 [J]. 西南大学学报 (自然科学版), 2013, 35 (11): 62-66.

[119] 包云轩, 唐辟如, 孙思思, 等. 中南半岛前期异常气候条件对中国南方稻区褐飞虱灾变性迁入的影响及其预测模型 [J]. 生态学报, 2018, 38 (8): 2934-2947.

[120] 何燕, 何慧, 孟翠丽, 等. 基于 BP 人工神经网络方法的广西稻飞虱发生等级预测 [J]. 生态学杂志, 2014, 33 (1): 159-168.

[121] 张国安, 赵惠燕. 昆虫生态学与害虫预测预报 [M]. 北京: 科学出版社, 2012.

[122] 国家质量监督检验检疫总局, 中国国家标准化管理委员会. 稻飞虱测报调查规范: GB/T 15794—2009 [S]. 北京: 中国标准出版社, 2009.

[123] Hu G, Lu F, Lu M H, et al. The influence of Typhoon Khanun on the return migration of *Nilaparvata lugens* (Stål) in Eastern China [J]. PLoS One, 2013, 8 (2): e57277.

[124] 谈涵秋, 毛瑞曾, 程极益, 等. 褐飞虱远距离迁飞中的降落和垂直气流、降雨的关系 [J]. 南京农业大学学报, 1984, 7 (2): 18-25.

[125] Chen H, Chang X L, Wang Y P, et al. The early northward migration of the white-backed planthopper (*Sogatella furcifera*) is often hindered by heavy precipitation in Southern China during the preflood season in may and June [J]. Insects, 2019, 10 (6): 158.

[126] Hu G, Lu M H, Tuan H A, et al. Population dynamics of rice planthoppers, *Nilaparvata lugens* and *Sogatella furcifera* (Hemiptera, Delphacidae) in Central Vietnam and its effects on their spring migration to China [J]. Bulletin of Entomological Research, 2017, 107 (3): 369-381.

[127] Lu M H, Chen X, Liu W C, et al. Swarms of brown planthopper migrate into the lower Yangtze River Valley under strong western Pacific subtropical highs [J]. Ecosphere, 2017, 8 (10): e01967.

[128] Wu Q L, Hu G, Tuan H, et al. Migration patterns and winter population dynamics of rice planthoppers in Indochina: New perspectives from field surveys and atmospheric trajectories [J]. Agricultural and Forest Meteorology, 2019, 265: 99-109.

[129] Wu Q L, Westbrook J K, Hu G, et al. Multiscale analyses on a massive immigration process of *Sogatella furcifera* (Horváth) in south-central China: influences of synoptic-scale meteorological conditions and topography [J]. International Journal of Biometeorology, 2018, 62 (8): 1389-1406.

[130] 程遐年, 陈若篪, 习学, 等. 稻褐飞虱迁飞规律的研究 [J]. 昆虫学报, 1979, (1): 1-21.

[131] 全国白背飞虱科研协作组. 白背飞虱迁飞规律的初步研究 [J]. 中国农业科学, 1981, (5): 25-31.

[132] 谢家楠, 廖启荣, 郭建军. 褐飞虱迁飞路线研究进展 [J]. 贵州农业科学, 2011, 39 (1): 114-117.

［133］丁锦华, 胡春林, 傅强, 等. 中国稻区常见飞虱原色图鉴［M］. 杭州: 浙江科学技术出版社, 2012.

［134］Kisimoto R. Synoptic weather conditions inducing long-distance immigration of planthoppers, *Sogatella furcifera* Horváth and *Nilaparvata lugens* Stål［J］. Ecological Entomology, 1976, 1(2): 95-109.

［135］Furuno A, Chino M, Otuka A, et al. Development of a numerical simulation model for long-range migration of rice planthoppers［J］. Agricultural and Forest Meteorology, 2005, 133(1-4): 197-209.

［136］吴秋琳, 胡高, 陆明红, 等. 湖南白背飞虱前期迁入种群中小尺度虫源地及降落机制［J］. 生态学报, 2015, 35(22): 7397-7417.

［137］沈慧梅. 我国褐飞虱与白背飞虱的境外虫源研究［D］. 南京: 南京农业大学, 2010.

［138］胡国文, 谢明霞, 汪毓才. 对我国白背飞虱的区划意见［J］. 昆虫学报, 1988, (1): 42-49.

［139］Denno R F, Roderick G K. Population biology of planthoppers［J］. Annual Review of Entomology, 1990, 35: 489-520.

［140］黄凤宽, 韦素美, 黄所生. 稻褐飞虱翅型分化研究进展［J］. 西南农业学报, 2003, (1): 82-85.

［141］解再宏, 苏品, 廖晓兰. 褐飞虱翅型分化影响因素及机制研究综述［J］. 江西农业学报, 2009, 21(10): 95-99, 102.

［142］周国辉, 张曙光, 邹寿发, 等. 水稻新病害南方水稻黑条矮缩病发生特点及危害趋势分析［J］. 植物保护, 2010, 36(2): 144-146.

［143］Otuka A. Migration of rice planthoppers and their vectored re-emerging and novel rice viruses in East Asia［J］. Frontiers in Microbiology, 2013, 4: 309.

［144］翟保平, 周国辉, 陶小荣, 等. 稻飞虱暴发与南方水稻黑条矮缩病流行的宏观规律和微观机制［J］. 应用昆虫学报, 2011, 48(3): 480-487.

［145］翟保平. 稻飞虱: 国际视野下的中国问题［J］. 应用昆虫学报, 2011, 48(5): 1184-1193.

［146］巫国瑞, 俞晓平, 陶林勇. 褐飞虱和白背飞虱灾害的长期预测［J］. 中国农业科学, 1997, (4): 26-30.

［147］Hu G, Lim K S, Horvitz N, et al. Mass seasonal bioflows of high-flying insect migrants［J］. Science, 2016, 354(6319): 1584-1587.

［148］Hu G, Lim K S, Reynolds D R, et al. Wind-related orientation patterns in diurnal, crepuscular and nocturnal high-altitude insect migrants［J］. Frontiers in Behavioral Neuroscience, 2016, 10: 32.

［149］Chapman J W, Klaassen R H G, Drake V A, et al. Animal orientation strategies for movement in flows［J］. Current Biology, 2011, 21(20): R861-R870.

［150］Chapman J W, Reynolds D R, Wilson K. Long-range seasonal migration in insects: mechanisms, evolutionary drivers and ecological consequences［J］. Ecology Letters, 2015, 18(3): 287-302.

［151］Kishimoto R. Long distance migration of planthoppers, *Sogatella furcifera* and *Nilaparvata lugens*［C］. Proceedings of a Symposium on Tropical Agriculture Researches, Tokyo, Japan, 1971: 201-216.

［152］程遐年, 吴进才, 马飞. 褐飞虱研究与防治［M］. 北京: 中国农业出版社, 2002.

［153］邓望喜. 褐飞虱及白背飞虱空中迁飞规律的研究［J］. 植物保护学报, 1981, (2): 73-82.

［154］胡国文, 汪毓才, 谢明霞. 我国西南稻区白背飞虱, 褐飞虱的迁飞和发生特点［J］. 植物保护学报, 1982, 9(3): 179-186.

［155］胡国文. 高山捕虫网在研究稻飞虱迁飞规律和预测中的作用［J］. 昆虫知识, 1981, (6): 241-247.

［156］全国褐稻虱科研协作组. 我国褐稻虱迁飞规律研究的进展［J］. 中国农业科学, 1981, 14(2): 52-59.

［157］陈若篪, 程遐年. 褐飞虱起飞行为与自身生物学节律、环境因素同步关系的初步研究［J］. 南京农业大学学报, 1980, (2): 42-49.

［158］叶志长, 何三妹, 陆利全, 等. 褐稻虱起飞迁出习性的观察［J］. 昆虫知识, 1981, (3): 97-100.

[159] 翟保平, 张孝羲, 程遐年. 昆虫迁飞行为的参数化 I. 行为分析[J]. 生态学报, 1997, (1): 9-19.

[160] 胡高, 包云轩, 王建强, 等. 褐飞虱的降落机制[J]. 生态学报, 2007, 27(12): 5068-5075.

[161] Yang S J, Bao Y X, Chen C, et al. Analysis of atmospheric circulation situation and source areas for brown planthopper immigration to Korea: a case study[J]. Ecosphere, 2020, 11(3): e03079.

[162] Johnson S J. Insect migration in North America: synoptic-scale transport in a highly seasonal environment[C]//Drake V A, Gatehouse A G. Insect Migration: Tracking Resources Through Space and Time. Cambridge: Cambridge University Press, 1995: 31-66.

[163] Hu G, Lu M H, Reynolds D R, et al. Long-term seasonal forecasting of a major migrant insect pest: the brown planthopper in the Lower Yangtze River Valley[J]. Journal of Pest Science, 2019, 92(2): 417-428.

[164] Pedgley D E, Reynolds D R, Riley J R, et al. Flying insects reveal small-scale wind systems[J]. Weather, 1982, 37(10): 295-306.

[165] Pedgley D E, Score R S, Purdom J F W, et al. Concentration of flying insects by the wind[J]. Philosophical Transactions of the Royal Society of London. Series B, Biological Sciences, 1990, 328(1251): 631-653.

[166] Kwon D H, Jeong I H, Hong S J, et al. Incidence and occurrence profiles of the small brown planthopper(Laodelphax striatellus Fallén) in Korea in 2011–2015[J]. Journal of Asia-Pacific Entomology, 2018, 21(1): 293-300.

[167] 陈思妤, 刘丕庆. 2010—2020 年广西南宁稻飞虱种群动态分析[J]. 中国植保导刊, 2021, 41(12): 25-30.

[168] 陈淑群, 张梅, 封传红, 等. 四川省稻飞虱发生时空动态和防控策略探讨[J]. 中国植保导刊, 2013, 33(11): 26-29.

[169] 范淑琴, 翟保平. 湖北白背飞虱种群消长与迁飞动态[J]. 应用昆虫学报, 2015, 52(4): 815-827.

[170] Ward S F, Fei S L, Liebhold A M. Spatial patterns of discovery points and invasion hotspots of non-native forest pests[J]. Global Ecology and Biogeography, 2019, 28(12): 1749-1762.

[171] Cocu N, Harrington R, Hullé M, et al. Spatial autocorrelation as a tool for identifying the geographical patterns of aphid annual abundance[J]. Agricultural and Forest Entomology, 2005, 7(1): 31-43.

[172] Ribeiro A V, Ramos R S, de Araújo T A, et al. Spatial distribution and colonization pattern of Bemisia tabaci in tropical tomato crops[J]. Pest Management Science, 2021, 77(4): 2087-2096.

[173] 周强, 张润杰, 古德祥. 白背飞虱在稻田内空间结构的分析[J]. 昆虫学报, 2003, 46(2): 171-177.

[174] Cinnirella A, Bisci C, Nardi S, et al. Analysis of the spread of Rhynchophorus ferrugineus in an urban area, using GIS techniques: a study case in Central Italy[J]. Urban Ecosystems, 2020, 23(2): 255-269.

[175] Blackshaw R P, Hicks H. Distribution of adult stages of soil insect pests across an agricultural landscape[J]. Journal of Pest Science, 2013, 86(1): 53-62.

[176] Bone C, Wulder M A, White J C, et al. A GIS-based risk rating of forest insect outbreaks using aerial overview surveys and the local Moran's I statistic[J]. Applied Geography, 2013, 40: 161-170.

[177] Smith M T, Tobin P C, Bancroft J, et al. Dispersal and spatiotemporal dynamics of Asian longhorned beetle (Coleoptera: Cerambycidae) in China[J]. Environmental Entomology, 2004, 33(2): 435-442.

[178] Lausch A, Heurich M, Fahse L. Spatio-temporal infestation patterns of Ips typographus (L.) in the Bavarian Forest National Park, Germany[J]. Ecological Indicators, 2013, 31: 73-81.

[179] Reay-Jones F P F, Toews M D, Greene J K, et al. Spatial dynamics of stink bugs (Hemiptera: Pentatomidae) and associated boll injury in southeastern cotton fields[J]. Environmental Entomology, 2010, 39(3): 956-969.

[180] Pereira R M, Da Silva Galdino T V, Rodrigues-Silva N, et al. Spatial distribution of beetle attack and its association with

mango sudden decline: an investigation using geostatistical tools[J]. Pest Management Science, 2018, 75(5): 1346-1353.

[181] Rogers C D, Guimarães R M L, Evans K A, et al. Spatial and temporal analysis of wheat bulb fly (*Delia coarctata*, Fallén) oviposition: consequences for pest population monitoring[J]. Journal of Pest Science, 2015, 88(1): 75-86.

[182] Wright R J, Devries T A, Young L J, et al. Geostatistical analysis of the small-scale distribution of European corn borer (Lepidoptera: Crambidae) larvae and damage in whorl stage corn[J]. Environmental Entomology, 2002, 31(1): 160-167.

[183] 闫香慧, 王碧霞, 丁祥. 重庆市秀山县褐飞虱空间格局分析[J]. 西华师范大学学报(自然科学版), 2014, 35(2): 95-99.

[184] 周强, 张润杰, 古德祥, 等. 大尺度下褐飞虱种群空间结构初步分析[J]. 应用生态学报, 2001, 12(2): 249-252.

[185] 闫香慧, 赵志模, 刘怀, 等. 白背飞虱若虫空间格局的地统计学分析[J]. 中国农业科学, 2010, 43(3): 497-506.

[186] 闫香慧, 刘彦汐. 褐飞虱空间格局的地统计学分析[J]. 西华师范大学学报(自然科学版), 2011, 32(1): 49-54.

[187] 闫香慧, 黄燕. 白背飞虱长翅型空间格局的地统计学分析[J]. 西华师范大学学报(自然科学版), 2012, 33(1): 54-60.

[188] Zhu P Y, Zheng X S, Xu H X, et al. Nitrogen fertilizer promotes the rice pest *Nilaparvata lugens* via impaired natural enemy, *Anagrus flaveolus*, performance[J]. Journal of Pest Science, 2020, 93(2): 757-766.

[189] 程家安, 章连观, 范泉根, 等. 迁入种群对褐飞虱种群动态影响的模拟研究[J]. 中国水稻科学, 1991, 5(4): 163-168.

[190] Ali M P, Huang D C, Nachman G, et al. Will climate change affect outbreak patterns of planthoppers in Bangladesh?[J]. PLoS One, 2014, 9(3): e91678.

[191] Li X Z, Zou Y, Yang H Y, et al. Meteorological driven factors of population growth in brown planthopper, *Nilaparvata lugens* Stål (Hemiptera: Delphacidae), in rice paddies[J]. Entomological Research, 2017, 47(5): 309-317.

[192] Hu G, Lu F, Zhai B P, et al. Outbreaks of the brown planthopper *Nilaparvata lugens* (Stål) in the Yangtze River Delta: immigration or local reproduction?[J]. PLoS One, 2014, 9(2): e88973.

[193] Win S S, Muhamad R, Ahmad Z A M, et al. Population fluctuations of brown plant hopper *Nilaparvata lugens* stal. and white backed plant hopper *Sogatella furcifera* Horvath on rice[J]. Journal of Entomology, 2011, 8(2): 183-190.

[194] Yuan K, Zhu Q, Li F, et al. Causality guided machine learning model on wetland CH_4 emissions across global wetlands[J]. Agricultural and Forest Meteorology, 2022, 324: 109115.

[195] 石保坤, 胡朝兴, 黄建利, 等. 温度对褐飞虱发育、存活和产卵影响的关系模型[J]. 生态学报, 2014, 34(20): 5868-5874.

[196] Cheng W G, Sakai H, Yagi K, et al. Combined effects of elevated[CO_2]and high night temperature on carbon assimilation, nitrogen absorption, and the allocations of C and N by rice (*Oryza sativa* L.)[J]. Agricultural and Forest Meteorology, 2010, 150(9): 1174-1181.

[197] 中华人民共和国农业农村部. 农作物病虫害监测与预报管理办法[EB/OL]. http://www. gov. cn/gongbao/content/2022/content_5683850. Htm, 2022-08-07.

[198] 娄伟平, 陈先清, 吴利红, 等. 基于投影寻踪理论的稻飞虱发生程度预测模型[J]. 生态学杂志, 2008, 27(8): 1438-1443.

[199] 徐小蓉, 唐明, 李兆锋, 等. 稻飞虱在中国的潜在发生区预测[J]. 贵州师范大学学报(自然科学版), 2021, 39(6): 45-50.

[200] You M S, Pang X F. A computer simulation model of population dynamics of brown planthopper, *Nilaparvata Lugens* Stål[J]. Insect Science, 1995, 2(2): 163-178.

[201] Hu C X, Hou M L, Wei G S, et al. Potential overwintering boundary and voltinism changes in the brown planthopper, *Nilaparvata lugens*, in China in response to global warming[J]. Climatic Change, 2015, 132(2): 337-352.

[202] 梅方权, 吴宪章, 姚长溪, 等. 中国水稻种植区划[J]. 中国水稻科学, 1988, 2(3): 97-110.

[203] 杨宇, 王蓉, 王志军. 大数据技术总结和标准化工作研究进展[J]. 电信网技术, 2016, (4): 7-12.

[204] Villar A, Zarrabeitia M T, Fdez-Arroyabe P, et al. Integrating and analyzing medical and environmental data using ETL and

Business Intelligence tools[J]. International Journal of Biometeorology, 2018, 62(6): 1085-1095.

[205] Machado G V, Cunha Í, Pereira A C M, et al. DOD-ETL: distributed on-demand ETL for near real-time business intelligence[J]. Journal of Internet Services and Applications, 2019, 10: 21.

[206] 方中纯, 赵江鹏. 基于 Flume 和 HDFS 的大数据采集系统的研究与实现[J]. 内蒙古科技大学学报, 2018, 37(3): 153-157.

[207] 马晓亮. 基于 Hadoop 与 Flume 的拒绝服务攻击检测研究[J]. 信息安全研究, 2018, 4(9): 799-805.

[208] 刘晓刚. 农产品大数据的抓取和分析方法探索[J]. 农村经济与科技, 2018, 29(19): 304-305.

[209] 张驰恒一. 基于多数据源的水利数据获取及大数据服务[D]. 西安: 西安理工大学, 2018.

[210] 张婷婷. 基于大数据的 Web 个性化推荐系统设计[J]. 现代电子技术, 2018, 41(16): 155-158.

[211] 李新卫. 基于 Hadoop 的音乐推荐系统的研究与实现[D]. 西安: 西安工业大学, 2018.

[212] 苏鹏涛. 一种电力量测类数据迁移到 HBase 的方法[J]. 电子技术与软件工程, 2018(10): 165-167.

[213] Bende S, Shedge R. Dealing with small files problem in Hadoop distributed file system[J]. Procedia Computer Science, 2016, 79: 1001-1012.

[214] Bok K, Oh H, Lim J, et al. An efficient distributed caching for accessing small files in HDFS[J]. Cluster Computing, 2017, 20: 3579-3592.

[215] Zhang S, Li M, Zhang D F, et al. A strategy to deal with mass small files in HDFS[C]. 2014 6th International Conference on Intelligent Human-Machine Systems and Cybernetics, Hangzhou, China, 2014: 331-334.

[216] 薛涛. 基于 NoSQL 数据库的大数据查询技术实践探索[J]. 电脑编程技巧与维护, 2018, (11): 89-90, 131.

[217] González-Aparicio M T, Ogunyadeka A, Younas M, et al. Transaction processing in consistency-aware user's applications deployed on NoSQL databases[J]. Human-Centric Computing and Information Sciences, 2017, 7(1): 7.

[218] Mehmood N Q, Culmone R, Mostarda L. Modeling temporal aspects of sensor data for MongoDB NoSQL database[J]. Journal of Big Data, 2017, 4: 8.

[219] Gessert F, Wingerath W, Friedrich S, et al. NoSQL database systems: a survey and decision guidance[J]. Computer Science - Research and Development, 2017, 32(3): 353-365.

[220] Kesavaraja D, Shenbagavalli A. Framework for fast and efficient cloud video transcoding system using intelligent splitter and hadoop MapReduce[J]. Wireless Personal Communications, 2018, 102(3): 2117-2132.

[221] Manal Z, Jalal L, Nourddine E. A MapReduce-based Adjoint method for preventing brain disease[J]. Journal of Big Data, 2018, 5: 27.

[222] 代明竹, 高嵩峰. 基于 Hadoop、Spark 及 Flink 大规模数据分析的性能评价[J]. 中国电子科学研究院学报, 2018, 13(2): 149-155.

[223] 冯兴杰, 王文超. Hadoop 与 Spark 应用场景研究[J]. 计算机应用研究, 2018, 35(9): 2561-2566.

[224] 吕烈武, 郭彬. 精准农业的研究应用现状及其在我国的发展方向[J]. 现代农业科技, 2008, (21): 338-339, 341.

[225] 张辉, 张永江, 杨易. 美国、加拿大精准农业发展实践及启示[J]. 世界农业, 2018, (1): 175-178.

[226] 赵春江, 薛绪掌, 王秀, 等. 精准农业技术体系的研究进展与展望[J]. 农业工程学报, 2003, 19(4): 7-12.

[227] 何山, 孙媛媛, 沈掌泉, 等. 大数据时代精准施肥模式实现路径及其技术和方法研究展望[J]. 植物营养与肥料学报, 2017, 23(6): 1514-1524.

[228] 刘宇, 刘万才, 韩梅. 农作物重大病虫害数字化监测预警系统建设进展[J]. 中国植保导刊, 2011, 31(2): 33-35.

[229] Gevaert C M, Suomalainen J, Tang J, et al. Generation of spectral-temporal response surfaces by combining multispectral satellite and hyperspectral UAV imagery for precision agriculture applications[J]. IEEE Journal of Selected Topics in Applied

Earth Observations and Remote Sensing, 2015, 8(6): 3140-3146.

[230] Mesas-Carrascosa F J, Rumbao I C, Torres-Sánchez J, et al. Accurate ortho-mosaicked six-band multispectral UAV images as affected by mission planning for precision agriculture proposes[J]. International Journal of Remote Sensing, 2017, 38(8-10): 2161-2176.

[231] Gan X L, Li Y. Application of Big Data in Agricultural Informationization in Shandong Province under the Background of "Internet +"[J]. Asian Agricultural Research, 2019, 11(4): 1-3.

[232] 吴炳方, 张淼, 曾红伟, 等. 大数据时代的农情监测与预警[J]. 遥感学报, 2016, 20(5): 1027-1037.

[233] Ruan J H, Jiang H, Li X Y, et al. A granular GA-SVM predictor for big data in agricultural cyber-physical systems[J]. IEEE Transactions on Industrial Informatics, 2019, 15(12): 6510-6521.

[234] Delgado J A, Short N M, Roberts D P, et al. Big data analysis for sustainable agriculture on a geospatial cloud framework[J]. Frontiers in Sustainable Food Systems, 2019, 3(54): 1-13.

[235] Perakis K, Lampathaki F, Nikas K, et al. CYBELE-Fostering precision agriculture & livestock farming through secure access to large-scale HPC enabled virtual industrial experimentation environments fostering scalable big data analytics[J]. Computer Networks, 2020, 168: 107035.

[236] 张波, 黄志宏, 兰玉彬, 等. "互联网+" 精准农业航空服务平台体系架构设计与实践[J]. 华南农业大学学报, 2016, 37(6): 38-45.

[237] 朱亮, 钟艳雯, 贺炜, 等. 基于分布式的农业气象大数据平台设计与实现[J]. 湖北农业科学, 2019, 58(6): 128-130.

[238] 刘海启, 游炯, 王飞, 等. 欧盟国家农业遥感应用及其启示[J]. 中国农业资源与区划, 2018, 39(8): 280-287.

[239] 邓兴鹏. 基于 hadoop 的分布式杂交水稻算法研究[D]. 武汉: 湖北工业大学, 2018.

[240] 崔媛. 基于大数据分析的农业气候与农作物产量变化研究[J]. 中国农业资源与区划, 2017, 38(2): 112-117.

[241] 蔡丽霞. 基于大数据处理技术 Hadoop 平台玉米精准施肥智能决策系统的研究[D]. 长春: 吉林农业大学, 2015.

[242] 基于大数据思维的作物精准施肥研究与应用[J]. 贵州农业科学, 2018, 46(7): 173.

[243] 罗巍. 2015 年全国露地蔬菜农药施用大数据分析[D]. 杭州: 浙江大学, 2016.

[244] 冯阳. 大数据技术在农技推广中的应用研究: 以 "全国基层农技推广服务云平台" 为例[D]. 北京: 中国农业科学院, 2016.

第 2 章　数据采集与预处理

2.1　研　究　区

　　研究区由我国华南与西南七省（区/市）组成，包括广东省、广西壮族自治区、福建省、云南省、贵州省、四川省和重庆市（图 2-1）。全区地理范围为 97.33°E～120.72°E，20.22°N～34.32°N，毗邻中国的华中地区以及东南亚。研究区陆地面积约为 182.15 万 km²。该研究区是我国重要的水稻主产区，2019 年水稻种植面积 813.72 万 hm²，稻谷产量达 5370.44 万 t，占全国稻谷总产量的 25.62%。

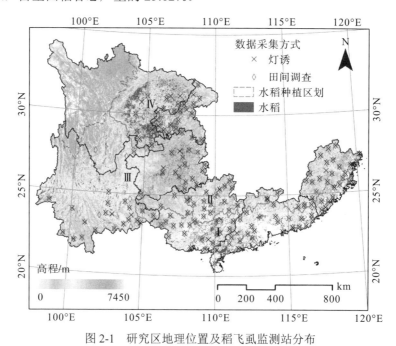

图 2-1　研究区地理位置及稻飞虱监测站分布

注：水稻种植区为本书提取的 2019 年水稻种植区；水稻种植区划根据梅方权等[1]和 Guo 等[2]研究修改而得；罗马数字为水稻种植区划代码，Ⅰ为华南双季稻区，Ⅱ为江南丘陵平原双季稻区，Ⅲ为西南高原单双季稻区，Ⅳ为川陕盆地单季稻区。

　　研究区整体地势西高东低，地形较为复杂，起伏较大。西南区地形以高原、山地为主，主要包括青藏高原、云贵高原、四川盆地等地形单元，华南区地形以丘陵为主。研究区内气候以季风性气候为主，华南区南部（广东和广西南部）为热带季风气候，其余地区为亚热带季风气候，热量充足，雨量充沛，雨热同期。西南区年平均降水量在 1000mm 以上，其中 4～10 月降水量占全年降水量的 85% 以上，年均降水量呈东多西少的分布，东半部最高年降水量超过 1400mm，而西部地区年降水量不足 800mm。西南区内年平均气温超过 15℃，温度的空间分布同样不均匀，东部最高年平均气温可达 20℃以上，而西部最低年平均气温可达 0℃ 以下[3]。华南区年平均气温在 20℃ 以上，最冷月月平均气温大于 10℃，年平均降水量在 1600mm 以上。受复杂地理环境和季风环流的影响，研究区降水较多，是我国典型的多云雨雾地区[4]。

研究区水稻种植制度复杂，云南省、四川省、贵州省、重庆市以种植单季稻为主；广东省以种植双季稻为主；广西壮族自治区、福建省为单季稻和双季稻混合种植区。梅方权等根据全国各地生态环境、水稻种植制度及社会经济条件等将我国稻区划分为 6 个稻作区和 16 个稻作亚区[1]。如图 2-1 所示，研究区可划分为华南双季稻区、江南丘陵平原双季稻区、西南高原单双季稻区、川陕盆地单季稻区。研究区内的水稻种植制度为稻飞虱迁入和发展提供了连续、适宜的环境。华南双季稻区与西南高原双季稻区毗邻中南半岛，衔接长江流域，是每年稻飞虱境外虫源迁入我国开始蔓延的起点，也是秋季迁往越冬地的中转站，在我国稻飞虱防治中有着重要的地位。

贵州省岑巩县作为国家重点研发计划"华南及西南水稻化肥农药减施技术集成研究与示范"（2018YFD02003）示范基地之一，作者团队在岑巩县开展了相关技术的推广示范工作，并对岑巩县的水稻种植情况进行了详细的实地调研，为本书提供可靠的地面验证数据（图 2-2）。

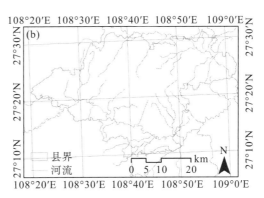

图 2-2　贵州省岑巩县地理位置

岑巩县位于贵州省东部，地理范围为 108°20′E～109°03′E，27°09′N～27°32′N，总面积 1490km²，属低山丘陵地形，境内海拔在 330～1360m，地势自西北向东南逐渐降低。岑巩县气候属亚热带温暖湿润气候，四季分明，多年平均气温在 15.7～17.1℃，年降水量在 1005.6～1403.5mm，雨热同季，主要降水集中在 5～6 月。岑巩县是贵州省唯一的国家级杂交水稻制种基地，每年水稻生长季节为 5～9 月。

此外，位于成都市新都区的四川省农业科学院现代农业科技创新示范园为水稻病虫害的监测与产量估算提供了大量数据［图 2-3（a）］。图 2-3（b）展示了三块试验田位置与范围，在图 2-3（b）中分别标记为 Field-1、Field-2、Field-3。图 2-3（b）中，每个田块中黄色方框标记的部分为实验区域，其余部分为保护行或者展示区。Field-1、Field-2 中分别有 36 个、72 个实验小区，分别有 12 个、24 个水稻品种；在 Field-1、Field-2 中，每个水稻品种重复种植三次，且每个小区均种植 252 棵水稻（9 行×28 列）；Field-3 中共有 340 个实验小区，307 个水稻品种（少部分品种有重复），每个小区种植 84 棵水稻（6 行×14

列）。在三个田块中，水稻的行间隔均为 8 寸（1 寸=3.33cm），列间隔均为 6 寸，且采用相同的田间管理方式（如灌溉方式、施肥量等）。

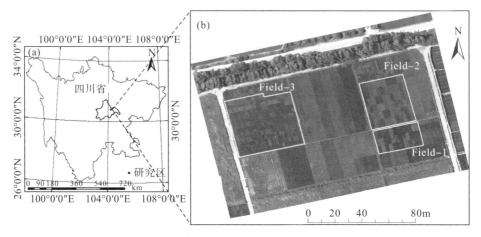

图 2-3　试验田地理位置及试验田高光谱数据真彩色合成图像

2.2　试验仪器设备

2.2.1　无人机高光谱遥感数据采集系统

无人机高光谱遥感数据采集系统主要由无人机飞行平台、云台、高光谱传感器以及地面控制部分组成。无人机飞行平台，即用于搭载遥感设备的飞行工具，可以以不同的飞行高度、不同的飞行速度对地物进行观测，同时为遥感设备提供工作环境。本书研究用到的无人机飞行平台由深圳市大疆创新科技有限公司研发，型号为 Matrice 600 Pro 无人机平台。Matrice 600 Pro 无人机平台包括飞行器、电池、遥控器等。此外，该型号无人机配有 3 组惯性传感器（inertial measurement unit，IMU）和全球导航卫星系统（global navigation satellite system，GNSS）模块组，此种导航系统设计方式能够为该飞行平台带来稳定可靠的飞行表现。表 2-1 展示了大疆 Matrice 600 Pro 的部分技术参数。

表 2-1　大疆 Matrice 600 Pro 部分技术参数

技术参数	值
最大起飞重量	15.5kg
最大可承受风速	8m/s
满载续航时间	18min
最大水平飞行速度	65km/h
工作环境温度	−10～40℃

为了给高光谱成像传感器提供更为稳定的试验环境，减小由于风、飞行器电机振动、飞行器加减速、飞行器换航线等因素带来的图像几何失真，获取更高质量的高光谱

图像，本书研究使用配备有高精度 IMU 的云台系统。本书研究使用的云台系统同样由深圳市大疆创新科技有限公司研发，型号为如影 Ronin-MX。表 2-2 展示了大疆云台如影 Ronin-MX 的部分技术参数。

表 2-2　大疆云台如影 Ronin-MX 部分技术参数

技术参数	值
最大负载重量	4.5kg
续航时间	180min
工作环境温度	−50～15℃
角度抖动量	±0.02°

本书研究使用的高光谱成像系统为美国 HeadWall 公司研发的可见近红外推扫式高光谱成像仪，型号为 Nano-Hyperspec®。表 2-3 展示了 Nano-Hyperspec® 的部分技术参数。大疆 Matrice 600 Pro、如影 Ronin-MX、Nano-Hyperspec®3 个设备展示图见图 2-4。

表 2-3　高光谱成像仪 Nano-Hyperspec® 部分技术参数

技术参数	值
波长范围	400～1000nm
每行像素数	640 个
波段数	270 个
光谱分辨率	2.2nm
工作环境温度	0～50℃

　　(a)大疆Matrice 600 Pro　　　　　　(b)如影Ronin-MX　　　　　　(c)Nano-Hyperspec®

图 2-4　大疆 Matrice 600 Pro、如影 Ronin-MX、Nano-Hyperspec® 展示图

地面控制系统，主要由计算机、iPad、无线电遥控设备等硬件设备及 Google Earth Pro、HyperSpec III、DJI Go Pro 等计算机软件或者 iPad APP 软件组成。其中，Google Earth Pro 主要用于绘制研究区的矢量文件，HyperSpec III 用于设置高光谱成像传感器参数，DJI Go Pro 用于设置无人机飞行参数及部分传感器参数。

2.2.2　叶绿素测定仪与谷物水分测定仪

作物的叶绿素含量可通过化学方法测得[5]，此方法虽然可以获取精准的作物叶绿素含量，但是对植被破坏性很大，且测量方式复杂，效率较低。研究表明，植被的相对叶绿素含量可用于植被的叶绿素含量估算[6-9]。因此，本书研究使用柯尼卡美能达公司(日本)研发的叶绿素仪(型号为 SPAD-502 Plus，部分参数见表 2-4，外观见图 2-5)来测量水稻的相对叶绿素含量，即 SPAD 值。

表 2-4　叶绿素仪 SPAD-502 Plus 部分参数

技术参数	值
测量区域	2mm×3mm
精确度	1SPAD 单位
测量范围	0～50SPAD 单位
最大样品厚度	1.2mm

图 2-5　叶绿素仪 SPAD-502 Plus 展示图

叶绿素仪 SPAD-502 Plus 的测量原理为：植被中的叶绿素在蓝光波段(400～500nm)和红光波段(600～700nm)范围内存在比较明显的吸收峰，但在近红外区域，叶绿素的吸收很弱，叶绿素仪 SPAD-502 Plus 发射峰值波长为 650nm 的红光和峰值波长为 940nm 的近红外光，通过测量这两个波段中植被叶片的光透射量从而测定作物的叶绿素值[10]。叶绿素仪 SPAD-502 Plus 携带方便，使用方式简单，对作物无损，且不受天气、时间等条件的限制，是一种常见的叶绿素含量测量仪器。

由于水稻品种、土壤因素等差异较大，不同种植小区的水稻在收割后的水分含量是不同的，因此有必要测定水稻的水分含量，然后转化为标准水分含量下的水稻产量。本书实验中使用的谷物水分测量仪为上海青浦绿洲 LDS-1G 快速谷物水分测定仪，参数见表 2-5。

表 2-5　上海青浦绿洲 LDS-1G 快速谷物水分测定仪部分参数

技术参数	值
可测量范围	3%～35%
准确度	≤±0.5%
使用环境温度	0～40℃

2.3 数据采集

2019 年 4~8 月、2020 年 6~9 月开展野外数据采集，数据采集地点包括四川省新都区的四川省农业科学院现代农业科技创新示范园、四川省眉山市、贵州省岑巩县、广西壮族自治区宾阳县、广东省罗定市与广东省开平市 6 个地区，所选的调查地点囊括了研究区主要耕作制度(单季稻、双季稻)与地貌特点(平原、山地及丘陵)。

在四川省农业科学院现代农业科技创新示范园对水稻长势和病虫害情况进行了长时间的监测，数据采集内容及日期如下：①无人机高光谱数据、地面实测 SPAD 数据在 2020 年 7 月 26 日、8 月 3 日、8 月 8 日、8 月 14 日、8 月 20 日、8 月 25 日、9 月 2 日进行采集；②患病区域采集日期为 2020 年 8 月 14 日，此日期稻曲病有较明显且较大面积连续发病区域，方便测量(2020 年 8 月 14 日为患病区域，说明该日期之后此区域同样为患病区域)，健康区域采集日期为 2020 年 9 月 2 日(2020 年 9 月 2 日为健康区域，说明该日期之前此区域同样为健康区域)；③产量数据在水稻收割后采集。研究区涉及水稻品种繁多，因此不同区的水稻所处生长期有所差异，但是大致相同：7 月 26 日前后，多数样区的水稻处于孕穗期或抽穗期；8 月 3 日、8 月 8 日，大多处于扬花期或者乳熟期；8 月 14 日、8 月 20 日，大多处于乳熟期或者黄熟期；8 月 25 日至 9 月 2 日，大多处于黄熟期或者完熟期。

2.3.1 无人机高光谱遥感数据采集

科学合理的飞行计划设计是获得高质量数据、提高数据采集效率的基础，在这个过程中，需要综合考虑地形条件、天气状况、研究区形状、高光谱成像仪的视场角(field of view，FOV)等因素，从而确定最优的飞行速度、飞行高度、曝光时间等参数。

本书研究共在水稻生长期内的七个日期进行了无人机高光谱遥感数据采集。为最大限度地减小大气吸收和散射效应对实验数据的影响，数据采集时间选择在无风或者风力较小、无云或者少云、光照条件比较稳定，并且具有较大太阳高度角(10：00~14：00)时进行。此外，已知反射率的定标布被放置在实验区内，方便对图像进行辐射校正。

无人机的飞行高度均设置为 100m，此时遥感图像像元的空间分辨率为 9.2cm。飞行平台的飞行速度的确定流程具体如下：首先打开高光谱成像传感器，将传感器的镜头对准定标布，然后调整曝光时间，直至传感器测得的数字信号(digital number，DN)值在仪器可测量范围的 70%左右，以避免获取的高光谱遥感数据过度曝光。确定曝光时间 t，然后根据式(2-1)求得飞行速度 v。

$$v \cdot t \approx \frac{\text{FOV} \cdot h}{n} \tag{2-1}$$

式中，v 为无人机平台的飞行速度；FOV 为高光谱传感器的视场角；h 为无人机平台的飞行高度；n 为高光谱传感器的每行像素数。

因为 7 次数据采集实验的天气情况略有差异，故 7 次无人机平台飞行速度存在部分差异，具体飞行参数见表 2-6。

表 2-6   无人机平台部分飞行参数

飞行日期	飞行速度/(m/s)	飞行高度/m
2020/07/26	6.0	100
2020/08/03	6.6	100
2020/08/08	6.2	100
2020/08/14	5.8	100
2020/08/20	6.8	100
2020/08/25	6.2	100
2020/09/02	6.0	100

高光谱传感器使用的是电荷耦合器件（charge-coupled device，CCD），由于光电效应，会产生噪声，为减小噪声的影响，本书实验在每次飞行后采集了传感器的暗电流数据。

2.3.2   地面辅助数据采集

1. 野外调查数据

野外调查在 6 个地区共采集 250 个采样点（图 2-6），对每个采样点使用手持 GPS（型号：天宝 GeoExplorer 6000）记录其经纬度，且两个采样点间隔不小于 100m。每个采样点均测量了其冠层光谱、叶面积指数与 SPAD 等参数，在四川省农业科学院现代农业科技创新示范园获取了同期的无人机高光谱影像。

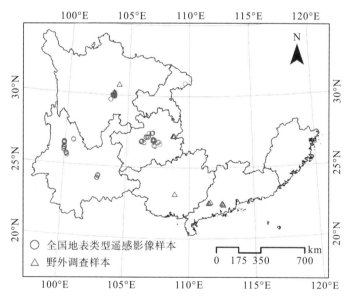

图 2-6   野外调查样本与全国地表类型遥感影像样本分布

2. SPAD 采集

四川省农业科学院现代农业科技创新示范园采集水稻 SPAD 数据的方式为：①Field-1 田块选择 12 个小区，Field-2 田块选择 24 个小区，Field-3 田块选择 43 个小区，共计 79 个小区，样区分布见图 2-7；②在每个采样区随机选择 6 个顶部的叶片(避开水稻种植小区边缘部分，以免不同小区间相互影响)，在每个叶片的顶部及中部分别测量 SPAD 值，见图 2-8(注：叶片中的点代表 SPAD-502 Plus 测量位置)；③每个采样区测得的 12 个 SPAD 值的均值即代表该采样区水稻的 SPAD 值[11]。

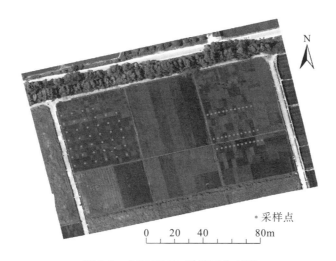

图 2-7　水稻 SPAD 采样区分布图

图 2-8　采样区 SPAD 值采集方式示意图

3. 病虫害发生信息采集

稻曲病发生信息数据(包括患病区域与健康区域)采集方式为：首先目视判别；然后用卷尺测量患病区域或健康区域的各个边界距所在水稻种植小区边界的距离；最后与无人机高光谱图像进行匹配。根据所测数据，稻曲病发生区域及健康水稻区域(位于 Field-1 田块的 2 个实验小区中，分别标记为 Sample-1 和 Sample-2)如图 2-9 所示。

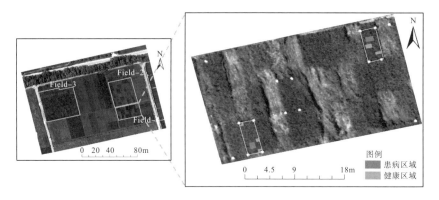

图 2-9　稻曲病发生信息分布图

4. 水稻产量数据

水稻产量数据采集方式为：在水稻收割后，首先用天平测量水稻重量，然后用水分测量仪测量其水分含量，最后根据式(2-2)转化为水分为 12.5%时的标准产量。

$$\mathrm{yield}_{\mathrm{std}} = \frac{\mathrm{yield} \times (100\% - \mathrm{cw})}{100\% - 12.5\%} \tag{2-2}$$

式中，$\mathrm{yield}_{\mathrm{std}}$ 代表每个小区的标准水稻产量；yield 为实测水稻产量；cw 为实测水稻含水率。

使用上述水稻产量数据采集方式，对 Field-1、Field-2 田块中的试验小区进行测产。2020 年 8 月 29 日，因大风影响，Field-1，Field-2 田块中部分试验小区中的水稻抗倒伏能力较弱，产生倒伏(图 2-10)，进而导致倒伏小区的水稻产量数据质量较差。在剔除倒伏的水稻小区后，水稻产量小区采样点分布如图 2-11 所示。

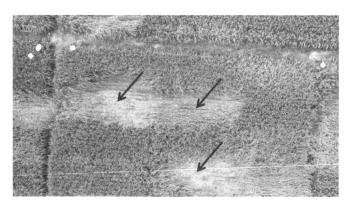

图 2-10　部分倒伏水稻 RGB 俯视图

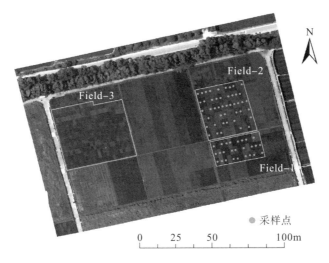

图 2-11　水稻产量数据采样点分布图

2.3.3　2013～2017 年全国地表类型遥感影像样本数据集

全国地表类型遥感影像样本数据集[12]是基于 2013～2017 年覆盖全国除港澳台外的 31 个省(区/市)的 Landsat-8、GF-1 和 QuickBird 多光谱影像人工解译而得，包含夏季和冬季两个典型时段的数据，冬季数据的时间范围为 12 月至次年 3 月，夏季数据的时间范围为 7～9 月。基于面向测绘的地物波谱分类体系可将样本分为植被、土壤、岩矿、冰雪冻土、水体、人工目标 6 大类，以及包含稻田在内的 27 小类。数据采用统一规则和质量控制体系进行处理和采集，由 Landat-8 影像采集了 118324 个样本，其中夏季 58317 个，冬季 60007 个；由 GF-1 和 QuickBird 采集了 29551 个样本，其中夏季 15792 个，冬季 13759 个。在研究区内共有 1407 个水稻样本点，其分布如图 2-6 所示。

2.3.4　构建南方部分地区水稻数据集

南方部分地区水稻数据集主要包括由地面实测采集的样本点集和所需的遥感影像数据集。该样本点集是基于作者团队成员于 2019 年 4～8 月历时约 5 个月多次在华南、西南部分地区进行地面试验所获取的实测数据，即 2.3.1 节中所列的地面实测数据，并结合 2013～2017 年全国地表类型遥感影像样本数据集[12]筛选出华南、西南八省(区/市)的水稻样本数据。对研究区域内的水稻样本数据集进行分省统计与分析，就可以得出单季稻、早稻和晚稻的提取算法。水稻样本数据集为多云雨雾地区水稻种植面积提取提供先验知识和验证样本等数据支持。遥感影像数据集包括研究区域内长时间序列的 MOD09A1 数据、Landsat 数据和 Sentinel 数据。综上所述，构建南方部分地区水稻数据集是本书主要研究内容中方法与试验的基础，也是精度分析与评价的数据支撑。

2.4　多源数据及预处理

2.4.1　遥感数据及预处理

本小节主要介绍遥感数据(即研究中涉及的光学遥感数据和 SAR 数据)的预处理过程,主要分为以下几个部分:无人机高光谱遥感数据预处理,MODIS 数据介绍及预处理,Landsat、Sentinel 与数字高程模型(digital elevation model,DEM)数据介绍及预处理。

1. 无人机高光谱遥感数据

无人机高光谱遥感数据预处理主要由辐射定标、大气校正、几何校正、图像滤波几部分组成,可以获得更为精准的光谱反射率数据。

高光谱传感器在数据采集过程中,不可避免地会产生系统误差、辐射失真或辐射畸变,为了消除或减弱这些影响,需要对高光谱图像进行辐射定标,即将高光谱传感器的原始数字信号(DN)转化为辐亮度值。一般情况下,衍射光栅元器件的辐射定标公式为[10]

$$DN = (L_1G_1 + L_2G_2) \cdot t + DF \qquad (2-3)$$

本试验中高光谱传感器使用的是同心衍射光栅技术,能够消除二次衍射的影响,故 L_2G_2 可忽略不计,此时:

$$DN = L_1G_1 \cdot t + DF \qquad (2-4)$$

式中,DN 为传感器测得的原始数字信号值;L_1,L_2 分别为第一次、第二次衍射得到的辐亮度值;G_1,G_2 分别为成像系统的一次响应、二次响应,为传感器研发商在实验室得到的固定参数;t 为曝光时间;DF 为暗电流数据。

根据式(2-4),可将图像的原始 DN 值转化为辐亮度值。

同时,由于大气中存在气溶胶、水汽等固体或者液体微粒,且这些微粒会对太阳辐射产生散射或者吸收影响,因此高光谱传感器接收到的辐射信号存在一定的失真。为获得地物更为真实的反射信息,需进行大气校正。实验场地中放置已知反射率的反射布,将高光谱图像各个像元的辐亮度值(L_{image})除以反射布的平均辐亮度值(L_{cloth})然后乘以反射布的反射率(R_{cloth}),即获得地物的真实反射光谱数据(R_{image}),见式(2-5)。

$$R_{image} = \frac{L_{image}}{L_{cloth}} R_{cloth} \qquad (2-5)$$

由于风力、无人机电机振动、加减速、转弯等影响,即使使用了云台系统,传感器获得的高光谱图像仍不可避免地会出现一定程度的几何失真,根据 GNSS/IMU 记录的传感器的位置信息、姿态信息等数据,可以对高光谱图像进行地理编码和几何校正。

图 2-12 为水稻冠层的无人机高光谱信息,由图 2-12 可知,水稻的光谱在可见近红外存在一定程度的震荡。但是,一般来说,植物在可见近红外波段的光谱反射信息为宽波段缓坡[10],因此,有必要对高光谱数据做平滑滤波处理,本书采用的滤波器为 Savitzky-Golay(S-G)[13]。图 2-13 展示了无人机高光谱数据在 S-G 滤波前后的变化,由图 2-13 可见,光谱在滤波后既变得较为平滑,又能保持原有的光谱形状。

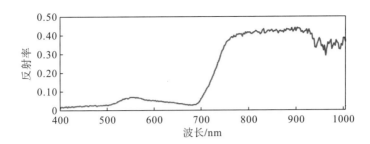

图 2-12　水稻冠层无人机高光谱数据

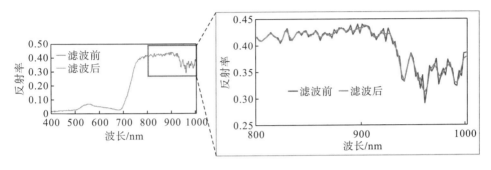

图 2-13　S-G 滤波前后作物光谱对比图

2. Landsat 数据

Landsat 是 NASA 和 USGS 联合运营的系列对地观测卫星。Landsat 系列卫星是太阳同步卫星，传感器扫描幅宽为 185km，单颗卫星覆盖全球需 16 天。自 1972 年首颗 Landsat 卫星（Landsat 1）发射以来，已相继发射 9 颗 Landsat 系列卫星。搭载 TM（thematic maper）多光谱传感器的 Landsat 4 于 1982 年发射成功后，开始提供 30m 空间分辨率的影像。2 年后，搭载相同 TM 传感器的 Landsat 5 发射成功，并在轨运行 28 年，直到 2012 年才退役。Landsat 6 发射失败，1999 年搭载 ETM+（enhanced thematic mapper plus）传感器的 Landsat 7 发射成功。ETM+传感器与 TM 传感器相比，辐射定标和几何定标精度有所提高，但 ETM+传感器的扫描线校正器（scan line corrector，SLC）于 2003 年出现故障，导致 Landsat 7 影像中出现许多数据缺失的条带。2013 年携带全新传感器 OLI（operational land imager）和 TIRS（thermal infrared sensor）的 Landsat 8 成功发射，相比 ETM+，OLI 新增了一个蓝波段（Band 1）和卷云波段（Band 9）（表 2-7）。Landsat 9 于 2021 年 9 月成功发射，搭载性能与 OLI 和 TIRS 相同的 OLI-2 和 TIRS-2。Landsat 运行至今，已经积累了 50 年的对地观测数据。本书使用的 Landsat 数据主要包括全球参考系统 2（worldwide reference system 2，WRS-2）中的 119 个路径/行（Path/Row），用于覆盖整个研究区，如图 2-14 所示。

表 2-7　Landsat 卫星不同传感器波段

波段名称	Landsat 4～5 TM 波段	Landsat 7 ETM+波段	Landsat 8～9 OLI/TIRS 波段
海岸监测			Band 1（0.435～0.451μm）

波段名称	Landsat 4～5 TM 波段	Landsat 7 ETM+波段	Landsat 8～9 OLI/TIRS 波段
蓝波段	Band 1(0.45～0.52μm)	Band 1(0.45～0.52μm)	Band 2(0.452～0.512μm)
绿波段	Band 2(0.52～0.60μm)	Band 2(0.52～0.60μm)	Band 3(0.533～0.590μm)
红波段	Band 3(0.63～0.69μm)	Band 3(0.63～0.69μm)	Band 4(0.636～0.673μm)
近红外	Band 4(0.77～0.90μm)	Band 4(0.77～0.90μm)	Band 5(0.851～0.879μm)
全色	Band 8(0.52～0.90μm)	Band 8(0.52～0.90μm)	Band 8(0.503～0.676μm)
卷云			Band 9(1.363～1.384μm)
短波红外 1	Band 5(1.55～1.75μm)	Band 5(1.55～1.75μm)	Band 6(1.566～1.651μm)
短波红外 2	Band 6(2.09～2.35μm)	Band 6(2.09～2.35μm)	Band 7(2.107～2.294μm)
热红外 1	Band 7(10.40～12.50μm)	Band 7(10.40～12.50μm)	Band 10(10.60～11.19μm)
热红外 2			Band 11(11.50～12.51μm)

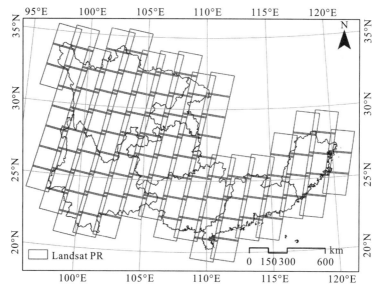

图 2-14　研究区域内 WRS-2 的 Path/Row 覆盖情况

　　USGS 将 Landsat 数据以 Landsat Collection 的分层集合管理结构进行分发，2020 年 USGS 对 Landsat 进行第二次重大再处理工作，该工作对 Landsat 数据产品进行了多项改进，产品以 Landsat Collection 2 进行分发。Landsat Collection 2 产品分为 3 层：T1(Tier 1)产品、T2(Tier 2)产品以及近实时(real time，RT)产品。RT 产品表示尚未处理的新影像，可在 12h 内下载，然后便会被处理为 T1 或 T2 产品。T1 产品数据拥有最高的数据质量，包括 Level-1 地形精度校正(Level-1 terrain precision correction，L1TP)处理，并矫正了不同 Landsat 传感器间的差异。T1 产品数据影像间几何配准的均方根误差(root mean square error，RMSE)小于 12m，适用于时间序列分析。处理过程中没有达到 T1 标准的 Landsat 影像被放置到 T2。T2 具有和 T1 相同的辐射标准，但由于轨道信息丢失、云覆盖、地面控制点缺失等因素影响，没有达到 T1 的几何标准(Landsat 8 的 T2 数据具有与

T1 相似的精度)。此外，与 Landsat Collection 1 相比，Landsat Collection 2 直接提供了 Level 2 的反射率数据。Landsat 8~9 反射率数据由 LaSRC(land surface reflectance code) 算法生成，Landsat 4~7 反射率数据由 LEDAPS(landsat ecosystem disturbance adaptive processing system) 算法生成。

3. Sentinel 数据

哨兵(Sentinel)系列卫星是欧洲哥白尼(Copernicus)计划[之前称为"全球环境与安全监测"(Global Monitoring for Environment and Security, GMES)计划]空间部分(GMES Space Component, GSC)的专用卫星系列，由欧洲委员会投资，欧洲航天局(European Space Agency，ESA)研制[14]。首颗 Sentinel-1 卫星于 2014 年 4 月成功发射，Sentinel-1 以陆地和海洋监测为目标，由两颗昼夜运行的极轨道卫星组成，并进行雷达成像，使它们能够在不受天气影响的情况下获取图像。Sentinel-1A 属于 C 波段的 SAR 数据，运行时间周期为 12 天，数据由欧洲航天局(ESA)免费提供，可从网站 https://scihub.copernicus. eu/dhus/免费下载。Sentinel-1A 数据共有 4 种拍摄模式[分别为干涉宽幅(interferometric wide, IW)模式、波(wave, WV)模式、条带(strip map, SM)模式和超宽幅(extra wide, EW)模式]和 4 种极化组合方式(分别为 VV、VH、HV 和 HH，其中 H 代表信号水平发射或接收，V 代表信号垂直发射或接收)。本研究采用 Sentinel-1 的 IW 模式的 Level 1 的地距影像产品，其主要参数见表 2-8。

表 2-8　Sentine-1 影像数据参数

类别	参数
传感器	C 波段 SAR
极化方式	VV、VH
分辨率	10m
成像模式	干涉宽幅(IW)模式
产品类型	GRD
频率	5.4GHz
轨道	太阳同步轨道
轨道高度	693km
轨道倾角	98.18°

首枚 Sentinel-2 卫星于 2015 年 6 月成功发射，而 Sentinel-2 与 Sentinel-1 有所不同，其目标是实现对陆地的监视，将由两颗极地轨道卫星提供高分辨率的光学影像数据，Sentinel-2 各个波段详细信息见表 2-9。Sentinel-2 卫星使用的是多光谱成像仪(multi-spectral imager，MSI)，其轨道所在高度为 786km，Sentinel-2 共包含 13 个光谱波段，其中 2~4、8 波段的空间分辨率为 10m，5~7、8A、11、12 波段的空间分辨率为 20m，其余波段的空间分辨率为 60m，幅宽可达 290km，Sentinel-2 的单颗卫星的重访周期可以达到 10 天。Sentinel-2 对从可见光到近红外，再到短波红外具有不同的空间分辨率，而且

Sentinel-2 卫星遥感数据是唯一的有 3 个红边波段的光学数据，这对检测植被的健康信息非常有效。在近几年的研究中，Sentinel-2 卫星遥感数据越来越多地被应用到作物分类和面积提取中。

表 2-9　Sentinel-2 数据波段详情

Sentinel-2 波段		中心波长/μm	分辨率/m
Band 1	沿海气溶胶	0.443	60
Band 2	蓝光波段	0.490	10
Band 3	绿光波段	0.560	10
Band 4	红光波段	0.665	10
Band 5	植被红边波段	0.705	20
Band 6	植被红边波段	0.740	20
Band 7	植被红边波段	0.783	20
Band 8	近红外	0.842	10
Band 8A	窄边近红外	0.865	20
Band 9	水汽	0.945	60
Band 10	短波红外—卷云	1.375	60
Band 11	短波红外	1.610	20
Band 12	短波红外	2.190	20

在本书中，所有 Sentinel 系列卫星遥感数据均来源于谷歌公司提供的在线云计算平台 GEE(Google Earth Engine)的数据集的 Sentinel Collections。该数据集包括 Sentinel-2 A/B 卫星搭载的多光谱成像仪，以及 Sentinel-1 卫星的 C 波段提供的雷达回波信息，在需要时通过 GEE 平台在线调用、处理以提取地表特征。在线数据集中的 Sentinel-1 数据已经进行了热噪声消除、辐射校正和地形校正等预处理；同样地，Sentinel-2 数据是已经经过大气和几何校正的 Level 2A 反射率产品。该平台的运算和数据管理机制的优点在于，用户在运算过程中无须过多考虑不同数据源之间的分辨率匹配，仅限定分析结果的输出分辨率即可。

4. MODIS 数据

MODIS 是 NASA 地球观测系统(earth observation system，EOS)中两颗太阳同步极轨卫星 Terra 和 Aqua 上搭载的传感器，分别于 1999 年 2 月 18 日和 2002 年 5 月 4 日发射成功。MODIS 的光谱范围为 0.4～14.4μm，具有 36 个空间分辨率为 250～1000m 的波段，可每 12h 覆盖全球一次。MODIS 提供有关大气、陆表、冰雪和海洋的 44 类标准产品。其中陆表产品包括反射率数据(MOD09/MYD09)、地表反照率(MCD43)、地表覆盖(MCD12)、过火面积(MCD64)、热异常和火点(MOD14/MYD14)等。当前 MODIS 数据产品的版本为 6.1(Collection 6.1)，MODIS 陆地数据产品的时间分辨率包括逐日(daily)、8 天(8-day)、16 天(16-day)、月(monthly)、季度(quarterly)、年度(yearly)。MODIS 数据采用瓦片(tile)形式分发,全球共分为 36×18 幅,每个瓦片的覆盖范围为 10°×10°(约 1200km×1200km),数据采用正弦投影,以层次数据格式(hierarchical data format,HDF) 存储。

本书选用的 MODIS 数据产品为陆表产品中反射率数据 MOD09A1,具有 8d 的时间分辨率与 500m 的空间分辨率。覆盖华南西南地区的 MODIS 瓦片序号为 h26v05、h26v06、h27v05、h27v06、h28v06 和 h28v07,时间跨度为 2000~2019 年。每个 MOD09A1 瓦片中包含 13 个数据层,包括 7 个波段的地表反射率、质量控制(quality control,QC)文件以及太阳高度角等观测几何信息,MOD09A1 的 7 个波段信息见表 2-10。所有 MOD09A1 数据使用 NASA 地球观测系统数据信息系统(NASA's earth observing system data and information system,EOSDIS)的工具 AppEEARS(application for extracting and exploring analysis ready samples)下载,该工具提供了简单、快捷的方式获取数据并对数据进行拼接、裁剪和重投影等操作,最终获得 WGS-84 坐标系的 TIFF 数据,包括 7 个波段反射率数据与对应的 QC 文件。

表 2-10   本书使用的 MODIS 数据详情

波段	波段名称	光谱范围/μm	时空分辨率	时间范围	瓦片序号
1	红波段	0.620~0.670			
2	近红外	0.841~0.876			
3	蓝波段	0.459~0.479			h26v05、h26v06、
4	绿波段	0.545~0.565	500m/8d	2000~2019 年	h27v05、h27v06、
5	近红外 2	1.230~1.250			h28v06、h28v07
6	短波红外 1	1.628~1.652			
7	短波红外 2	2.105~2.155			

5. DEM 数据

由于水稻对农田的地形要求较为严格,田块必须较为平坦,便于设立灌溉设施,满足水稻不同生长时期的用水需求,所以种植水稻的农田绝大部分都分布在坡度较小的地区。另外,水稻对于海拔以及气候环境等要求较高,所以水稻田一般位于海拔较低、气候宜人的地区。通过对中国现有的稻作分区以及大部分平原、丘陵和高原的农田分布情况的调查与分析,发现大部分水稻田所处的位置都有共同特征:坡度小于 15°或者海拔小于 2400m[15]。这些特征的获取就需要借助中国的 DEM 数据,考虑到本书研究对 DEM 的精度有较高的要求,故选择 NASA 提供的航天飞机雷达地形任务(shuttle radar topography mission,SRTM)DEM30m 空间分辨率的数据,该数据可以在 USGS 的网站免费下载。结合本书研究区的特征,可以划分为适宜与不宜水稻种植区域,适宜水稻种植区域即为潜在或者可能水稻种植区域。则适宜水稻种植区域特征可以转化为下列表达式:DEM<2400m 或 Slope<15°。根据上述水稻种植条件筛选与处理后的结果如图 2-15 所示。

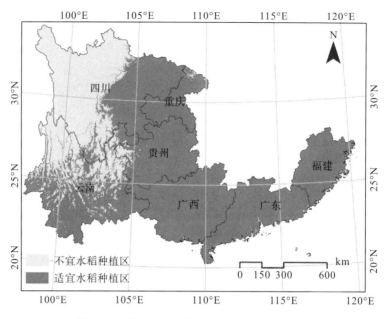

图 2-15　基于 DEM 的研究区水稻种植适宜图

2.4.2　虫情监测数据及预处理

稻飞虱虫情资料由中国农作物有害生物监控信息系统(China crop pest management information system，CCPMIS)导出，包括 2000～2019 年研究区 195 个县级植保站的褐飞虱和白背飞虱监测数据，研究区内县级植保站分布如图 2-1 所示。稻飞虱监测方法包括灯诱(light trap，LT)和田间调查(field survey，FS)。CCPMIS 由全国农业技术推广服务中心于 2009 年建立并负责维护使用，主要服务于农作物病虫害数字化监测预警[17]。所有病虫害监测任务由全国农业技术推广服务中心统筹安排并经由系统下发至各县级植保站，县级植保站负责具体实施，并通过系统上报监测数据。系统中 2009 年以前监测数据为各县级植保站根据保存的纸质记录手动录入[16]。

稻飞虱成虫具有趋光性，且本地稻飞虱种群几乎不扑灯，因此灯下虫量可以视为迁入虫量[17]。在水稻种植季，灯诱每日进行一次。诱虫灯为 200W 白炽灯或 20W 黑光灯，于每日天黑前开灯，次日天明后关灯，由当地植保站工作人员对诱获的成虫进行分类、计数并上报[18]。诱虫灯设置在靠近稻田的地方，光源离地 1.5m，周围开阔无遮挡且无其他光源干扰[19]。

稻飞虱田间调查数据反映其实际发生情况，由当地植保站每候进行一次调查，5 天为一候，每月 6 候，部分月份最后一候为 6 天[20, 21]。根据《稻飞虱测报调查规范》(GB/T 15794—2009)，田间调查采用拍盘法，每次选取生育期和长势具有代表性的田各 3～5 块进行调查。调查采用平行双行跳跃式取样，每块田根据发生量选取 10～25 点进行调查，每点调查 2 丛。调查时将 33cm×45cm 的搪瓷摆盘插入稻丛基部，快速拍击植株中下部三次，每点计数一次，对不同种类、不同翅型、不同虫态分别计数，并转化为百丛虫量[19, 22]。

由于恶劣天气、设备损坏、2009 年前历史数据丢失等，稻飞虱虫情监测数据存在大量缺失[16]。灯诱褐飞虱、灯诱白背飞虱与田间调查数据的平均缺失率为 (9%±23%)、(8%±22%) 和 (2%±11%)。为保证后续分析可靠性，将数据缺失 50% 以上的监测站剔除。部分监测站某些年份仅有几个日期的调查数据，因此当一个监测站某年的调查数据量少于当年所有监测站平均调查数据量的 40% 时，该监测站当年的所有数据都被移出后续分析[23]。此外，全年数据均为 0 的年份也被排除在外。同时，由于各地水稻种植制度差异、设备异常等，每个县 (市/区) 开展稻飞虱的监测时段不一致。为便于后续分析，本书根据华南、西南地区水稻生长期及监测数据情况，将数据时段统一为每年 3 月 1 日至 10 月 31 日。由于统一时段带来的数据缺失和数据本身的缺失用 0 进行填充，然后计算各监测站逐候灯下虫量。最终有 164 个监测站的灯诱数据和 175 个监测站的田间调查数据用于后续研究 (表 2-11)。2000~2019 年拥有灯诱数据和田间调查数据的监测站数量分别为 23~138 个和 33~144 个，其中 82 个监测站和 104 个监测站分别拥有 5 年以上灯诱和田间调查数据。

表 2-11　预处理后 2000~2019 年各省 (区/市) 稻飞虱监测站数量

省 (区/市)	灯诱数据	田间调查数据
广东省	30	32
广西壮族自治区	38	40
福建省	28	29
云南省	25	22
四川省	14	15
重庆市	12	17
贵州省	17	20
合计	164	175

2.4.3　气象数据及预处理

本书所使用气象数据来自欧洲中长天气期预报中心 (European Centre for Medium-Range Weather Forecasts，ECMWF) 的第五代欧洲再分析 (the fifth generation of European reanalysis，ERA5) 资料[24]。ERA5 是使用 4D-Var 数据同化和 ECMWF 集成预报系统 (integrated forecast system，IFS) 的 CY41R2 模型预报生成的。ERA5 数据集包含 ERA5、ERA5.1、ERA5-Land，其中 ERA5.1 是为改善 ERA5 在 2000~2006 年对流层下界冷偏差明显的重新运行版本。ERA5 和 ERA5.1 提供大气、陆面及海洋气候参数，空间分辨率为 0.25°，垂直分辨率 (等压面层数) 从 1000hPa 至 1hPa 分为 37 层。ERA5-Land 为陆面气象数据集，是修正的陆面水文模式 H-TESSEL (the tiled ECMWF scheme for surface exchanges over land incorporating land surface hydrology) 以 ERA5 的大气场驱动得到的数据，提供空间分辨率为 0.1° 的陆面气象参数[25]。ERA5 提供逐小时气象数据，另外还提供部分气象参数的月平均数据。

气象数据主要用于稻飞虱种群动态主控因子探测及稻飞虱种群动态预报，本书使用的 ERA5 数据详细信息见表 2-12。ERA5 数据由哥白尼气候变化服务(Copernicus Climate Change Service，C3S)气候数据存储(Climate Data Store，CDS)中心提供。ERA5 数据的预处理工作包括时区转换、单位转换、逐小时风速合成、逐小时相对湿度(relative humidity，RH)计算等。ERA5 数据的时间为协调世界时(UTC)，为与虫情资料匹配，在进行其他处理前，先将数据时间转为北京时间(UTC+08:00)。然后将 ERA5 中 2m 露点温度、2m 气温、850hPa 等压面(平均海拔约 1500m)上气温单位转换为摄氏度，总降水量的单位转换为毫米。

表 2-12　本书所使用 ERA5 数据信息

数据集	变量	单位	空间分辨率	时间分辨率	简介
ERA5-Land	10m U		0.1°	逐小时	距地 10m 处经向风速
	10m V		0.1°	逐小时	距地 10m 处纬向风速
	气温	K	0.1°	逐小时	距地 2m 处气温
	露点温度	K	0.1°	逐小时	距地 2m 处露点温度
	总降水量	m	0.1°	逐小时	逐小时累积量
ERA5/850hPa	U		0.25°	逐小时	
	V		0.25°	逐小时	
	气温	K	0.25°	逐小时	
	垂直气流场	Pa/s	0.25°	逐小时	

逐小时相对湿度由逐小时 2m 气温和 2m 露点温度计算所得，其计算过程见式(2-6)和式(2-7)[26, 27]。

$$\mathrm{RH} = \frac{e(T_\mathrm{d})}{e(T)} \tag{2-6}$$

$$e(T) = 6.112 \exp\left(\frac{17.67T}{T+243.5}\right) \tag{2-7}$$

式中，$e(T_\mathrm{d})$ 为饱和水气压；$e(T)$ 为实际水气压；T_d 为 2m 露点温度；T 为 2m 气温。

风速是通过经向和纬向风速合成得到，可表示为式(2-8)：

$$v = \sqrt{U^2+V^2} \tag{2-8}$$

式中，v 为风速；U 和 V 分别为经向与纬向风速。

经时区转换后的总降水量为每日 8 时至次日 8 时的逐小时累积量。根据日降水量的定义，取时区转换后 ERA5 数据中次日 8 时的数据作为当日的日降水量。

2.4.4　其他数据

1. 农业统计资料

农业统计资料为研究区各省(区/市)稻谷播种面积以及岑巩县稻谷播种面积，主要用于遥感提取水稻种植面积的精度评估与分析。研究区各省(区/市)稻谷播种面积来自国家统计局公布的各省份年度数据，包括 2000～2018 年双季稻早稻、双季稻晚稻、中稻和一季晚稻的播种面积[28]。岑巩县稻谷播种面积由岑巩县农业农村局提供，时间为2004～2017年。

2. 2019 年岑巩县土地利用图

2019 年岑巩县土地利用图由岑巩县自然资源局提供，包含 12 个大类和 42 个小类，主要用于水稻种植区提取模型的训练及精度验证。本书根据各类土地利用面积比例及定义将其分类为水田、其他作物、森林、灌丛、湿地、人工建筑、水体以及裸地。

3. 行政区划矢量数据

行政区划矢量数据来源于国家基础地理信息中心提供的 1∶100 万基础地理信息数据，数据下载自全国地理信息资源目录服务系统(http://www.webmap.cn/)。数据采用 1∶100 万标准图幅分发，图幅总数为 77 幅。数据的整体现势性为 2017 年，坐标系为 2000 国家大地坐标系(China geodetic coordinate system 2000，CGCS2000)。数据包括水系、居民地及设施、交通、境界与政区、地名及注记等要素类，详细信息如表 2-13 所示。利用 ArcGIS对华南、西南地区的分幅数据进行合并、拓扑检查等操作，并将其重投影至 WGS-84 坐标系。

表 2-13 1∶100 万基础矢量数据集简介

要素分类	数据分层	主要要素内容
水系(H)	水系(面)	湖泊、水库、双线河流等
	水系(线)	单线河流、沟渠、河流结构线等
	水系(点)	泉、井等
居民地及设施(R)	居民地(面)	居民地
	居民地(点)	普通房屋、蒙古包、放牧点等
交通(L)	铁路(点)	标准轨铁路、窄轨铁路等
	公路(点)	国道、省道、县道、乡道、其他公路等
	交通附属设施(点)	车站、公路标志、助航标志、机场等
境界与政区(B)	行政区(面)	各级行政区
	行政境界(线)	各级行政境界线
	行政境界(点)	领海基点
地名及注记(A)	居民地地名(注记点)	各级行政地名和城乡居民地名称等
	自然地名(注记点)	交通要素名、纪念地和古迹名、山名、水系名等

主要参考文献

[1] 梅方权, 吴宪章, 姚长溪, 等. 中国水稻种植区划[J]. 中国水稻科学, 1988, 2(3):97-110.

[2] Guo F F, Chen X L, Lu M H, et al. Spatial analysis of rice blast in China at three different scales[J]. Phytopathology, 2018, 108(11): 1276-1286.

[3] Qin N X, Chen X, Fu G B, et al. Precipitation and temperature trends for the Southwest China: 1960-2007[J]. Hydrological

Processes, 2010, 24(25): 3733-3744.

[4] 何彬彬, 廖展芒, 殷长明, 等. 多云雾山丘地区遥感定量化理论及应用进展[J]. 电子科技大学学报, 2016, 45(4): 533-550.

[5] Delloye C, Weiss M, Defourny P. Retrieval of the canopy chlorophyll content from Sentinel-2 spectral bands to estimate nitrogen uptake in intensive winter wheat cropping systems[J]. Remote Sensing of Environment, 2018, 216: 245-261.

[6] Darvishzadeh R, Skidmore A, Schlerf M, et al. LAI and chlorophyll estimation for a heterogeneous grassland using hyperspectral measurements[J]. ISPRS Journal of Photogrammetry and Remote Sensing, 2008, 63(4): 409-426.

[7] Markwell J, Osterman J C, Mitchell J L. Calibration of the Minolta SPAD-502 leaf chlorophyll meter[J]. Photosynthesis Research, 1995, 46(3): 467-472.

[8] Yang W H, Peng S B, Huang J L, et al. Using leaf color charts to estimate leaf nitrogen status of rice[J]. Agronomy Journal, 2003, 95(1): 212-217.

[9] Vos J, Bom M. Hand-held chlorophyll meter: a promising tool to assess the nitrogen status of potato foliage[J]. Potato Research, 1993, 36(4): 301-308.

[10] 周珊羽. 基于无人机高光谱系统多角度观测的农作物叶绿素含量反演[D]. 济南: 山东大学, 2019.

[11] Deng L, Mao Z H, Li X J, et al. UAV-based multispectral remote sensing for precision agriculture: a comparison between different cameras[J]. ISPRS Journal of Photogrammetry and Remote Sensing, 2018, 146: 124-136.

[12] 赵理君, 郑柯, 史路路, 等. 全国地表类型遥感影像样本数据集[J]. 中国科学数据(中英文网络版), 2019, 4(2): 200-211.

[13] Savitzky A, Golay M J E. Smoothing and differentiation of data by simplified least squares procedures[J]. Analytical Chemistry, 1964, 36(8): 1627-1639.

[14] Cao R Y, Chen Y, Shen M G, et al. A simple method to improve the quality of NDVI time-series data by integrating spatiotemporal information with the Savitzky-Golay filter[J]. Remote Sensing of Environment, 2018, 217: 244-257.

[15] Xiao X M, Boles S, Liu J Y, et al. Mapping paddy rice agriculture in southern China using multi-temporal MODIS images[J]. Remote Sensing of Environment, 2005, 95(4): 480-492.

[16] 黄冲, 刘万才, 姜玉英, 等. 农作物重大病虫害数字化监测预警系统研究[J]. 中国农机化学报, 2016, 37(5): 196-199, 205.

[17] 杨海博. 白背飞虱和褐飞虱扑灯行为研究[D]. 南京: 南京农业大学, 2014.

[18] Wu Q L, Hu G, Tuan H A, et al. Migration patterns and winter population dynamics of rice planthoppers in Indochina: new perspectives from field surveys and atmospheric trajectories[J]. Agricultural and Forest Meteorology, 2019, 265: 99-109.

[19] 国家质量监督检验检疫总局, 中国国家标准化管理委员会. 稻飞虱测报调查规范: GB/T 15794—2009[S]. 北京: 中国标准出版社, 2009.

[20] Zhang H G, He B B, Xing J, et al. Spatial and temporal patterns of rice planthopper populations in South and Southwest China[J]. Computers and Electronics in Agriculture, 2022, 194: 106750.

[21] Lu M H, Chen X, Liu W C, et al. Swarms of brown planthopper migrate into the lower Yangtze River Valley under strong western Pacific subtropical highs[J]. Ecosphere, 2017, 8(10): e01967.

[22] Hu G, Cheng X N, Qi G J, et al. Rice planting systems, global warming and outbreaks of *Nilaparvata lugens* (Stål)[J]. Bulletin of Entomological Research, 2011, 101(2): 187-199.

[23] Kwon D H, Jeong I H, Hong S J, et al. Incidence and occurrence profiles of the small brown planthopper (*Laodelphax striatellus* Fallén) in Korea in 2011–2015[J]. Journal of Asia-Pacific Entomology, 2018, 21(1): 293-300.

[24] Hersbach H, Bell B, Berrisford P, et al. The ERA5 global reanalysis[J]. Quarterly Journal of the Royal Meteorological Society, 2020, 146(730): 1999-2049.

［25］ Muñoz-Sabater J, Dutra E, Agustí-Panareda A, et al. ERA5-Land: a state-of-the-art global reanalysis dataset for land applications［J］. Earth System Science Data, 2021, 13（9）: 4349-4383.

［26］ Lawrence M G. The relationship between relative humidity and the dewpoint temperature in moist air: a simple conversion and applications［J］. Bulletin of the American Meteorological Society, 2005, 86（2）: 225-234.

［27］ Bolton D. The computation of equivalent potential temperature［J］. Monthly Weather Review, 1980, 108（7）: 1046-1053.

［28］ 国家统计局. 国家数据［EB/OL］. https: //data. stats. gov. cn, 2022-06-24.

第3章 中低空间分辨率水稻种植区提取

水稻的空间分布和状态直接影响病虫害的分布与发展，因此对水稻种植空间分布及长势的监测有助于跟踪病虫害发生动态及提升病虫害预报能力[1-4]。20世纪90年代以来，对地观测技术发展的步伐明显加快，遥感技术发展的显著特点是高光谱、高空间、高时间分辨率。国内外已经有大量的研究利用卫星遥感技术实现了大区域水稻制图与种植面积的快速提取[5]。而之前的研究主要依靠单幅影像数据利用影像分类法实现对水稻田的监测，或者借助多时间序列的NDVI的变化差异来识别水稻[6]。随着新一代卫星传感器MODIS的出现，其多时相和多通道的优势在监测水稻种植面积方面越来越受到重视[5]。MODIS反射率产品数据主要的三种特征光谱指数为NDVI、EVI和LSWI。现阶段根据水稻生长的物候日历利用长时间序列MODIS卫星数据实现对水稻的监测，最主要的就是确定水稻的移栽期、生长期和丰收期等关键时期，通过不同关键生长时期内的特征来识别水稻。然而在多云雨雾的华南、西南地区，能提供长时间序列数据的光学卫星遥感易受云雾影响。尤其是在水稻种植季，华南、西南地区由于季风性气候的影响，云雨雾现象更为严重，以致利用当前的水稻种植区提取方法难以获取准确的水稻种植区分布信息。

3.1 基于植被指数阈值模型的水稻种植区提取

目前EVI、NDVI和LSWI三种光谱指数广泛应用于水稻遥感监测和估产研究中，MODIS影像的最佳时相选取基于水稻不同时期的光谱特征。图3-1为利用MODIS数据基

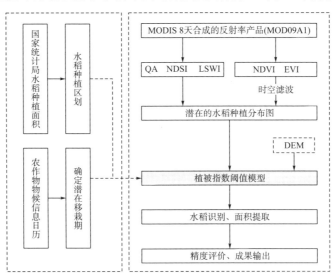

图3-1 基于植被指数阈值模型的水稻种植区提取

于植被指数阈值模型的水稻种植区提取流程图。本小节首先描述水稻识别的基本原理，然后结合流程图讲述基于 MODIS 数据的水稻种植面积提取，最后将试验结果与中国统计年鉴数据进行对比与分析。

3.1.1　遥感植被指数阈值识别水稻方法

本节基于 Xiao 等的研究来识别移栽期的水稻[1, 2]，然后根据江东等于 2002 年提出的 NDVI 或者 EVI 曲线与农作物生长过程具有一致性的观点[3]，结合水稻的 EVI 曲线来进一步识别水稻。本书选择识别移栽期的水稻的主要原因是：在水稻移栽期，种植水稻的田地常常会蓄存 2～15cm 的水，此时获取的水稻田的反射光谱特征一般都是由水体、秧苗(水稻幼苗)，及稻田的背景沟渠、道路、杂草和其他农作物等的反射光谱混合表现出来的[4]，使水稻田通常表现为高土壤含水量和低植被覆盖度，而这些特征可以利用 NDVI、EVI、LSWI 的变化检测出来。其检测与识别水稻的原理如下：如果此区域在水稻的淹水/移栽期 EVI 或 NDVI 值较高，则表明该像元是其他植被，如树木、灌木、草地或者其他农作物等，就认定为非水稻种植区域；如果此区域在水稻的淹水/移栽期 LSWI 很低，则说明此区域目前的土壤含水量较低，由此可以判定该区域是非水稻种植区域；如果在此期间研究区内表现出 LSWI 较高并且 EVI 或 NDVI 较低，那么该像元很有可能就是移栽期的水稻田，则该区域就被确定为潜在水稻种植区域。然后根据 Xiao 等提出的淹水/移栽期的水稻的 EVI 与水稻整个生长期的最大 EVI(即 EVI_{max})存在一定的数学关系[1]，若满足此条件就可以被认定为水稻种植区域。

3.1.2　光谱指数及时空滤波处理

利用 MODIS 数据进行水稻种植面积提取研究使用的数据是 MODIS Collection 6 的 MOD09A1 反射率产品数据，主要涉及如下几种光谱指数：NDVI[式(3-1)]、EVI[式(3-2)]、LSWI[式(3-3)]和 NDSI[式(3-4)]。

$$NDVI = \frac{\rho_{NIR} - \rho_{Red}}{\rho_{NIR} + \rho_{Red}} \tag{3-1}$$

$$EVI = 2.5 \times \frac{\rho_{NIR} - \rho_{Red}}{\rho_{NIR} + 6\rho_{Red} - 7.5\rho_{Blue} + 1} \tag{3-2}$$

$$LSWI = \frac{\rho_{NIR} - \rho_{SWIR}}{\rho_{NIR} + \rho_{SWIR}} \tag{3-3}$$

$$NDSI = \frac{\rho_{Green} - \rho_{SWIR}}{\rho_{Green} + \rho_{SWIR}} \tag{3-4}$$

式中，ρ_{NIR}，ρ_{Red}，ρ_{Blue}，ρ_{Green} 和 ρ_{SWIR} 分别代表 MOD09A1 反射率数据中的近红外波段、红波段、蓝波段、绿波段、短波红外波段(shortwave infrared，SWIR)。

此外，不同的研究对 LSWI 中的短波红外波段选择不同，其中包括表 2-10 介绍的 SWIR1、SWIR2，而本书选择 SWIR1。

在本书研究区内，MOD09A1 反射率数据经常会受到云覆盖的严重影响，尽管本书研究使用长时间序列数据，能一定程度上减小其影响，但为了提高试验结果的精度，本书采用 Cao 等提出的整合时空信息的 S-G 滤波对长时间序列的 EVI 和 NDVI 数据进行滤波处理[5]。S-G 滤波实际上就是一种移动加权平均算法，但其中的加权系数不是简单的常数窗口，而是通过在滑动窗口内对给定高阶多项式进行最小二乘拟合得出[6]。本书使用的 S-G 滤波方法已经给出了具体窗口数值，能使其达到最佳效果。用 S-G 滤波进行 EVI 时序数据的重构能够获得较好的效果，可表示为

$$Y_j^* = \frac{\sum\limits_{i=-m}^{m} C_i Y_{j+1}}{N} \tag{3-5}$$

式中，Y 表示原始值；Y^* 表示滤波后的值；C 表示权重。

在接口定义语言(interface definition language, IDL)环境下对 EVI 数据进行重构的过程中，首先需要确定 S-G 滤波活动窗口的大小($N=2m+1$)和高阶多项式的阶数[7]。滤波前后 EVI 处理结果如图 3-2 所示，从图 3-2 中可以清楚地看出，只要满足水稻识别的基本原理——在水稻移栽期间存在 LSWI+T＞EVI 或 NDVI，就可以较为简单地识别出水稻的淹水/移栽期信号，所以对 NDVI 和 EVI 进行时空滤波处理能有效地进行后续的水稻识别。

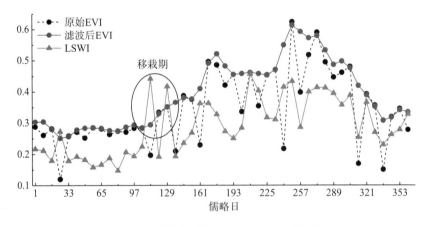

图 3-2　滤波前后的 EVI 与 LSWI 对比图

3.1.3　水稻潜在移栽区与移栽期识别

水稻潜在移栽区是指可能会种植水稻的区域，即去除掉了其他地表覆盖类型，主要就是根据 NDSI、LSWI、NDVI 等指数之间的差值关系确定永久水体、常绿植被、雪等其他地物类型，最后得到潜在种植水稻的区域。

本书基于光学遥感数据的多时相特征，以年为时间尺度，对 2015 年 MOD09A1 产品计算获取 NDVI、LSWI、NDSI 等指数产品数据，来识别常绿植被、永久水体、雪等其他地物类型。

针对永久水体，目前国内外对水体的识别有很多种方法[8]，其中最简单的是依靠单一的水体指数 NDWI[9]，其次是徐涵秋对 NDWI 进行改进后提出的改正 NDWI(modified NDWI，MNDWI)[10]，本书综合 NDVI 与 LSWI 两种指数来识别水体，具体表达式见式

(3-6)：

$$NDVI < 0.15 且 NDVI < LSWI(10/46) \qquad (3\text{-}6)$$

即满足 NDVI 小于 0.15 且 NDVI 小于 LSWI 就判定为水体，式(3-6)中(10/46)表示若像元一年 46 次观测数据中至少 10 次符合前述条件，则该像元为永久水体。

针对常绿植被（主要指森林、灌木等），Xiao 等发现常绿植被在填充后的 MODIS-NDVI 数据中常常表现出其值大于 0.7，且基本上不存在 LSWI 小于 0.15 的情况[1, 2]，即识别常绿植被的表达式见式(3-7)：

$$NDVI > 0.7(20/46) 或 LSWI > 0.15(40/46) \qquad (3\text{-}7)$$

式(3-7)与式(3-6)表达的意思相近，若像元一年 46 次观测数据中至少 20 次的 NDVI 大于 0.7 或至少 40 次的 LSWI 小于 0.15，则该像元为常绿植被。

针对雪，本书利用 NDSI 和 MODIS 第二波段进行识别，主要原理是雪在可见光波段具有较高的反射率，而在近红外波段反射率明显降低，MODIS 官方公布的雪产品数据集也是根据这一原理实现云与雪的有效区分。识别雪的表达式见式(3-8)：

$$NDSI > 0.4 且 NIR > 0.11(冬春季节) \qquad (3\text{-}8)$$

式中，NIR 表示近红外波段反射率值，即 MODIS 数据的第二波段值，即在冬季和春季满足 NDSI 大于 0.4 且 NIR 大于 0.11 即判为雪。

水稻潜在移栽期是指在水稻整个生长周期中种植人员进行水稻移栽的时间区间。本书主要根据原农业部市场与经济信息司所公布的各地区农时历，以省份为单位，得到华南、西南七省(区/市)的水稻移栽期，如表 3-1 所示。

表 3-1　水稻潜在移栽期时间表

省(区/市)	早稻	中稻	晚稻
福建	4 月上旬	6 月中旬	7 月下旬、8 月上旬
广东	4 月上旬		7 月下旬
广西	4 月上旬	5 月下旬、6 月上旬	7 月下旬、8 月上旬
重庆		5 月中旬、下旬	
四川		5 月中旬、下旬	
贵州		5 月中旬、下旬	
云南	2 月中旬	5 月中旬	7 月中旬、下旬

3.1.4　水稻种植区划

水稻是喜温、好湿的短日照农作物，根据以上特征，全国稻区可划分为 6 个稻作区和 16 个亚区[11]。本书根据统计数据中早稻播种面积、中稻和一季晚稻播种面积、双季晚稻播种面积等信息简化了水稻种植区区划，四川、重庆和贵州 3 省(市)为单季稻区；广东省为双季稻种植区，以种植早稻和晚稻为主；云南、福建和广西 3 省(区)为单双季稻混合区。

3.1.5　植被指数阈值模型

本书野外实测数据是基于 30m 左右的分辨率采样获取的，而本章所采用的 MOD09A1 数据的分辨率为 500m，故首先需对野外实测样本点数据进行筛选与预处理，根据获取的约 30 个有效经纬度信息，利用 MATLAB 软件提取对应定位点移栽期前后的平均 NDVI、EVI、LSWI；然后利用数理统计方法进行分析，水稻移栽期 LSWI 与 EVI 的关系图如图 3-3 所示；最后根据不同水稻种植类型得出不同的植被指数阈值模型。

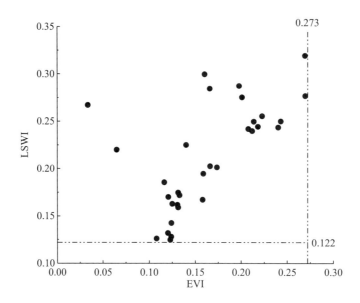

图 3-3　水稻早稻(单季稻)移栽期的 LSWI 与 EVI 关系图

针对早稻/单季稻：

$$\text{LSWI}_t > 0.122, \text{EVI}_t < 0.273, (\text{LSWI}_t + T) > \text{EVI}_t \tag{3-9}$$

针对晚稻：

$$\text{LSWI}_t > 0.122, \text{EVI}_t < 0.5 \times \text{EVI}_{\max}, (\text{LSWI}_t + T) > \text{EVI}_t \tag{3-10}$$

式中，t 表示可能或潜在移栽期；T 表示阈值，可由实测数据统计分析获取；$\text{EVI}_{\max}$ 表示一年内水稻的最大的 EVI 值。

根据上述阈值模型可以识别水稻移栽期，结合 MOD09A1 数据特点，判断移栽期后 6～11 个 8 天合成产品的 EVI 的平均值能否达到 0.35[12]（多个样本点 EVI 的最大值的平均值的二分之一），如果大于等于 $\text{EVI}_{\max}$ 的一半即满足要求，则此像元被判断为水稻；否则，此像元不是水稻。具体表达式为

$$\text{Mean}\left(\text{EVI}_{t+6} : \text{EVI}_{t+11}\right) \left\{ \begin{array}{l} \geqslant \text{EVI}_{\max} \times 0.5, 1(\text{水稻}) \\ < \text{EVI}_{\max} \times 0.5, 0(\text{非水稻}) \end{array} \right\} \tag{3-11}$$

3.1.6　实验结果及分析

1. 实验结果

植被指数阈值模型获取得到 2015 年水稻种植空间分布如图 3-4 所示。水稻种植面积统计结果如表 3-2 所示。从图 3-4 中可以清楚地看出，研究区内水稻种植区域主要分布在四川盆地以及广东省的西南部，与实际情况吻合。从表 3-2 中的水稻种植面积统计数据可以看出，除云南省以外的六省(区/市)与中国统计年鉴公布的水稻种植面积数据具有较好的一致性。

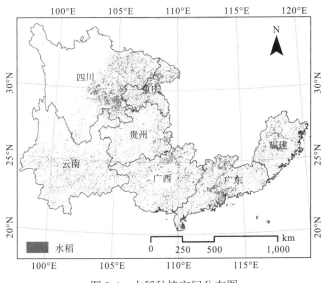

图 3-4　水稻种植空间分布图

表 3-2　水稻种植面积统计表　　　　　　　　　　　　　　　(单位：$10^3 hm^2$)

省(区/市)	早稻	中稻/一季晚稻	双季晚稻	中国统计年鉴	MODISrice
福建	180.1	304.6	304.3	788.96	668.375
广东	889.4		997.9	2073.88	1967.675
广西	888.2	147.8	947.9	1983.9	2080.675
重庆		688.32		688.32	750.775
四川		1990.8		1990.8	2087.25
贵州		675.1		675.14	529.275
云南	49.6	1046.8	38.4	1134.8	1527.05

2. 分析

本小节通过分析时间序列的 MODIS 数据，基于水稻识别的基本原理，构建识别水稻的算法。从实验结果来看，基于植被指数阈值模型的水稻种植区提取算法是有效的。虽然本书考虑了地形、水稻种植区划、水稻潜在移栽期以及其他地物类型的影响，最大可能地降低了水稻识别的不确定性，但是云南省的水稻提取效果仍存在较大的误差，曲线拟合分析图如图 3-5 所示，拟合曲线的斜率为 1.052，R^2 为 0.95。以上结果表明，此方法在一定程度上可以有效地获取研究区域内的水稻种植面积。根据图 3-1 的技术路线获取研究区域内 2002～2018 年的水稻种植空间分布图，结果如图 3-6 所示。从图 3-6 中可以较为清楚地看出 2009 年、2013 年和 2017 年的提取结果较差，主要原因是用以水稻识别的阈值模型的参数是根据 2015 年与 2016 年这两年的数据统计分析获取的，导致以相同的阈值模型推广至其他年份存在一定误差。

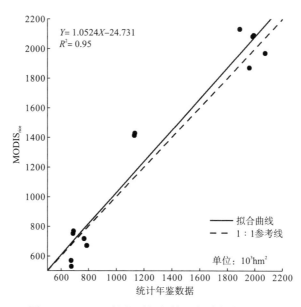

图 3-5　MODIS 提取面积与统计年鉴拟合对比图

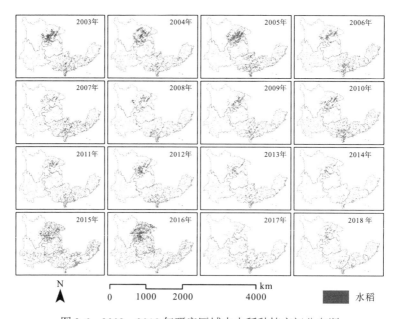

图 3-6　2002～2018 年研究区域内水稻种植空间分布图

根据以上描述，对误差的原因进行分析，首先是 MODIS 数据的空间分辨率(500m)太低，研究区域内地形差异大、结构复杂，其像元一般是多种地物类型的混合，混合像元问题直接影响到分类的结果；其次是虽然本书在数据预处理的过程中采用了时空滤波处理，能一定程度上减少云覆盖的影响，但是研究区域内仍然存在大量的像元受云雨影响异常严重，对水稻识别的精度有很大的影响；最后是淹水/移栽期的特征可能是长期降雨或其他原因造成的错分，一定程度上导致提取水稻种植面积过高，误差较大。

3.2　基于深度学习的水稻种植区提取

水稻种植区提取可以视为对多变量时间序列遥感数据的二分类，诸多深度学习模型被提出，用于解决时间序列分类问题且不需要大量的数据预处理或特征工程[13, 14]。常用的时间序列分类方法难以同时利用时间序列数据中的时序特征以及变量间的关联特征进行分类。因此，本节采用多变量长短时记忆全卷积神经网络(multivariate long short-term memory fully convolution network，MLSTM-FCN)来构建水稻种植区提取模型，以自动从输入时间序列中提取时序特征以及变量间的关联特征。基于时序 MODIS 数据提取 2000～2019 年华南、西南地区水稻种植区，并通过与样本点对比来验证水稻种植区提取精度，分析本节提出的水稻种植区提取算法性能。

3.2.1　MLSTM-FCN 时间序列分类算法

全卷积网络(fully convolution network, FCN)是输出层为卷积层的 CNN[15]，FCN 可以接受任何维度大小的输入，并以端到端的方式输出预测结果。CNN 通过使用卷积运算来替代矩阵乘法运算，以实现局部连接和参数共享，减少网络参数量，使运算变得简洁、高效。卷积层是整个 CNN 的核心，每个卷积层包含若干个卷积核(滤波器)，每个卷积核由权重矩阵和偏差矩阵构成，并在反向传播的过程中学习更新。卷积层的核心是卷积运算，只需确定好卷积核的尺寸、数量、滑动步长等参数就可以利用卷积运算自动提取输入数据的特征。

MLSTM-FCN[14]时间序列分类方法使用 LSTM 和 SE(squeeze-and-excitation)层[16]来扩充 FCN，以提升模型性能。MLSTM-FCN 包含一个 LSTM 块与一个全卷积(fully convolutional，FC)块。其中 FC 块包括三个时间卷积层(temporal convolutional layer，TCL)，每个 TCL 后连接一个动量为 0.99 和 epsilon 为 0.001 的批标准化层(batch normalization，BN)[17]，并使用矫正线性单元(rectified linear unit，ReLU)作为激活函数激活 BN 的输出[18]。此外，前 2 个 TCL 后连接一个 SE 层，SE 层的压缩比 r 为 16。SE 层用于对特征图的自适应重新校准，可视为对上层特征图的一种自注意力机制[16]。最后，对最后一个 TCL 的输出进行全局平均池化操作。

输入的多变量时间序列(multivariate time series，MTS)除传递给 FC 块外，MTS 通过一个维度交换传递给 LSTM 块。LSTM 块包含一个 LSTM 层和一个 Dropout 层。Dropout 层用于避免过拟合，其丢弃率为 80%。LSTM 是一种特殊的 RNN，其主要解决传统

RNN 的梯度消失及梯度爆炸、长期信息丢失等问题。LSTM 通过细胞状态的线性传递和门控机制来保持长期依赖关系[19]。LSTM 的基本结构如图 3-7 所示，LSTM 单元在 t 时刻的细胞状态为 s_t，s_t 由三个门来保护和控制，分别为输入门 i_t、遗忘门 f_t 和输出门 o_t。

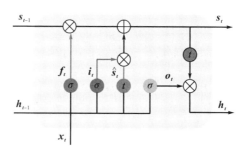

图 3-7　LSTM 单元结构示意图

注：圈中的 t 为 tanh 函数。

给定输入序列 $X = (x_1, x_2, \cdots, x_T) \in \mathbb{R}^{F \times T}$，其中 t 时刻的输入数据为 $x_t \in \mathbb{R}^F$，F 为输入时间序列的变量数。输入 x_t 首先通过一个 Sigmoid 函数生成遗忘门 f_t 来决定哪些 s_{t-1} 特征用于计算 s_t［式(3-12)］。

$$f_t = \sigma(W_f[h_{t-1}; x_t] + b_f) \tag{3-12}$$

式中，$\sigma(\cdot) = \mathrm{sigmoid}(\cdot)$ 为激活函数；$[h_{t-1}; x_t] \in \mathbb{R}^{m+F}$，表示对 $t-1$ 时刻的隐藏状态 h_{t-1} 和 t 时刻输入 x_t 的拼接；m 为隐藏状态的特征维度。

然后决定需要在细胞状态中存储的信息，包括两部分，首先利用输入门的 Sigmoid 函数决定将更新的值 i_t［式(3-13)］，接下来利用 tanh 函数创建可以添加到细胞状态的候选值向量 $\hat{s}_t$［式(3-14)］，将两者结合用于更新细胞状态 s_{t-1} 至 s_t［式(3-15)］。

$$i_t = \sigma(W_i[h_{t-1}; x_t] + b_i) \tag{3-13}$$

$$\hat{s}_t = \tanh(W_s[h_{t-1}; x_t] + b_s) \tag{3-14}$$

$$s_t = f_t \odot s_{t-1} + i_t \odot \hat{s}_t \tag{3-15}$$

式中，$\tanh(\cdot)$ 为激活函数；$\odot$ 表示阿达马积（Hadamard product）。

最后利用输出门决定网络的输出。输出门同样使用一个 Sigmoid 函数来确定输出内容 o_t［式(3-16)］，结合输出内容 o_t 和细胞状态 s_t 来更新隐藏状态 h_t［式(3-17)］。

$$o_t = \sigma(W_o[h_{t-1}; x_t] + b_o) \tag{3-16}$$

$$h_t = o_t \odot \tanh(s_t) \tag{3-17}$$

以上各式中，W_f、W_i、W_o、$W_s \in \mathbb{R}^{m \times (m+F)}$，$b_f$、$b_i$、$b_o$、$b_s \in \mathbb{R}^m$，均表示需要学习的参数矩阵。

结合 FC 块和 LSTM 块输出，通过 Softmax 分类器进行分类，产生最终的分类结果。MLSTM-FCN 考虑了 MTS 的复杂结构，且能在无须大量预处理或特征工程的情况下对 MTS 进行分类。MLSTM-FCN 在对输入光谱指数时间序列中时序特征信息进行提取的同时，还考虑到了不同光谱指数之间的相互依赖性，可以更准确、快速地提取水稻种植区。

3.2.2　基于时空张量补全的光谱指数时间序列重建

尽管 MOD09A1 数据已经通过合成算法获取了 8 天内最优的反射率数据，但产品中仍存在受到云雨等污染的像元，图 3-8 为根据 MOD09A1 产品的 QC 统计的华南、西南地区数据缺失情况。

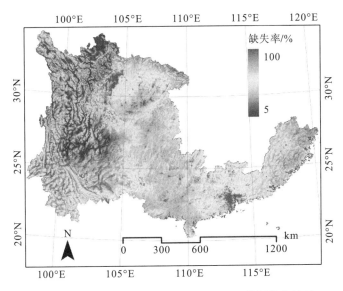

图 3-8　2000～2019 年研究区 MOD09A1 数据缺失情况

使用被污染的反射率数据计算所得的光谱指数中也存在噪声，为减少噪声对水稻种植区提取结果的影响，本章采用时空张量补全(spatial-temporal tensor completion，ST-TC)来重建 NDVI、EVI、LSWI 和 NDSI 等光谱指数[20]。首先利用 MOD09A1 各波段和式(3-1)～式(3-4)计算出 NDVI、EVI、LSWI 和 NDSI 等光谱指数。然后根据 QC 来确定每个像元的质量，用于计算光谱指数的所有波段 QC 全为 0 的像元表示可用于填补的像元，其他情况表示需要填补的像元。张量补全问题可以由最小化张量秩求解，低秩张量补全优化模型可表示为

$$\min_{\mathcal{X}} \sum_{n=1}^{3} \omega_n \, \mathrm{rank}(\boldsymbol{X}_{(n)}) \tag{3-18}$$
$$\mathrm{s.t.} \quad \mathcal{X}_{\Omega} = \boldsymbol{Y}_{\Omega}$$

式中，$\mathcal{X}$ 表示一个三阶张量；$\mathrm{rank}\{\boldsymbol{X}_{(n)}\}$ 表示张量 $\mathcal{X}$ 的模 n(mode-n) 展开 $\boldsymbol{X}_{(n)}$ 的秩；ω_n 为 $\mathrm{rank}\{\boldsymbol{X}_{(n)}\}$ 的权重，ω_n 为非负且满足 $\sum \omega_n = 1$，可以根据不同张量展开矩阵的奇异值分布进行迭代计算并更新[20]；$\boldsymbol{Y} \in \mathbb{R}^{m \times k \times T}$，表示原始的光谱指数时间序列数据；$m$ 和 k 为输入图像行数与列数；T 为原始数据时刻数；Ω 表示用于填补的像元集合(无污染像元)。

ST-TC 在对时间序列光谱指数进行补全的过程中，通过对维度为 $m \times k \times T$ 的原始张

量 Y 重新排列为维度为 $(m \times k) \times T_y \times T_d$ 的张量以充分利用数据间的时空相关性，包括相邻空间像元间的相似性、相邻时间的相似性以及周期性（不同年度同一天的数据是相似的），其中 T_y 和 T_d 分别为输入数据的年份和每年内的时刻数，且 $T = T_y \times T_d$。经时空张量补全的时间序列光谱指数如图 3-9 所示。

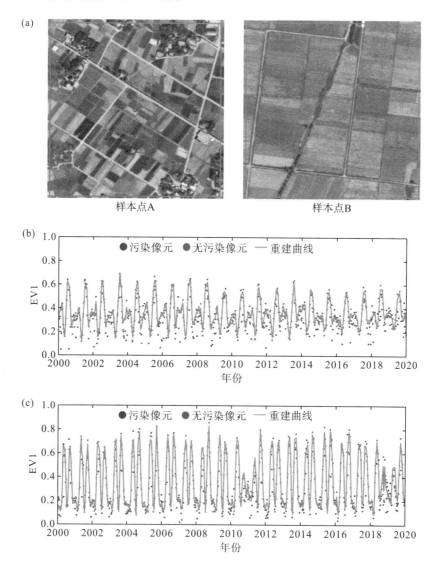

图 3-9 不同水稻种植制度的 EVI 时空张量补全曲线（彩图见附图）

注：（a）样本点 A：单季稻，经度 102.62708°E，纬度 29.45625°N；样本点 B：双季稻，经度 110.00208°E，纬度 20.89375°N。
（b）样本点 A 张量补全 EVI 时间序列曲线。（c）样本点 B 张量补全 EVI 时间序列曲线。

3.2.3 样本集构建

用于华南、西南地区水稻种植区的样本点由野外调查、2013～2017 年全国地表类型遥感影像样本数据集[21] 以及全球精细分辨率土地覆盖观测与监测（finer resolution observation and monitoring of global land cover，FROM-GLC)[22]获得。首先基于 10m 分辨率 FROM-GLC 土地覆盖数据，为研究区每个省(区/市)的耕地和其他土地覆盖类型分别随机生成 1000 个样本点，研究区 7 个省(区/市)共生成 14000 个样本点。其次，野外调查是以 30m 分辨率为基础开展的，全国地表类型遥感影像样本数据集是基于 30m 和米级遥感影像人工解译所得，而随机样本点是基于 10m 分辨率数据所得，因此一个 MODIS 像元可能包含多个样本点。为此本章使用包含样本点的 MODIS 像元作为样本像元进行后续处理。最后，基于天地图高分辨影像，将待选 MODIS 像元内稻田面积超过 70%的像元作为最终的水稻样本像元，使用样本像元的中心点作为最终样本点。如图 3-10 所示，最终共有 1528 个样本点，包括水稻样本点 389 个和非水稻样本点 1139 个。基于样本点和重建后的时间序列光谱指数，提取样本点对应像元的时间序列光谱指数作为训练及验证样本。

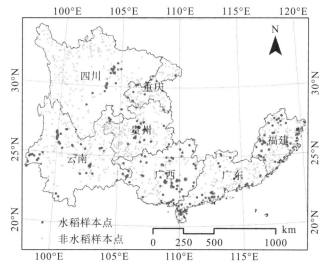

图 3-10　华南、西南地区样本点分布

3.2.4　华南、西南水稻种植区提取结果与分析

1. 试验设置

本节使用网格搜索和交叉验证(grid search with cross validation，GSCV)搜寻 MLSTM-FCN 模型最优参数，用于搜寻的超参数组合见表 3-3。

表 3-3　用于 GSCV 的 MLSTM-FCN 模型的超参数组合

超参数	候选值
LSTM 隐藏状态特征维度	4，8，16，64，128
时间卷积的卷积核大小 1	3，5，8
时间卷积通道数 2	8，16，32，64，128
训练次数	150，200

为评估水稻种植区提取的精度，对比分析了 10 折交叉验证的平均 OA、生产者精度（producer's accuracy，PA）、用户精度（user's accuracy，UA）及 kappa 系数 4 种评价指标。使用 TP 表示正确分类的水稻样本，TN 表示正确分类的非水稻样本，FN 表示非水稻样本分为水稻的数量，FP 表示错分的水稻样本数量，根据式(3-19)～式(3-23)计算各评价指标，用于模型性能评估。使用所有样本数据和最优超参数组合训练模型，用于水稻种植区制图。

$$OA = \frac{TP + TN}{TN + TP + FN + FP} \tag{3-19}$$

$$PA = \frac{TP}{TP + FN} \tag{3-20}$$

$$UA = \frac{TP}{TP + FP} \tag{3-21}$$

$$kappa = \frac{OA - p_e}{1 - p_e} \tag{3-22}$$

$$p_e = \frac{(TP + FN) \times (TP + FP) + (TN + FP) \times (TN + FN)}{(TP + TN + FP + FN)^2} \tag{3-23}$$

2. 水稻种植区提取结果精度验证

基于 MODIS 样本数据的逐年水稻种植区提取模型的 10 折交叉验证平均精度，如表 3-4 所示。各年水稻种植区提取精度有所不同，MLSTM-FCN 水稻种植区提取精度在华南、西南地区的平均 OA、PA、UA 和 kappa 分别为 0.9272（0.9116～0.9346）、0.8541（0.8252～0.8816）、0.8754（0.8401～0.8960）和 0.8053（0.7641～0.8261）。相较于基于像元的 MLSTM-FCN（pixel-based MLSTM-FCN，PMLSTM-FCN）在 Landsat 数据上的表现，其 OA、PA、UA 和 kappa 在 MODIS 数据上分别降低了 3.78%、9.45%、6.32%和 10.13%，说明混合像元对本章所提方法性能有一定影响。

表 3-4　华南、西南地区 MLSTM-FCN 水稻种植区提取精度

年份	OA	PA	UA	kappa
2000	0.9221	0.8252	0.8828	0.7892
2001	0.9333	0.8735	0.8763	0.8232
2002	0.9267	0.8480	0.8728	0.8045
2003	0.9221	0.8688	0.8624	0.7912
2004	0.9346	0.8816	0.8871	0.8261
2005	0.9274	0.8713	0.8717	0.8058
2006	0.9280	0.8455	0.8704	0.8077
2007	0.9319	0.8739	0.8775	0.8192
2008	0.9326	0.8636	0.8814	0.8207
2009	0.9339	0.8507	0.8890	0.8237
2010	0.9326	0.8637	0.8853	0.8197
2011	0.9320	0.8481	0.8908	0.8172
2012	0.9319	0.8354	0.8960	0.8151
2013	0.9267	0.8534	0.8719	0.8045

续表

年份	OA	PA	UA	kappa
2014	0.9254	0.8584	0.8741	0.7992
2015	0.9116	0.8380	0.8401	0.7641
2016	0.9248	0.8482	0.8677	0.8006
2017	0.9241	0.8714	0.8659	0.7985
2018	0.9221	0.8354	0.8786	0.7899
2019	0.9202	0.8279	0.8669	0.7861
平均	0.9272	0.8541	0.8754	0.8053

　　双季稻早稻和晚稻种植在空间上有一定重合，将统计年鉴中早稻和晚稻的播种面积直接相加会超过这些地区稻田面积。而本节提取的水稻种植面积未区分双季稻与单季稻，因此为评估 MODIS 提取的水稻种植区面积精度，本章对以种植单季稻为主的省份在 2000～2018 年的稻谷播种面积与 MODIS 提取的水稻种植区面积进行对比，结果如图 3-11 所示。从图 3-11 可以看出重庆市与贵州省 MODIS 提取的水稻种植面积低于统计年鉴数据。四川省、云南省、贵州省和重庆市 MODIS 提取的水稻种植面积与稻谷播种面积的平均相对误差分别为 6.27%(0.60%～27.87%)、5.33%(0.90%～11.56%)、15.41%(1.12%～40.03%) 和 8.50%(0.06%～33.91%)。除贵州省外，其他三省(市)大部分年份相对误差都小于 15%。贵州省面积误差较其他省(市)高可能是由于数据缺失率高和地形复杂共同所致。从图 3-11 可以看出，贵州省数据缺失率整体较高。虽然本章采用了在中南半岛 NDVI 重建中表现出较好性能的 ST-TC 来对缺失信息进行恢复[20]，但 ST-TC 在地形复杂地区光谱指数的重建能力上还有待进一步验证。此外，贵州省地形的复杂性，导致稻田的破碎化，本节在选择样本点时将像元内稻田比例低于 70% 的样本点排除，这使得 MLSTM-FCN 难以将稻田比例相对较低的像元与其他植被区分开来。

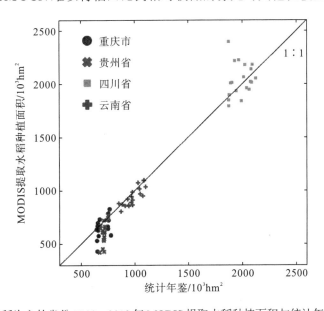

图 3-11　以种植单季稻为主的省份 2000～2018 年 MODIS 提取水稻种植面积与统计年鉴稻谷播种面积对比

3. 华南、西南地区水稻种植时空分布

使用 MLSTM-FCN 提取水稻种植区，得到 2000～2020 年部分年份华南、西南地区水稻种植区分布如图 3-12 所示。

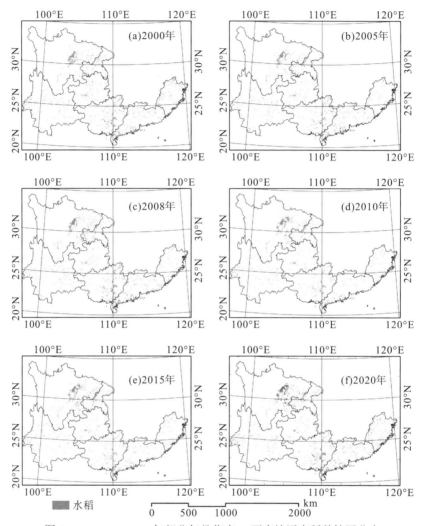

图 3-12 2000～2020 年部分年份华南、西南地区水稻种植区分布

由图 3-12 可知，四川省水稻种植区主要分布在成都平原以及川东丘陵地区；广东省的水稻种植区主要分布在中南部沿海地区及雷州半岛；广西壮族自治区的水稻种植区主要分布在其东部地区；而贵州省、云南省和福建省的水稻种植区分布较为零星。稻田破碎化及耕作制度复杂为水稻种植区的提取带来了极大的困难，尤其是基于 500m 分辨率的 MODIS 数据，混合像元现象严重，致使提取的水稻种植区在山地和丘陵地区分布零散。

为分析 MODIS 提取的水稻种植面积能否反映水稻种植面积的年际变化趋势，本节对比了各省（区/市）MODIS 提取的水稻种植面积与统计年鉴稻谷播种面积的时序变化，结果如图 3-13 所示。

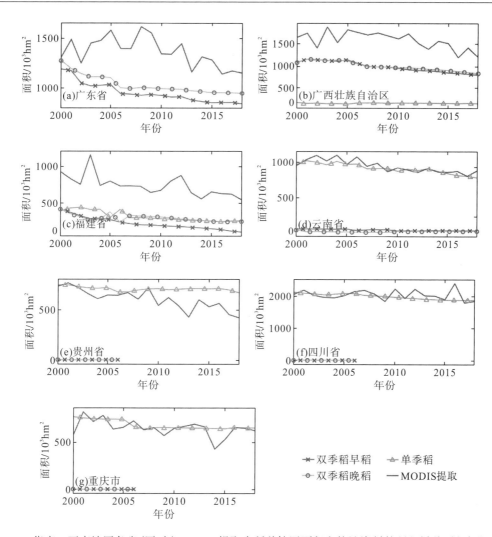

图 3-13 华南、西南地区各省(区/市)MODIS 提取水稻种植区面积和统计资料的稻谷播种面积年际变化

从图 3-13 可以看出，除贵州省外，其他省(区/市)的水稻种植面积均有所下降，基于 MODIS 提取的水稻种植面积与统计资料的稻谷播种面积变化趋势较为一致。2000~2008 年，贵州省水稻种植面积呈下降趋势，而 2008 年后逐步回升后保持相对稳定，2018 年开始又开始下降。图 3-13(a)~图 3-13(c)显示，MODIS 提取的水稻种植面积与统计资料的稻谷播种面积数值差距较大，这是因为不同地区轮作制度不一致，使得种植双季稻早稻与双季稻晚稻的稻田并不完全重合，而本章提取的水稻种植区为包含水稻的耕地，因此会存在一定的误差。

主要参考文献

[1] Xiao X M, Boles S, Liu J Y, et al. Mapping paddy rice agriculture in southern China using multi-temporal MODIS images[J]. Remote Sensing of Environment, 2005, 95(4): 480-492.

[2] Xiao X M, Boles S, Frolking S, et al. Mapping paddy rice agriculture in South and Southeast Asia using multi-temporal MODIS

images[J]. Remote Sensing of Environment, 2006, 100(1): 95-113.

[3] 江东, 王乃斌, 杨小唤, 等. NDVI 曲线与农作物长势的时序互动规律[J]. 生态学报, 2002, 22(2): 247-252.

[4] 孙华生. 利用多时相 MODIS 数据提取中国水稻种植面积和长势信息[D]. 浙江大学, 2009.

[5] Cao R Y, Chen Y, Shen M G, et al. A simple method to improve the quality of NDVI time-series data by integrating spatiotemporal information with the Savitzky-Golay filter[J]. Remote Sensing of Environment, 2018, 217: 244-257.

[6] 李亢, 杨绍清. 基于 Savitzky-Golay 算法的图像平滑去噪[J]. 数据采集与处理, 2010, 25(S1): 72-74.

[7] Dong J W, Xiao X M, Kou W L, et al. Tracking the dynamics of paddy rice planting area in 1986-2010 through time series Landsat images and phenology-based algorithms[J]. Remote Sensing of Environment, 2015, 160: 99-113.

[8] 廖程浩, 刘雪华. MODIS 数据水体识别指数的识别效果比较分析[J]. 国土资源遥感, 2008, 20(4): 22-26, 107, 111.

[9] McFeeters S K. The use of the Normalized Difference Water Index(NDWI)in the delineation of open water features[J]. International Journal of Remote Sensing, 1996, 17(7): 1425-1432.

[10] 徐涵秋. 利用改进的归一化差异水体指数(MNDWI)提取水体信息的研究[J]. 遥感学报, 2005, (5): 589-595.

[11] 栾锡宝. 中国水稻生产效率动态研究: 1996—2004[D]. 南京: 南京农业大学, 2007.

[12] Sun H S, Huang J F, Huete A R, et al. Mapping paddy rice with multi-date moderate-resolution imaging spectroradiometer (MODIS) data in China[J]. Journal of Zhejiang University-Science A, 2009, 10(10): 1509-1522.

[13] Zhou Y N, Luo J C, Feng L, et al. Long-short-term-memory-based crop classification using high-resolution optical images and multi-temporal SAR data[J]. GIScience & Remote Sensing, 2019, 56(8): 1170-1191.

[14] Karim F, Majumdar S, Darabi H, et al. Multivariate LSTM-FCNs for time series classification[J]. Neural Networks, 2019, 116: 237-245.

[15] Shelhamer E, Long J, Darrell T. Fully convolutional networks for semantic segmentation[J]. IEEE Transactions on Pattern Analysis and Machine Intelligence, 2017, 39(4): 640-651.

[16] Hu J, Shen L, Sun G. Squeeze-and-excitation networks[C]//2018 IEEE/CVF Conference on Computer Vision and Pattern Recognition(CVPR), 2018: 7132-7141.

[17] Ioffe S, Szegedy C. Batch normalization: accelerating deep network training by reducing internal covariate shift[C]//Proceedings of the 32nd International Conference on International Conference on Machine Learning, 2015, 37: 448–456.

[18] Trottier L, Giguere P, Chaib-draa B. Parametric exponential linear unit for deep convolutional neural networks[C]//2017 16th IEEE International Conference on Machine Learning and Applications (ICMLA). 2017: 207-214.

[19] Hochreiter S, Schmidhuber J. Long short-term memory[J]. Neural Computation, 1997, 9(8): 1735-1780.

[20] Chu D, Shen H F, Guan X B, et al. Long time-series NDVI reconstruction in cloud-prone regions via spatio-temporal tensor completion[J]. Remote Sensing of Environment, 2021, 264: 112632.

[21] 赵理君, 郑柯, 史路路, 等. 全国地表类型遥感影像样本数据集[J]. 中国科学数据(中英文网络版), 2019, 4(2): 200-211.

[22] Gong P, Liu H, Zhang M N, et al. Stable classification with limited sample: transferring a 30-m resolution sample set collected in 2015 to mapping 10-m resolution global land cover in 2017[J]. Science Bulletin, 2019, 64(6): 370-373.

第4章　中高空间分辨率水稻种植区提取

如图 4-1 所示，华南、西南地区的稻田由于地形影响，其形状不规则，破碎化严重；同时，稻田常常与其他类型的耕地（旱地或撂荒地）、建筑等土地利用类型相邻，破碎的稻田和复杂的耕作制度为物候信息的提取增加了极大的不确定性，导致提取的水稻种植区分布信息也存在极大不确定性[1, 2]。空间分辨率为 500m 的 MODIS 数据提取水稻种植区的不确定性较高，因此，本章将介绍基于中高空间分辨率（10～30m）多源卫星遥感数据多云雨雾地区水稻种植面积的提取，主要包括基于长时间序列 Landsat 数据的水稻识别与种植面积提取、基于 Sentinel-1A 数据的水稻识别与种植面积提取、基于多源卫星遥感数据的水稻识别与种植面积提取。

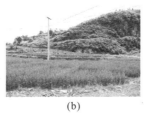

(a)	(b)	(c)

图 4-1　华南、西南地区稻田特征

注：(a) 与其他作物相邻；(b) 稻田形状不规则，破碎化严重；(c) 与撂荒田相邻。

4.1　基于 Landsat 数据的水稻种植区提取

4.1.1　研究区与数据

本节以贵州省岑巩县为例，用于覆盖岑巩县的 Landsat 数据为 WRS-2 中路径（path）/行（row）为 126/041 的影像。本节下载了 2000～2020 年所有云量小于 80% 的 Landsat Collection 2 Landsat 5-8 T1 与 Landsat 8 T2 的 Level 2 产品，数据包括各波段地表反射率（surface reflectance，SR）、亮温（brightness temperature，BT）以及质量保证（quality assurance，QA）文件，其中 QA 文件为 CFmask（C version of Fmask）算法提供的云及云阴影信息[3]。数据通过 USGS 地球资源观测与科学中心（Earth Resources Observation and Science Center，EROS）按需处理接口（https://espa.cr.usgs.gov/）提交或下载。下载的 Landsat 5、Landsat 7 和 Landsat 8 的图像数量分别为 93、156 和 63（表 4-1）。数据获取日期及根据 QA 波段统计的云覆盖量如图 4-2 所示。

表 4-1　本书所用 Landsat 系列数据详情

卫星	数量	时间范围	数据详情
Landsat 5	93	2000~2011 年	
Landsat 7	156	2000~2020 年	云量覆盖：小于 80% 地表反射率、亮温以及质量保证波段
Landsat 8	63	2013~2020 年	

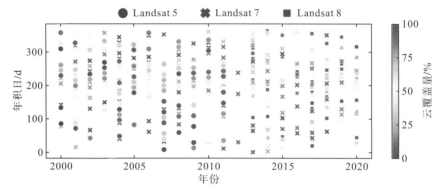

图 4-2　覆盖贵州省岑巩县的 Landsat 5、Landsat 7 或 Landsat 8 影像获取日期与影像云覆盖量

4.1.2　时间序列光谱指数构建

为消除云及云阴影等带来的影像，本节使用土地覆盖连续变化检测和分类（continuous change detection and classification，CCDC）算法[4]来合成无云 Landsat 时间序列反射率数据，并计算光谱指数时间序列数据。CCDC 算法利用不含或含有少量噪声（如云和云阴影）的 Landsat 时间序列数据来模拟、预测任意时间无云的影像。其输入包括蓝波段、绿波段、红波段、近红外（near infrared，NIR）波段、短波红外（shortwave infrared，SWIR）1 波段和 SWIR 2 波段的原始反射率数据、亮温数据以及使用 QA 波段获取的云及云阴影信息[4, 5]。CCDC 算法利用每个像元每个波段清晰的观测数据建立一个谐波时间序列模型［式(4-1)］，通过比较该模型预测的反射率和卫星观测的反射率来判断土地覆盖是否发生变化[6]。若检测到土地覆盖发生变化，则在变化时刻后重新建立一个谐波时间序列模型。CCDC 能利用建立的时间序列模型来估计任意日期的地表反射率图像。为满足在水稻种植区提取时捕捉水稻物候信息对影像时间分辨率的要求，本节以每年 1 月 1 日为起始日期，根据建立的谐波时间序列模型，每隔 8d 生成一景各波段反射率影像（图 4-3）[7, 8]，每年包含 46 幅合成 Landsat 地表反射率影像[5]。

$$\hat{\rho}_{i,t} = a_{0,i} + c_{1,i}t + \sum_{k=1}^{3}\left(a_{k,i}\cos\frac{2k\pi t}{T} + b_{k,i}\sin\frac{2k\pi t}{T}\right) \tag{4-1}$$

式中，$\hat{\rho}_{i,t}$ 表示第 i 个波段在年积日 t 的预测反射率；i 表示 Landsat 影像中第 i 个波段；$a_{0,i}$ 和 $c_{1,i}$ 表示第 i 个波段的截距和斜率；$a_{k,i}$ 和 $b_{k,i}$ 表示第 i 个波段的 k 阶谐波系数；k 表示谐波模型中谐波分量的阶数（k=1，2 和 3），k 值由不含噪声的像元数决定；T 表示一年的天数（365.25）。

　　根据上述时间序列预测模型对输入数据进行处理，得到无云、无条带的数据，图 4-3 为处理前后对比图。由图 4-3 可以看出，未处理过的数据存在较多的云以及 Landsat 7 数据自带的条带，处理后的数据无云、无条带，但是色差较为明显，可能是由于数值的拉伸方式存在一定的差异，Zhu 等曾经对处理前后的数据进行对比分析，认为误差在可接受范围内，所以该方法切实可行[5]，最后根据此方法获取研究区域内无云数据集。

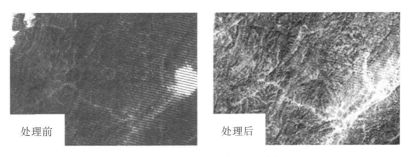

处理前　　　　　　　　　　　　　　　　处理后

图 4-3　数据处理前后对比图

　　NDVI、EVI、LSWI 和 NDSI 等光谱指数在水稻种植区提取中已被广泛应用[9-12]，本节同样采用 NDVI、EVI、LSWI 和 NDSI 等光谱指数输入模型来进行水稻种植区提取，各光谱指数计算公式见式(3-1)～式(3-4)。CCDC 合成的光谱指数曲线与原始观测光谱指数对比如图 4-4 所示。

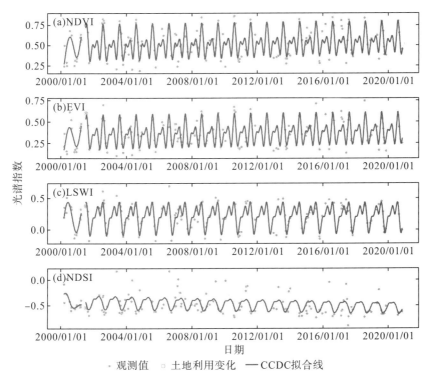

图 4-4　CCDC 拟合的光谱指数时间序列曲线与原始观测光谱指数对比

注：经度 108.63134233°E，纬度 27.46887562°N

4.1.3 基于植被指数阈值模型的水稻种植区提取

本小节是基于 3.1 节植被指数阈值模型的水稻种植区提取方法的改进与升级,其水稻识别原理、水稻潜在移栽区与移栽期以及水稻种植区划方法完全相同。而数据是改用长时间序列的 Landsat 数据。水稻种植区提取过程如图 4-5 所示。

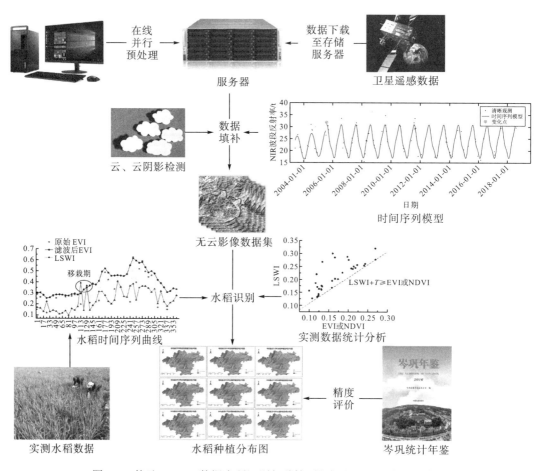

图 4-5 基于 Landsat 数据水稻识别与种植面积提取——以岑巩县为例

1. 植被指数阈值模型

本节野外实测数据是基于 30m 左右的分辨率进行采样获取的,所采用的 Landsat 数据的空间分辨率也为 30m,分辨率一致。首先将根据研究区域内获取的 58 个样本点进行筛选,确保每一个样本点为较纯净的水稻像元;然后将筛选后的 33 个较为纯净的样本点的经纬度信息利用 MATLAB 软件提取对应定位点移栽期前后的平均 NDVI、EVI、LSWI;最后利用数理统计方法分析 LSWI 与 EVI(NDVI)的关系,如图 4-6 所示。

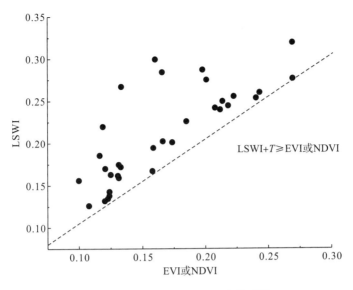

图 4-6　LSWI 与 EVI(NDVI)关系图

2. 实验结果

首先，根据以上试验操作步骤，得到贵州省岑巩县 2004～2019 年水稻种植空间分布图，图 4-7 只展示部分年份的空间分布图。然后，根据水稻空间分布图得到多年的水稻种植面积，结合岑巩县农业农村局提供的当地水稻种植面积统计数据，绘制了图 4-8。图 4-8 中柱状图代表遥感估算方式获取的水稻种植面积数据，而折线图代表岑巩统计年鉴数据获取的水稻种植面积数据，可以明显地看出，植被指数阈值模型提取水稻种植区效果不错。其中 2008 年两者差异最大，作者团队查阅相关统计资料以及检查遥感数据，未发现能较好说明这种差异的原因。然后，利用谷歌地球软件对人工目视解译选取的 100 个水稻

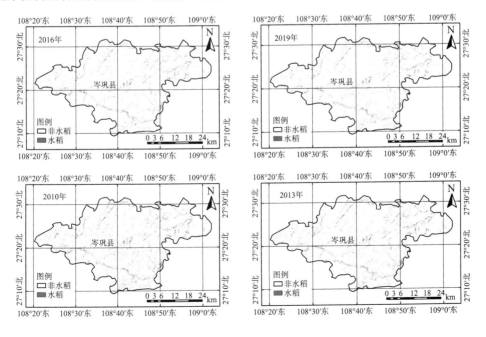

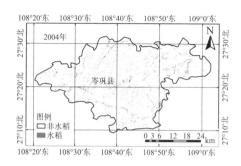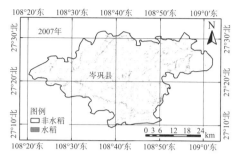

图 4-7　岑巩县水稻面积统计柱状图

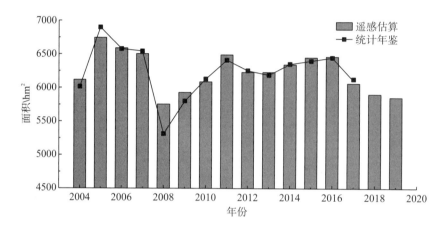

图 4-8　岑巩县水稻面积统计柱状图

样本点和 58 个野外实测数据点进行验证。100 个谷歌地球样本点中有 87 个点分类正确，58 个野外实测数据中有 54 个分类正确，综上所述，分类效果较基于 MODIS 数据提取的水稻种植区有很大的提升。

4.1.4　基于 SMLSTM-FCN 的岑巩县水稻种植区提取

　　基于像素的分类方法对分辨率较高的遥感影像进行分类会带来严重的噪点[1, 13]，这降低了提取稻田的完整性。超像素分割是一种将图像分割成多个具有相似特征的局部区域的技术，与基于像素的分类方法相比，它为高分辨率遥感影像分类提供了一种新的发展方向。本节将超像素(superpixel)分割算法与 MLSTM-FCN 结合[13]起来构建水稻种植区提取模型，以自动从输入时间序列中提取时序特征以及变量间的关联特征。本小节利用时序 Landsat 数据提取岑巩县长时间序列的水稻种植区，并通过与样本点对比来验证水稻种植区提取精度，分析本书提出的水稻种植区提取算法性能。本节的研究为多云雨地区水稻种植区提取提供了新的途径和思路。

1. 基于超像素的 MLSTM-FCN 水稻种植区提取算法

　　本节提出的基于超像素分割的 MLSTM-FCN(superpixel-based MLSTM-FCN，SMLSTM-FCN)水稻种植区提取算法流程如图 4-9 所示。首先，采用时间序列重建算法对原始时间序列数据(如反射率数据或光谱指数)进行重建,以移除数据缺失带来的影响。然后采用超像素分割算法对光谱指数时间序列进行分割,基于超像素分割结果计算超像素的光谱指数时间序列图像,并结合样本点提取训练与测试数据。基于训练与测试数据筛选出最优的 MLSTM-FCN 模型,并利用此最优 MLSTM-FCN 模型对超像素光谱指数时间序列图像进行分类以提取水稻种植区。

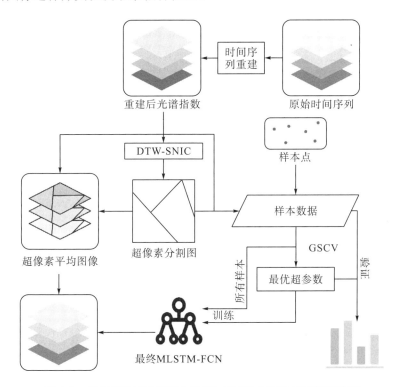

图 4-9　基于超像素分割的 MLSTM-FCN 水稻种植区提取流程

注:DTW-SNIC:基于时间动态规整的简单非迭代聚类;GSCV:网格搜索和交叉验证。

超像素是图像上具有相似特征且连通的像素形成的局部均匀区域,能有效减少图像冗余信息,从而加快后续图像处理速度[14]。本章采用超像素对时间序列光谱指数进行处理,从而减少水稻种植区提取结果中的噪点[13]。针对单幅图像的超像素分割的算法已比较成熟,例如基于能量驱动采样(superpixels extracted via energy-driven sampling,SEEDS)[15],简单非迭代聚类(simple non-iterative clustering, SNIC)[16],以及超像素采样网络(superpixel sampling networks,SSN)[17]等。这些方法中,SNIC 是在简单线性迭代聚类(simple linear iterative clustering,SLIC)[14]基础上改进而来的,具有速度更快、计算内存消耗更少且更容易在高维数据中实现等特点。

SNIC 是针对普通 RGB 图像设计的,要将其应用到高维的时间序列上需要进行一些修改。本章在 SNIC 的基础上提出了基于动态时间调整(dynamic time warping, DTW)的 SNIC(DTW-SNIC)算法,用于时间序列图像的超像素分割。SNIC 是基于 CIELAB 颜色距离和欧氏空间距离来计算带聚类像素点与各聚类中心的距离的,但 CIELAB 颜色距离对时间序列图像不适用。因此本章首先将 CIELAB 颜色距离替换为带惩罚系数的 DTW 距离[18]来计算待聚类时间序列 t_i 与超像素中心时间序列 t_k 之间的距离[式(4-2)]，这样光谱指数时间序列可直接输入该算法进行超像素分割。其次，采用基于图像信息熵的自适应聚类中心生成算法来生成初始聚类中心[19]。

$$d_{i,k} = \sqrt{\frac{\|x_i - x_k\|_2^2}{s} + \frac{\gamma\_DTW(t_i, t_k)}{m}} \tag{4-2}$$

式中，$d_{i,k}$ 为待聚类时间序列 t_i 与超像素中心时间序列 t_k 之间的距离；x_i 和 x_k 为待聚类时间序列 t_i 和第 k 个超像素中心时间序列 t_k 的空间位置；s 与 m 分别为空间距离与时间序列距离的归一化因子，若图像有 N 个像元，而期望得到的超像素个数为 K，则 $s = \sqrt{N/K}$；γ_DTW 为带惩罚系数的 DTW 距离，$\gamma\_DTW = \gamma \times DTW$，惩罚系数 γ 基于最长公共子序列(longest common subsequence，LCS)长度计算而得，其式为

$$\gamma = 1 - \frac{l^2}{n_i \times n_k} \tag{4-3}$$

式中，l 为 t_i 和 t_k 间的 LCS 长度；n_i 和 n_k 为时间序列 t_i 和 t_k 的长度。

2. 超像素时间序列图像与样本构建

利用 2019 年土地利用图、2019 年野外调查以及天地图高分辨率影像(https://www.tianditu.gov.cn/)生成用于训练和验证的样本点。基于 2019 年土地利用图，在至少包含 6 个连通 Landsat 像元的地块内利用 ArcGIS Pro 中随机点生成工具生成 2500 个随机样本点。野外调查在 2019 年 6 月开展，其间共获得以稻田为主的田块中心点 43 个。合并野外调查样本点和随机生成样本点，通过对应的天地图高分辨率影像排除无法通过人工解译确认的样本点。同时，为确保样本点的土地覆盖未发生变化，利用 CCDC 算法检测结果对样本点进行筛选，排除 CCDC 算法检测出存在土地覆盖类型变化的样本点。如图 4-10 所示，最终共保留 235 个水稻样本点和 658 个非水稻样本点。

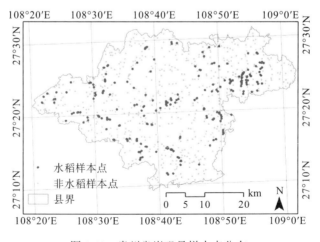

图 4-10　贵州省岑巩县样本点分布

　　利用 DTW-SNIC 对时间序列光谱指数进行超像素分割。根据野外调查情况，DTW-SNIC 算法中初始超像素的大小设置为 5×5(150m×150m)，像素连通性为 4，时间距离归一化因子 m 为 1。基于每年 46 景光谱指数图像产生年超像素分割图，结果如图 4-11(b)所示。

　　超像素中包含的像素点具有相似的特征，可以利用平均特征来表征[20]。本节使用每个超像素中包含像素的平均光谱指数值作为该超像素光谱指数，构建超像素的光谱指数时间序列图像，作为水稻种植区提取算法的输入。为确保样本点所在超像素的光谱指数时间序列的代表性，如图 4-11(a)所示，包含样本点 s 的超像素首先与 2019 年土地利用中的地块 p 叠加，计算完全包含在地块 p 中的超像素的像元平均光谱指数值，作为该超像素样本的光谱指数[图 4-11(c)]。此外，提取各样本点的光谱指数时间序列作为基于像元的样本，用于对比。

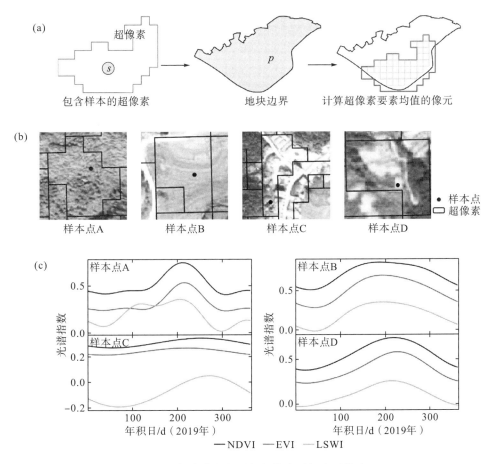

图 4-11　超像素分割图与超像素时间序列构建

注：(a)超像素时间序列构建方法。(b)不同土地覆盖类型高分辨率影像与超像素分割结果。样本点 A 为稻田，经度 108.54357776°E，纬度 27.37971958°N；样本点 B 为森林，经度 108.63321201°E，纬度 27.27148616°N；样本点 C 为建筑物，经度 108.72232946°E，纬度 27.37451097°N；样本点 D 为其他农作物，经度 108.92616261°E，纬度 27.45895508°N。(c)2020 年 4 样本点 NDVI、EVI 和 LSWI 超像素时间序列曲线。

3. 岑巩县水稻种植区提取结果与分析

1)实验设置

为评估本章提出的基于超像素的 MLSTM-FCN(superpixel-based MLSTM-FCN，SMLSTM-FCN)的性能，本章选择基于像元的 MLSTM-FCN(pixel-based MLSTM-FCN，PMLSTM-FCN)和 RF 进行对比。RF 是一种基于 Bagging 思想的集成学习算法，适用于处理高维数据，能有效防止过拟合现象[21]。

PMLSTM-FCN 利用基于像元提取的样本数据集进行训练和测试，SMLSTM-FCN 和 RF 使用超像素样本数据集进行训练和测试，每年 46 个日期的光谱指数(包括 NDIV、EVI、LSWI 和 NDSI)时间序列作为三种模型的输入。RF 将输入的每个日期的每个光谱指数值作为独立特征，采用 scikit-learn 中 SelectFromModel 方法根据每个特征的重要性来筛选重要的特征用于训练和测试[22]。

为获得 SMLSTM-FCN、PMLSTM-FCN 和 RF 的最优超参数组合，采用 GSCV 寻找每个模型的最优超参数组合。GSCV 通过遍历指定的所有可能超参数组合，针对每一组合建立模型并使用 10 折交叉验证(cross validation，CV)和指定的评估指标评估模型性能，进而筛选出最优的超参数组合，本节采用的评估指标为 OA。用于 SMLSTM-FCN、PMLSTM-FCN 和 RF 的候选超参数组合见表 4-2。

表 4-2　用于 GSCV 的 SMLSTM-FCN、PMLSTM-FCN 和 RF 的超参数组合

模型	超参数	候选值
MLSTM-FCN	LSTM 隐藏状态特征维度	4, 8, 16, 64, 128
	TC 卷积核大小①	3, 5, 8
	TC 通道数②	8, 16, 32, 64, 128
	训练次数	150, 200
RF	树个数	[1, 10, 100]③
	最大深度	[5, 1, 15]

注：①3 个 TC 块的卷积核大小分别为[TC 块卷积核大小，5，3]；②3 个 TC 块的通道数分别为[TC 通道数，2×TC 通道数，TC 通道数]；③1～100 中以 10 为步长的序列。

为评估各最优模型水稻种植区提取的精度，对比分析了 10 折交叉验证的 OA、PA、UA 及 kappa 系数 4 种评价指标。最终使用所有样本数据和最优超参数组合训练一个模型用于水稻种植区制图。

2)各模型提取精度及面积对比

各模型逐年水稻种植区提取平均精度见表 4-3 和表 4-4，由表 4-3 和表 4-4 可知，2000～2020 年水稻种植区提取精度有所不同。

表 4-3　SMLSTM-FCN 和 RF 逐年水稻种植区提取精度

年份	SMLSTM-FCN				RF			
	OA	PA	UA	kappa	OA	PA	UA	kappa
2000	0.9640	0.9615	0.9170	0.9124	0.9612	0.9208	0.9436	0.9042
2001	0.9552	0.9411	0.9187	0.8950	0.9587	0.9393	0.9222	0.9004
2002	0.9547	0.9329	0.9111	0.8887	0.9563	0.9435	0.9125	0.8946
2003	0.9712	0.9549	0.9544	0.9333	0.9642	0.9438	0.9356	0.9131
2004	0.9674	0.9615	0.9258	0.9201	0.9581	0.9304	0.9275	0.8981
2005	0.9701	0.9572	0.9381	0.9254	0.9685	0.9652	0.9321	0.9247
2006	0.9668	0.9564	0.9290	0.9180	0.9564	0.9304	0.9249	0.8943
2007	0.9617	0.9681	0.9133	0.9109	0.9618	0.9435	0.9261	0.9068
2008	0.9710	0.9611	0.9406	0.9294	0.9735	0.9522	0.9589	0.9356
2009	0.9609	0.9416	0.9264	0.9049	0.9566	0.9213	0.9286	0.8937
2010	0.9701	0.9620	0.9397	0.9285	0.9598	0.9346	0.9274	0.9022
2011	0.9721	0.9584	0.9491	0.9332	0.9603	0.9263	0.9369	0.9024
2012	0.9680	0.9656	0.9244	0.9214	0.9661	0.9522	0.9345	0.9180
2013	0.9667	0.9449	0.9463	0.9210	0.9600	0.9261	0.9371	0.9018
2014	0.9582	0.9323	0.9249	0.8977	0.9561	0.9350	0.9203	0.8944
2015	0.9655	0.9322	0.9504	0.9149	0.9626	0.9350	0.9368	0.9089
2016	0.9626	0.9572	0.9185	0.9101	0.9663	0.9435	0.9408	0.9178
2017	0.9577	0.9065	0.9404	0.8917	0.9587	0.9261	0.9318	0.8992
2018	0.9638	0.9387	0.9394	0.9117	0.9610	0.9306	0.9403	0.9060
2019	0.9636	0.9398	0.9384	0.9123	0.9572	0.9291	0.9254	0.8954
2020	0.9652	0.9304	0.9471	0.9129	0.9595	0.9261	0.9360	0.9018
平均	0.9646	0.9478	0.9330	0.9140	0.9611	0.9360	0.9323	0.9054

表 4-4　PMLSTM-FCN 逐年水稻种植区提取精度

年份	OA	PA	UA	kappa
2000	0.9577	0.9259	0.9288	0.8738
2001	0.9562	0.9219	0.9371	0.8807
2002	0.9453	0.9130	0.9032	0.8556
2003	0.9691	0.9549	0.9478	0.8861
2004	0.9698	0.9656	0.9332	0.8890
2005	0.9716	0.9551	0.9463	0.9132
2006	0.9626	0.9484	0.9294	0.9012
2007	0.9662	0.9716	0.9164	0.8952
2008	0.9735	0.9624	0.9490	0.9359
2009	0.9549	0.9327	0.9157	0.8677

年份	OA	PA	UA	kappa
2010	0.9764	0.9600	0.9593	0.9139
2011	0.9642	0.9449	0.9357	0.9026
2012	0.9665	0.9656	0.9218	0.9072
2013	0.9681	0.9476	0.9468	0.9138
2014	0.9527	0.9238	0.9134	0.8787
2015	0.9682	0.9403	0.9496	0.9125
2016	0.9557	0.9360	0.9149	0.8907
2017	0.9656	0.9355	0.9452	0.8999
2018	0.9637	0.9394	0.9461	0.9005
2019	0.9650	0.9393	0.9432	0.9056
2020	0.9620	0.9234	0.9417	0.8938
平均	0.9636	0.9432	0.9345	0.8961

由表 4-3 可知,SMLSTM-FCN 的大部分样本均被正确分类,其 OA、PA、UA 和 kappa 的范围分别为 0.9547~0.9721、0.9065~0.9681、0.9111~0.9544 和 0.8887~0.9333。RF 的 OA、PA、UA 和 kappa 的范围分别为 0.9561~0.9735、0.9208~0.9652、0.9125~0.9589 和 0.8937~0.9356。与 RF 相比,在大多数年份(至少 15 年)SMLSTM-FCN 的 OA、PA 和 kappa 分别提高了 0.17%~1.23%、0.19%~4.141% 和 0.08%~3.41%;UA 在近一半的年份中提高了 0.44%~2.01%,而在其余的年份降低了 0.10%~2.37%。

由表 4-4 可知,PMLSTM-FCN 的 OA、PA、UA 和 kappa 的范围分别为 0.9453~0.9764、0.9130~0.9716、0.9032~0.9593 和 0.8556~0.9359。PMLSTM-FCN 和 SMLSTM-FCN 的 OA 及 UA 有相似的表现,PMLSTM-FCN 的 OA 和 UA 在近一半的年份高于 SMLSTM-FCN。而 PMLSTM-FCN 的 PA 和 kappa 分别在 15 年和 19 年中(除 2008 年和 2017 年外)较 SMLSTM-FCN 低 0.05%~3.84% 和 0.26%~5.33%。从 4 种评价指标来看,本章使用的所有模型均有较好的精度。整体来看,SMLSTM-FCN 较 PMLSTM-FCN 和 RF 有略高的 OA(0.9646)、PA(0.9478) 和 kappa(0.9140),而 UA(0.9330) 是 3 个模型中最低的。

为进一步评估各模型水稻种植区提取能力,本章将 SMLSTM-FCN、PMLSTM-FCN 和 RF 提取的水稻种植区面积与 2004~2017 年岑巩县稻谷播种面积进行对比,结果如图 4-12 和图 4-13 所示。由图 4-12 可知,SMLSTM-FCN 提取的水稻种植面积的变化趋势与统计年鉴水稻播种面积变化趋势更为接近;2004~2017 年,SMLSTM-FCN、RF 和 PMLSTM-FCN 的水稻种植面积与统计年鉴水稻播种面积的相对误差分别为 0.20%~4.15%、1.74%~31.59% 和 0.07%~14.55%;RF 在大多数年份会低估水稻种植面积,而 PMLSTM-FCN 则会高估。图 4-13 为 3 个模型提取的水稻种植面积与统计年鉴播种面积的对比。SMLSTM-FCN、PMLSTM-FCN 和 RF 提取的水稻种植面积与统计

年鉴间的决定系数 R^2 分别为 0.868、0.538 和 0.242，RMSE 分别为 143.060hm^2、306.267hm^2 和 625.426hm^2。

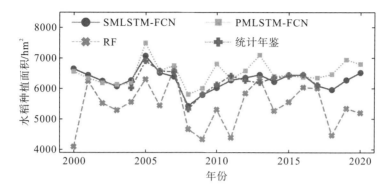

图 4-12　2000～2020 年各模型提取水稻种植面积与统计年鉴数据动态变化

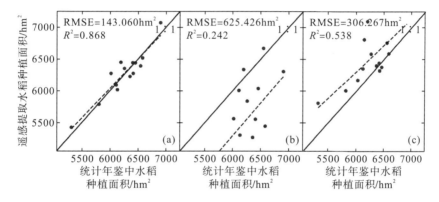

图 4-13　统计年鉴与 SMLSTM-FCN、RF 和 PMLSTM-FCN 提取的水稻种植面积对比散点图

注：(a)统计年鉴与 SMLSTM-FCN 对比；(b)统计年鉴与 RF 对比；(c)统计年鉴与 PMLSTM-FCN 对比。

4. 各模型提取水稻种植区空间分布对比

为明确各模型提取的水稻种植区的空间分布差异，本章对比分析了岑巩县以及部分代表性区域 2020 年 SMLSTM-FCN、RF 和 PMLSTM-FCN 提取的水稻种植区分布图。如图 4-14 所示，岑巩县的稻田分布较为分散，提取的水稻种植区主要沿山间河谷分布，与野外调查的情况基本一致。图 4-14(a)中代表性子区域 A～F 的水稻种植区分布细节如图 4-15 所示。由图 4-15 可知，在岑巩县水稻种植区提取中，SMLSTM-FCN 具有较其他两种方法更高的精度。PMLSTM-FCN 倾向于将更多的非水稻像元识别为水稻，而 RF 则与之相反。从图 4-15(a)、(c)和(e)可以看出，所有模型均能准确地识别出面积较大的稻田。3 种方法最主要的差异体现在稻田边缘像素(稻田边缘常常与其他土地覆盖类型混合，如道路、其他作物等)与面积较小的稻田[图 4-15(d)]的识别中。此外，图 4-15(f)表明，PMLSTM-FCN 的结果存在更为明显的噪声，其主要是由错分导致的，而 SMLSTM-FCN 和 RF 能有效减少这种错分，进而减少结果中的噪声。

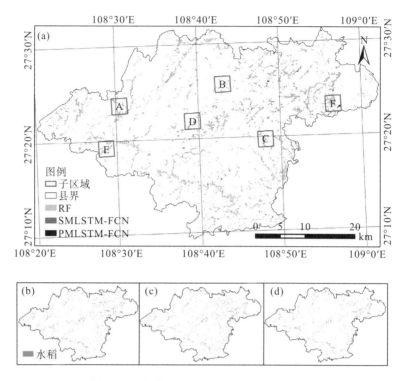

图 4-14　各模型 2020 年水稻种植区分布图

注：(a) 3 种模型提取水稻种植区空间分布叠加，方框内为代表性区域(子区域 A～F)；(b) 由 SMLSTM-FCN 提取 2020 年水稻种植区；(c) 由 PMLSTM-FCN 提取 2020 年水稻种植区；(d) 由 RF 提取 2020 年水稻种植区。

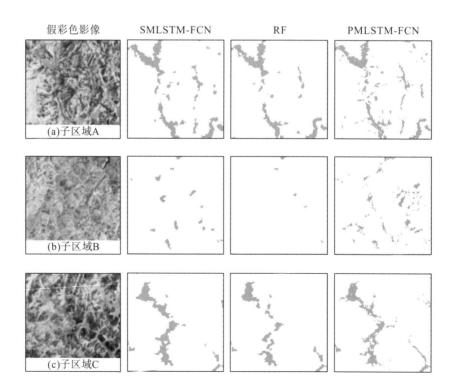

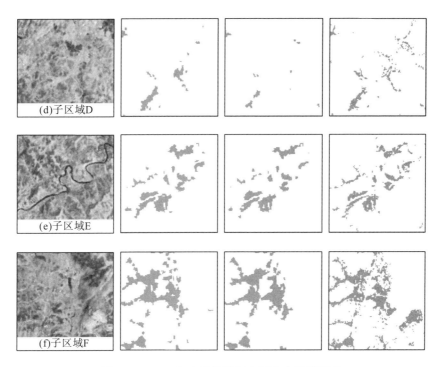

图 4-15　2020 年水稻种植区空间分布局部细节

注：（a）～（f）分别表示各模型提取的子区域 A～F 的水稻种植空间分布；参考影像为 2020/07/28 Landsat 影像的 SWIR1、NIR
　　和 Green 波段合成的假彩色影像。

5. 水稻种植区分布年际变化

由于 SMLSTM-FCN 在三种方法中具有最高的精度，因此本节使用 SMLSTM-FCN
提取岑巩县 2000～2020 年水稻种植区，其结果如图 4-16 所示。图 4-16 展示了岑巩县水稻

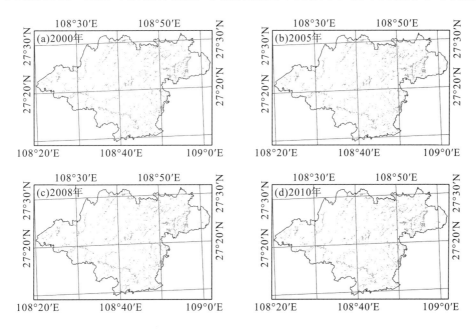

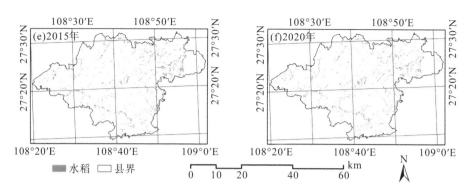

图 4-16　2000~2020 年部分年份岑巩县水稻种植区分布

种植分布随时间变化的过程，由图 4-16 可知，未观察到明显的变化趋势，但存在年际波动，年际波动主要存在于面积较小的稻田或稻田边缘像素。

岑巩县历史上有两次剧烈的水稻种植面积变化，分别发生在 2005 年和 2008 年（图 4-17）。图 4-17 显示了两个局部地区 2004~2005 年和 2007~2008 年水稻种植区空间分布的变化，从中可以看出大多数变化发生在稻田边缘像素和面积较小且分散的稻田中。

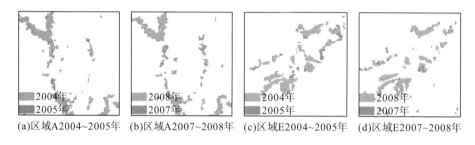

图 4-17　局部区域水稻种植区空间分布变化

4.2　基于 Sentinel-1A 数据的水稻种植区提取

本节主要包括数据预处理和水稻识别两个步骤，由于所用的 Sentinel-1A 数据是通过在线云计算平台调用得到，故不需要对数据进行轨道校正、辐射定标、地形校正，但是 Sentinel-1A 数据也存在噪声点，需要对其进行滤波处理，而本研究中主要使用的滤波方法为 Refined-Lee 滤波。

4.2.1　极化方式选择

水稻的后向散射系数随时间变化如图 4-18 所示，从图 4-18 中可以清楚地看出，在水稻的整个生长周期中，VV 极化的后向散射系数一般要大于 VH 极化，究其原因是水稻自身体内的几何结构导致在 VV 通道比 VH 通道的衰减更缓慢；而且在水稻生长初期，其 VH 极化和 VV 极化的后向散射系数都突然降低，这是水稻田中蓄存的水体的镜面反射造成的，水稻的生长末期后向散射系数达到最大值[23]。水稻的后向散射系数在 VH 极化的波动比 VV 极化剧烈, 从图 4-18 中可以看出, 其曲线的突变时期与水稻移栽期具有高度的一致性。在 VH 极化下, 水稻与其他土地覆盖类型的后向散射系数差异要大于 VV 极化, 故本实验最后选择 VH 极化方式的数据作为研究对象。如图 4-19 所示为水稻移栽期前后不同地物的后向散射系数(VH)时间曲线, 从中可以清楚地看出水稻与其他地物的区别, 故能较好地识别水稻。

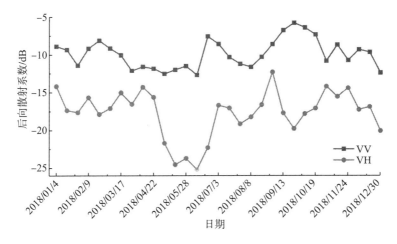

图 4-18　Sentinel-1A 数据的水稻不同极化方式曲线图

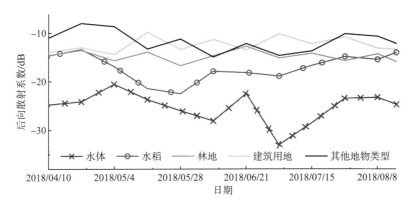

图 4-19　水稻移栽期前后不同地物的后向散射系数(VH)时间曲线

4.2.2　阈值设置

借助谷歌地球软件在研究区域内按不同的地物类型(水稻、林地、水体和建筑用地等)分别选取样本点, 并提取该点的 Sentinel-1A VH 极化方式的时间序列后向散射系数数据, 统计分析结果如图 4-20 所示。从图 4-20 可以发现, 水稻在移栽期前后 VH 极化方式下的后向散射系数会在短时间内发生突降; 而林地的后向散射系数一个周期内变化幅度较小, 且几乎整个周期值都大于-19.5dB; 建筑用地在整个周期内几乎所有的值都大于-16.9dB, 且整体变化趋势稍大于林地; 对于水体而言, 整个周期内变化没什么规律可言，但几乎所有的值都小于-21.3dB。综上所述，根据统计分析获取的这些阈值，可以较好地识别水稻。

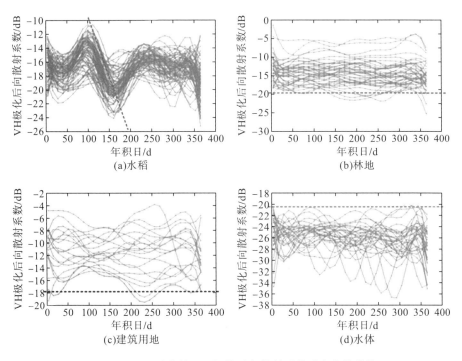

图4-20   不同地物的 VH 极化后向散射系数时序变化曲线

4.2.3   实验结果与分析

由前述极化方式的选择与阈值的设置可得到水稻种植空间分布图，如图 4-21 所示，Sentinel-1A 数据自身的原因，导致图像存在较多噪点。由图 4-22 可清晰地看出，水稻田的基本轮廓提取效果不错，但是水稻田中间有零星的点被识别为非水稻，此处有待改进。

图 4-21   水稻种植空间分布图

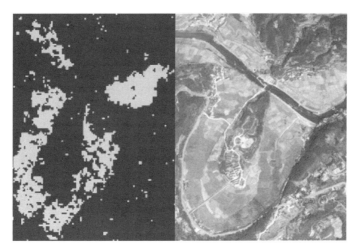

图 4-22　水稻种植空间分布细节放大图

主要参考文献

[1] Wang J, Huang J F, Zhang K Y, et al. Rice fields mapping in fragmented area using multi-temporal HJ-1A/B CCD images[J]. Remote Sensing, 2015, 7(4): 3467-3488.

[2] Dong J W, Xiao X M. Evolution of regional to global paddy rice mapping methods: a review[J]. ISPRS Journal of Photogrammetry and Remote Sensing, 2016, 119: 214-227.

[3] Zhu Z, Wang S X, Woodcock C E. Improvement and expansion of the Fmask algorithm: cloud, cloud shadow, and snow detection for Landsats 4-7, 8, and Sentinel 2 images[J]. Remote Sensing of Environment, 2015, 159: 269-277.

[4] Zhu Z, Woodcock C E. Continuous change detection and classification of land cover using all available Landsat data[J]. Remote Sensing of Environment, 2014, 144: 152-171.

[5] Zhu Z, Woodcock C E, Holden C, et al. Generating synthetic Landsat images based on all available Landsat data: predicting Landsat surface reflectance at any given time[J]. Remote Sensing of Environment, 2015, 162: 67-83.

[6] Guan Y W, Zhou Y R, He B B, et al. Improving land cover change detection and classification with BRDF correction and spatial feature extraction using landsat time series: a case of urbanization in Tianjin, China[J]. IEEE Journal of Selected Topics in Applied Earth Observations and Remote Sensing, 2020, 13: 4166-4177.

[7] Onojeghuo A O, Blackburn G A, Wang Q M, et al. Rice crop phenology mapping at high spatial and temporal resolution using downscaled MODIS time-series[J]. GIScience & Remote Sensing, 2018, 55(5): 659-677.

[8] Zhu L H, Liu X N, Wu L, et al. Detection of paddy rice cropping systems in Southern China with time series Landsat images and phenology-based algorithms[J]. GIScience & Remote Sensing, 2021, 58(5): 733-755.

[9] Dong J W, Xiao X M, Kou W L, et al. Tracking the dynamics of paddy rice planting area in 1986-2010 through time series Landsat images and phenology-based algorithms[J]. Remote Sensing of Environment, 2015, 160: 99-113.

[10] Xiao X M, Boles S, Liu J Y, et al. Mapping paddy rice agriculture in southern China using multi-temporal MODIS images[J]. Remote Sensing of Environment, 2005, 95(4): 480-492.

[11] Zhang M, Lin H, Wang G X, et al. Mapping paddy rice using a convolutional neural network (CNN) with landsat 8 datasets in the Dongting Lake Area, China[J]. Remote Sensing, 2018, 10(11): 1840.

[12] Zhang X, Wu B F, Ponce-Campos G E, et al. Mapping up-to-date paddy rice extent at 10m resolution in China through the integration of optical and synthetic aperture radar images[J]. Remote Sensing, 2018, 10(8): 1-26.

[13] Xiao W, Xu S C, He T T. Mapping paddy rice with sentinel-1/2 and phenology-, object-based algorithm—a implementation in hangjiahu plain in China using GEE platform[J]. Remote Sensing, 2021, 13(5): 990.

[14] Achanta R, Shaji A, Smith K, et al. SLIC superpixels compared to state-of-the-art superpixel methods[J]. IEEE Transactions on Pattern Analysis and Machine Intelligence, 2012, 34(11): 2274-2282.

[15] Van den Bergh M, Boix X, Roig G, et al. SEEDS: superpixels extracted via energy-driven sampling[J]. International Journal of Computer Vision, 2015, 111(3): 298-314.

[16] Achanta R, Susstrunk S. Superpixels and polygons using simple non-iterative clustering[C]//2017 IEEE Conference on Computer Vision and Pattern Recognition (CVPR). 2017: 4895-4904.

[17] Jampani V, Sun D Q, Liu M Y, et al. Superpixel sampling networks[M]//Computer Vision – ECCV 2018. Cham: Springer International Publishing, 2018: 363-380.

[18] Li H L, Du T. Multivariate time-series clustering based on component relationship networks[J]. Expert Systems with Applications, 2021, 173: 114649.

[19] Janith B S, Dilshan T M, Shehan T S, et al. Adaptive centroid placement based SNIC for superpixel segmentation[C]//2020 Moratuwa Engineering Research Conference (MERCon), 2020: 242-247.

[20] Fang L Y, Li S T, Duan W H, et al. Classification of hyperspectral images by exploiting spectral–spatial information of superpixel via multiple kernels[J]. IEEE Transactions on Geoscience and Remote Sensing, 2015, 53(12): 6663-6674.

[21] Breiman L. Random forests[J]. Machine Learning, 2001, 45(1): 5-32.

[22] Pedregosa F, Varoquaux G, Gramfort A, et al. Scikit-learn: machine learning in Python[J]. Journal of Machine Learning Research, 2011, 12(85): 2825-2830.

[23] 刘龙威, 魏瑄. 基于时间序列 Sentinel-1A 数据的水稻识别[J]. 地理空间信息, 2019, 17(11): 83-86, 11.

[24] Gong P, Liu H, Zhang M N, et al. Stable classification with limited sample: transferring a 30-m resolution sample set collected in 2015 to mapping 10-m resolution global land cover in 2017[J]. Science Bulletin, 2019, 64(6): 370-373.

[25] Claverie M, Ju J C, Masek J G, et al. The Harmonized Landsat and Sentinel-2 surface reflectance data set[J]. Remote Sensing of Environment, 2018, 219: 145-161.

第5章 基于RCRW$_{a-b}$的水稻SPAD估算

5.1 引　　言

在作物的光合作用过程中，叶绿素是一种不可缺少的色素，作物的叶绿素含量与作物的健康状况息息相关。因此，估算作物的叶绿素含量就显得至关重要，以前的研究已经构建出多种植被指数用来估算作物的叶绿素含量，但这些指数的物理可解释性较差，据此，本章提出了一种新的水稻 SPAD 估算参数——波长 a 和 b 间反射率的变化速率（rate of change in reflectance between wavelength 'a' and 'b'，RCRW$_{a-b}$），并结合多时相无人机高光谱遥感数据和机器学习算法(随机森林、梯度提升树)来估算水稻 SPAD，本章的技术路线见图 5-1。在本书试验中，首先经过光谱计算提取各时相无人机高光谱数据的 RCRW$_{a-b}$，分析各个 RCRW$_{a-b}$ 与实测水稻 SPAD 的相关性；然后经过特征选择，确定水稻 SPAD 敏感 RCRW$_{a-b}$ 特征；之后利用 RF 和 GBRT 算法分别构建水稻 SPAD 估算模型；最后对两个模型的结果进行对比与评价，并与其他植被指数的估算效果进行对比。

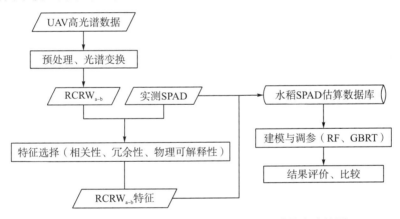

图 5-1　基于 RCRW$_{a-b}$ 的水稻 SPAD 估算方法技术路线图

5.2　RCRW$_{a-b}$ 定义

类似于光谱的一阶导数，RCRW$_{a-b}$ 被定义为某个波段区间内的波长与对应反射率值拟合的直线的斜率(w)，相较于反射率的一阶导数，RCRW$_{a-b}$ 的维数更多，可同时反映反射率在窄波段范围和宽波段范围内的变化。RCRW$_{a-b}$ 具有清晰的物理意义，即可以表示作物反射率在某波长范围内的变化速率，若 RCRW$_{a-b}$ 为正值，代表反射率在波长 a 与波长 b 之间升高；否则为下降。RCRW$_{a-b}$ 的绝对值越大，说明反射率在波长 a 与波长 b 间变化速率越快。RCRW$_{a-b}$ 的定义见式(5-1)和式(5-2)：

$$y = wx + c \tag{5-1}$$

式(5-1)中，w 为

$$w = \frac{\sum\limits_{i=1}^{m} y_i (x_i - \bar{x})}{\sum\limits_{i=1}^{m} x_i^2 - \dfrac{1}{m} \left(\sum\limits_{i=1}^{m} x_i \right)^2} \tag{5-2}$$

式中，x_i 是波长 a 和波长 b 之间的第 i 个波长值；y_i 是 x_i 对应的反射率值；m 是波长 a 和 b 之间的波段总个数。

图 5-2 展示了波长 554～596nm 反射率的变化速率。由图 5-2 可知，$RCRW_{554\sim596}$ 为 -0.0286。

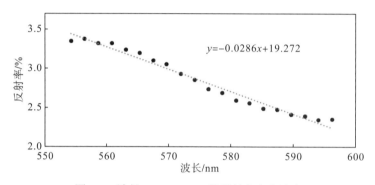

图 5-2　波长 554～596nm 的反射率变化速率

5.3　敏感 $RCRW_{a\text{-}b}$ 特征选择

以往研究表明，植被光谱的一阶导数在 500～750nm 时与植被的叶绿素含量有着较强的相关性[1, 2]。除此之外，一些学者利用绿光波段、红光波段、红边波段和近红外波段构建植被指数（表 5-1），以估算植物的叶绿素含量[3]。此外，研究发现，绿光（500～580nm）、红光（630～690nm）和红边（700～750nm）光谱对估算植物的叶绿素含量是有用的[4-8]。综上所述，500～800nm 的光谱对估算作物叶绿素含量是最有利的，因此，本书试验使用 500～800nm 的光谱对水稻 SPAD 进行估算。

表 5-1　部分用于估算叶绿素含量的植被指数

指数	公式
MTCI[9]	$\dfrac{R_{753.75} - R_{708.75}}{R_{708.75} - R_{681.25}}$
RE-NDVI[10]	$\dfrac{R_{790} - R_{720}}{R_{790} + R_{720}}$
CI-green[3]	$\dfrac{R_{780}}{R_{550}} - 1$

　　由于 a 和 b 具有任意性（在 $b>a$ 条件下），故在 500～800nm 内，存在数千个 RCRW$_{a-b}$ 参数，为选择对水稻 SPAD 较为敏感的 RCRW$_{a-b}$，本书实验计算了任意波长 a 与任意波长 b 之间反射率变化速率 RCRW$_{a-b}$ 与水稻 SPAD 值之间的相关系数 R（correlation coefficient）见式（5-3）和图 5-3。

$$R = \frac{\sum\limits_{i=1}^{m}(x_i - \overline{x})(y_i - \overline{y})}{\sqrt{\sum\limits_{i=1}^{m}(x_i - \overline{x})^2}\sqrt{\sum\limits_{i=1}^{m}(y_i - \overline{y})^2}} \tag{5-3}$$

式中，m 为实测水稻 SPAD 值在所有日期样本的总个数；x_i 是第 i 个样本的 RCRW$_{a-b}$ 值；y_i 是与 x_i 对应的第 i 个水稻 SPAD 值。

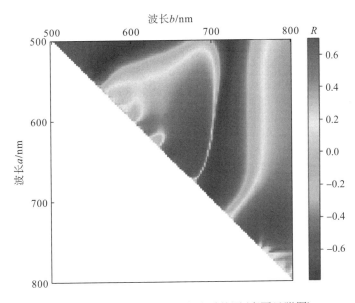

图 5-3　SPAD 与 RCRW$_{a-b}$ 相关系数图（彩图见附图）

　　在图 5-3 中，虽然部分 RCRW$_{a-b}$ 与水稻 SPAD 值具有不错的相关性，但是其物理意义不明显，如当 RCRW$_{a-b}$ 的 a 和 b 分别为 500nm 和 620nm 时[图 5-4(a)]，反射率在 500～620nm 波长之间先上升后下降，即在 500～620nm 波长之间存在一个波峰，在这种情况下，RCRW$_{500～620}$ 不能表示反射率在此波长区间内的变化速率；同样，当 RCRW$_{a-b}$ 的 a 和 b 分别为 620nm 和 700nm 时，反射率在 620～700nm 波长之间先下降后快速上升，即在此波长区间存在一个波谷[图 5-4(b)]。因此，为了保证选出物理意义明显的 RCRW$_{a-b}$ 特征，当 a 和 b 满足如下两个条件（波长 a 和波长 b 之间存在反射率波峰或者波谷）之一时，RCRW$_{a-b}$ 将不被考虑，条件一：$a<550$nm 且 $b>550$nm；条件二：550nm$<a<680$nm 且 $b>680$nm。条件一和条件二中 a 和 b 的分布见图 5-5 中(a)。

　　此外，一些 RCRW$_{a-b}$ 虽然具有明显的物理特征，但是因为其与水稻 SPAD 值的相关性

较弱 [Abs(R)<0.6 [11]]，同样不被考虑，在这种情况下，波长 a 和波长 b 的分布见图 5-5 中(b)。

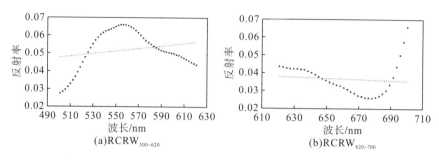

图 5-4 RCRW$_{500\text{-}620}$ 和 RCRW$_{620\text{-}700}$ 对应的波长和反射率

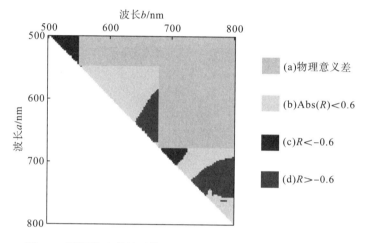

图 5-5 不同约束条件下的 RCRW$_{a\text{-}b}$ 的波长 a 和波长 b 的分布

在移去物理意义不明显的、与 SPAD 相关性较弱的 RCRW$_{a\text{-}b}$ 特征之后，仍然存在大量的 RCRW$_{a\text{-}b}$ 特征。为检查数据冗余性，本书计算了部分 a 和 b 均相近的不同 RCRW$_{a\text{-}b}$ 之间的决定系数(图 5-6)。由图 5-6 可知，RCRW$_{523\text{-}543}$ 与 RCRW$_{532\text{-}550}$，RCRW$_{731\text{-}749}$ 与 RCRW$_{737\text{-}747}$ 之间的相关性较强，说明当 RCRW$_{a\text{-}b}$ 的 a 和 b 相近时，特征之间存在较大数据冗余。为降低数据冗余，降低多重共线性，本书在满足图 5-5 中(c)(d)条件的四个区域中各选择一个与水稻 SPAD 值相关性最高的 RCRW$_{a\text{-}b}$。最终，本书选择出 RCRW$_{532\text{-}550}$、RCRW$_{665\text{-}674}$、RCRW$_{691\text{-}698}$ 和 RCRW$_{738\text{-}747}$ 四个特征(标记为 Four-RCRW$_{a\text{-}b}$)，Four-RCRW$_{a\text{-}b}$ 与 SPAD 之间的散点图见图 5-7。

由图 5-7(a)、(c)可知，RCRW$_{532\text{-}550}$、RCRW$_{691\text{-}698}$ 为正值，且与 SPAD 成负相关，说明当水稻叶绿素含量上升时，532～550nm 和 691～698nm 波长内的反射率变化速率变慢；由图 5-7(b)可知，RCRW$_{665\text{-}674}$ 为负值，且与 SPAD 成正相关，说明反射率在 665～674nm 波长的变化速率随着叶绿素含量的上升变慢；由图 5-7(d)可知，RCRW$_{738\text{-}747}$ 为正值，且与 SPAD 成正相关，说明水稻叶绿素含量越高，反射率在 738～747nm 波长范围内的变化越快。

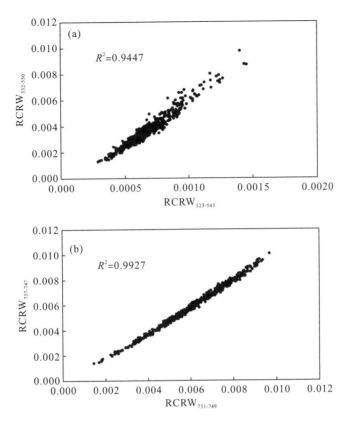

图 5-6　RCRW$_{523-543}$ 与 RCRW$_{532-550}$ 之间的散点图及 RCRW$_{731-749}$ 与 RCRW$_{737-747}$ 之间的散点图

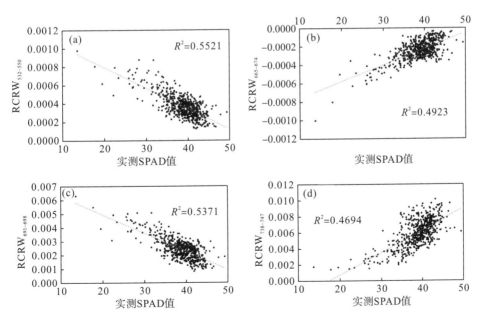

图 5-7　SPAD 与 Four-RCRW$_{a-b}$ 之间的散点图

注：（a）SPAD 与 RCRW$_{532-550}$；（b）SPAD 与 RCRW$_{665-674}$；（c）SPAD 与 RCRW$_{691-698}$；（d）SPAD 与 RCRW$_{738-747}$。

5.4　水稻 SPAD 估算模型构建

5.4.1　数据分割

在本书研究中，随机分层采样被用来分割数据集，其中训练集的数据量为 70%，验证集的数据量为 30%。图 5-8 展示了训练集、验证集以及所有数据的部分统计特征。由图 5-8 可知训练集和验证集的一些统计特征，如平均值(38.70, 38.45)、中位数(39.27, 39.33)、标准差(4.14, 4.58)与总数据集的统计特征都非常相近，这证明训练集和验证集的数据分布与总体数据集的数据分布几乎是一致的。

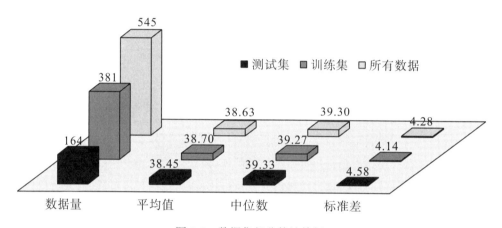

图 5-8　数据集部分统计特征

5.4.2　基于随机森林的水稻 SPAD 估算模型

随机森林(RF)是一种基于多决策树的集成学习方法，它将 Breiman 的"装袋"思想和随机属性选择结合在一起[12]。建立随机森林模型需要以下步骤：首先，基于训练数据集，采用 Bootstrap 聚合算法生成齐次子集；然后，通过从校准数据集中随机选择样本和变量，将每个子决策树增长到其最大深度；最后，将所有子决策树放在一起，生成一个随机森林模型[13, 14]。在建立随机森林模型时，需要确定两个参数，即 bagging 框架中决策树的数目(标记为 n_estimators)和决策树框架中变量的数目(标记为 max_features)[14]。RF 算法在不丢失信息的情况下，具有很强的抗过拟合能力，并且总是会导致泛化误差的收敛，在以前的叶绿素研究中已经得到了很多应用。

在本书研究中，基于 GSCV 参数调优算法和选择出的 Four-RCRW$_{a-b}$，构建随机森林水稻 SPAD 估算模型。在模型构建过程中，参数 max_features 被设置为 4，即输入的特征的数目为 4[15]。另一个特征参数 n_estimators 通过 GSCV 参数调优确定。图 5-9 展示了不同 n_estimators 条件下随机森林模型的 MSE。由图 5-9 可知，随着 n_estimators

的增加，模型在训练过程中的 MSE 首先呈下降趋势，然后趋于稳定，当 n_estimators 为 280 时，构建的随机森林模型(标记为 RF-M)的 MSE 最小，即 280 为 n_estimators 最优值。

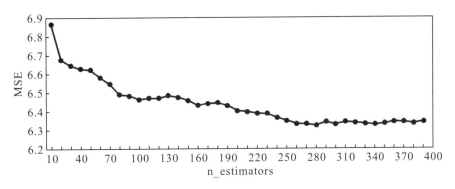

图 5-9　不同 n_estimators 条件下随机森林模型的 MSE

注：n_estimators 的范围为 10~400，步长为 10。

5.4.3　基于梯度提升树的水稻 SPAD 估算模型

梯度提升算法是一种基于误差函数的机器学习算法，可用来解决分类和回归问题，它通过集成弱预测模型(如决策树)来生成强预测模型[16]。梯度提升回归树是一种由多个决策树组成的迭代决策树算法，其核心思想是：首先初始化一个弱模型，随后的每一次计算都是为了减少上一个模型的残差，最后在梯度方向上用减少的残差创建一个新的基本模型[16, 17]。因此，通过调整弱预测模型的权重，可以得到强预测模型，同时使损失函数最小化[16]。GBRT 的典型参数包括学习率(标记为 learning_rate)、子决策树的数目(标记为 n_estimators)和子决策数的最大深度(标记为 max_depth)。

在本书中，基于 GSCV 参数调优算法和选择出的 Four-RCRW$_{a-b}$，构建梯度提升树水稻 SPAD 估算模型。在模型构建过程中，首先，learning_rate 被初始化为 0.1，n_estimators 通过 GSCV 选出，GBRT 的其他参数被设置为 Python 工具包，即 scikit-learn 0.22 中 sklearn.ensemble GradientBoostingRegressor 函数的默认值[18]。图 5-10 展示了不同 n_eatimators 条件下 GBRT 模型的 MSE，由图 5-10 可知，当 n_estimators 为 60 时，GBRT 模型的 MSE 最小。因为 learning_rate 可以和 n_estimators 一起影响 GBRT 模型的性能，因此，当初步选择出一个合适的 n_estimators 后，learning_rate 和 n_estimators 两个参数需要一起进行调优，且 learning_rate、n_estimators 的乘积保持不变[18]。图 5-11 展示了不同 learning_rate、n_estimators 组合下 GBRT 模型的 MSE。由图 5-11 可知，当 learning_rate 为 0.01、n_estimators 为 600 时，构建的梯度提升树模型(标记为 GBRT-M) 的 MSE 最优。

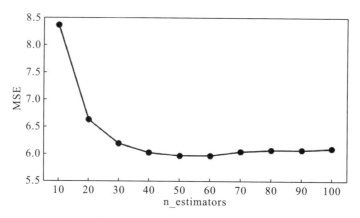

图 5-10　不同 n_eatimators 条件下 GBRT 模型的 MSE

注：n_estimators 的范围为 10 至 100，步长为 10。

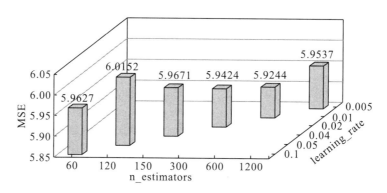

图 5-11　不同 n_estimators 和 learning_rate 组合下 GBRT 模型的 MSE

5.5　水稻 SPAD 估算结果评价

5.5.1　水稻 SPAD 估算模型精度评价

图 5-12 和表 5-2 展示 RF-M 和 GBRT-M 的水稻 SPAD 预测结果。由图 5-12 和表 5-2 可知，就训练集而言，RF-M 估算精度远高于 GBRT-M，R^2 达到 0.96，均方根误差（RMSE）为 0.94；就测试集而言，RF-M 与 GBRT-M 的估算精度较为接近，但总体来说，GBRT-M 的估算精度相对较高，R^2 为 0.80，RMSE 为 2.07。综合来看，RF-M 的泛化性相对较差，即 RF-M 的训练集精度与测试集精度差距较大，这可能是由于随机森林算法的自然限制，随机森林算法通常要求相对较大的数据集和相对较小的数据噪声，否则会导致过拟合问题；而 GBRT-M 的训练集和测试集的 R^2 较为接近，RMSE 也较为接近。因此，相较于 RF-M，GBRT-M 的稳定性更好，预测精度更高，更适合用于估算水稻 SPAD。

表 5-2　水稻 SPAD 估算模型估算结果

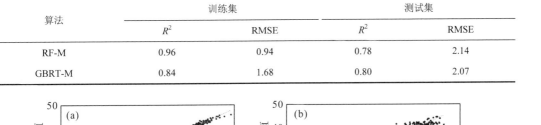

算法	训练集		测试集	
	R^2	RMSE	R^2	RMSE
RF-M	0.96	0.94	0.78	2.14
GBRT-M	0.84	1.68	0.80	2.07

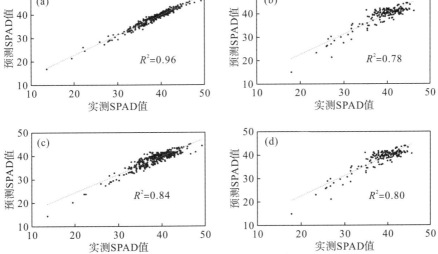

图 5-12　水稻 SPAD 估算模型估算结果

注：(a)RF-M：训练集；(b)RF-M：测试集；(c)GBRT-M：训练集；(d)GBRT-M：测试集。

为了进一步评估 Four-RCRW_{a-b} 的潜力，本书对 Four-RCRW_{a-b} 与部分植被指数（表 5-1）在估算水稻 SPAD 方面的性能做了对比，估算结果见表 5-3。由表 5-3 可知，无论是随机森林算法还是梯度提升树算法，相较于其他植被指数，Four-RCRW_{a-b} 都表现出较高的精度。因此，Four-RCRW_{a-b} 是一种对估算水稻 SPAD 十分有效的指数。

表 5-3　部分对植被叶绿素敏感的植被指数的估算结果

植被指数	算法	R^2	RMSE
Four-RCRW_{a-b}	随机森林	0.78	2.14
	梯度提升树	0.80	2.07
MTCI	随机森林	0.71	2.60
	梯度提升树	0.75	2.30
Re-NDVI	随机森林	0.69	2.67
	梯度提升树	0.77	2.22
CI-green	随机森林	0.56	3.10
	梯度提升树	0.70	2.51

5.5.2 水稻SPAD生长期内变化

水稻叶片的叶绿素含量可以反映水稻的生长状况，图 5-13(A2-1、B9-1、V478 和 C10-1 为样区的田间编号)展示了单个样区的水稻实测 SPAD 值在生长期内的变化。由图 5-13 可知，在 2020 年 7 月 26 日～9 月 2 日，水稻的 SPAD 值的总体变化趋势为下降，且在 8 月底、9 月初的下降速度最快。图 5-14 展示了所有样区实测水稻 SPAD 均值在生长期内的变化。由图 5-14 可知，所有样区实测水稻 SPAD 均值在生长期内的变化与单样区在生长期内的变化趋势一致，均为下降，且同样在 8 月底、9 月初的下降速度最快。这与我们在现实中观察到的一致，7 月下旬，多数样区处于孕穗期，叶片较绿；9 月上旬，水稻逐渐成熟，叶片渐渐变黄，水稻叶片内叶绿素含量降低。

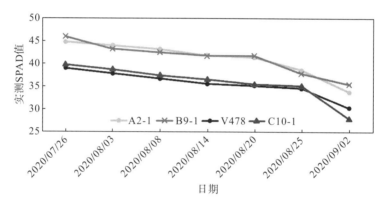

图 5-13 单样区水稻实测 SPAD 值生长期内变化

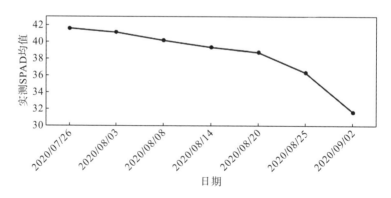

图 5-14 所有样区水稻实测 SPAD 均值生长期内变化

5.5.3 基于多时相无人机高光谱数据的水稻SPAD制图

近年来，精准农业发展势头强劲，准确而可靠地获取作物的叶绿素含量的空间时间动态变化信息对于作物生长状况评估和采取相应的措施就显得至关重要。本书将 GBRT-M 逐像素应用于多个时相的无人机高光谱影像中，见图 5-15～图 5-17。图 5-15～图 5-17 分别展示了 Field-1、Field-2、Field-3 在 2020 年 7 月下旬至 9 月上旬水稻 SPAD 的时空变化信息。定性来看，无论是 Field-1，还是 Field-2、Field-3，水稻 SPAD 在 2020 年 7 月下旬至 9 月上旬的变化趋势均为下降，这与实测的 SPAD 在时间上的变化趋势是一致的（图 5-14），此结果再次表明 Four-RCRW$_{a-b}$ 特征和 GBRT-M 模型对水稻 SPAD 估算是有效的。

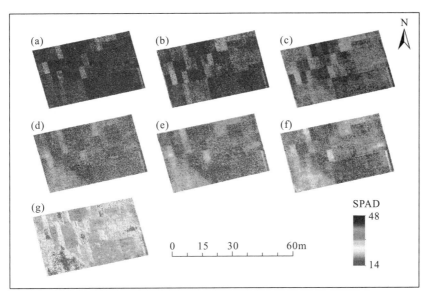

图 5-15　Field-1 田块水稻 SPAD 时空变化图

注：（a）2020/07/26；（b）2020/08/03；（c）2020/08/08；（d）2020/08/14；（e）2020/08/20；（f）2020/08/25；（g）2020/09/02。

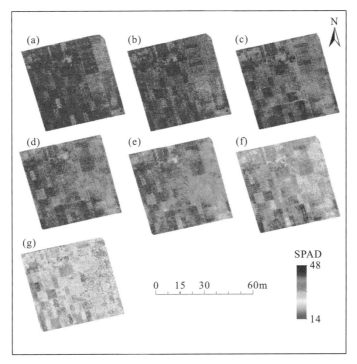

图 5-16　Field-2 田块水稻 SPAD 时空变化图

注：（a）2020/07/26；（b）2020/08/03；（c）2020/08/08；（d）2020/08/14；（e）2020/08/20；（f）2020/08/25；（g）2020/09/02。

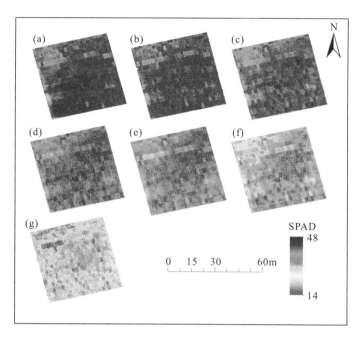

图 5-17　Field-3 田块水稻 SPAD 时空变化图

注：（a）2020/07/26；（b）2020/08/03；（c）2020/08/08；（d）2020/08/14；（e）2020/08/20；（f）2020/08/25；（g）2020/09/02。

主要参考文献

［1］ Liu B, Yue Y M, Li R, et al. Plant leaf chlorophyll content retrieval based on a field imaging spectroscopy system［J］. Sensors（Basel, Switzerland）, 2014, 14（10）: 19910-19925.

［2］ Xue L H, Yang L Z. Deriving leaf chlorophyll content of green-leafy vegetables from hyperspectral reflectance［J］. ISPRS Journal of Photogrammetry and Remote Sensing, 2009, 64（1）: 97-106.

［3］ Gitelson A A, Keydan G P, Merzlyak M N. Three-band model for noninvasive estimation of chlorophyll, carotenoids, and anthocyanin contents in higher plant leaves［J］. Geophysical Research Letters, 2006, 33（11）: 11402-1-11402-5.

［4］ Tian Y C, Yao X, Yang J, et al. Assessing newly developed and published vegetation indices for estimating rice leaf nitrogen concentration with ground- and space-based hyperspectral reflectance［J］. Field Crops Research, 2011, 120（2）: 299-310.

［5］ Blackburn G A. Spectral indices for estimating photosynthetic pigment concentrations: a test using senescent tree leaves［J］. International Journal of Remote Sensing, 1998, 19（4）: 657-675.

［6］ Zarco-Tejada P J, Miller J R, Noland T L, et al. Scaling-up and model inversion methods with narrowband optical indices for chlorophyll content estimation in closed forest canopies with hyperspectral data［J］. IEEE Transactions on Geoscience and Remote Sensing, 2001, 39（7）: 1491-1507.

［7］ Gitelson A A, Gritz Y, Merzlyak M N. Relationships between leaf chlorophyll content and spectral reflectance and algorithms for non-destructive chlorophyll assessment in higher plant leaves［J］. Journal of Plant Physiology, 2003, 160（3）: 271-282.

［8］ Gitelson A A, Buschmann C, Lichtenthaler H K. The chlorophyll fluorescence ratio F735/F700 as an accurate measure of the chlorophyll content in plants［J］. Remote Sensing of Environment, 1999, 69（3）: 296-302.

［9］ Dash J, Curran P J. The MERIS terrestrial chlorophyll index［J］. International Journal of Remote Sensing, 2004, 25（23）: 5403-

5413.

［10］ Otuka A. Migration of rice planthoppers and their vectored re-emerging and novel rice viruses in East Asia［J］. Frontiers in Microbiology, 2013, 4: 309.

［11］ Kalacska M, Lalonde M, Moore T R. Estimation of foliar chlorophyll and nitrogen content in an ombrotrophic bog from hyperspectral data: scaling from leaf to image［J］. Remote Sensing of Environment, 2015, 169: 270-279.

［12］ Breiman L. Random forests［J］. Machine Learning, 2001, 45（1）: 5-32.

［13］ Singhal G, Bansod B, Mathew L, et al. Chlorophyll estimation using multi-spectral unmanned aerial system based on machine learning techniques［J］. Remote Sensing Applications: Society and Environment, 2019, 15: 100235.

［14］ Hoa P V, Giang N V, Binh N A, et al. Soil salinity mapping using SAR sentinel-1 data and advanced machine learning algorithms: a case study at Ben tre province of the Mekong River delta（vietnam）［J］. Remote Sensing, 2019, 11（2）: 128.

［15］ Geurts P, Ernst D, Wehenkel L. Extremely randomized trees［J］. Machine Learning, 2006, 63（1）: 3-42.

［16］ Wei L F, Yuan Z R, Zhong Y F, et al. An improved gradient boosting regression tree estimation model for soil heavy metal（arsenic）pollution monitoring using hyperspectral remote sensing［J］. Applied Sciences, 2019, 9（9）: 1943.

［17］ Wang S J, Chen Y H, Wang M G, et al. Performance comparison of machine learning algorithms for estimating the soil salinity of salt-affected soil using field spectral data［J］. Remote Sensing, 2019, 11（22）: 2605.

［18］ An G Q, Xing M F, He B B, et al. Using machine learning for estimating rice chlorophyll content from *in situ* hyperspectral data［J］. Remote Sensing, 2020, 12（18）: 3104.

第6章　稻曲病发生信息监测

6.1　引　　言

稻曲病是水稻的主要病害之一，它是一种真菌性病害，只发生于穗部[1]。近年来，稻曲病已逐渐蔓延为一种世界性的水稻病害，在世界多个水稻主要种植区大面积发生[1, 2]。水稻感染稻曲病会造成水稻减产，造成严重的经济损失；同时水稻穗部的稻曲球中含有黑粉菌素与稻曲毒素，人类或者牲畜食用过量，会导致慢性中毒，威胁国家粮食安全[3]。历史上，稻曲病只是水稻的次要病害，近年来，稻曲病已经演变为"新三大病害之一"[4]，严重影响了我国稻米的品质与产量。因此，对水稻进行长时间序列监测，及时获取稻曲病的发生信息，对稻田管理具有重大意义。无人机遥感技术具有灵活性高、时效性强等优点，是农田监测的有效手段。已有部分学者将无人机遥感技术应用到作物的病害监测中，但是目前却鲜有将无人机遥感技术应用于自然生长状态下(非人工使用病菌试剂使水稻感染稻曲病)的稻曲病监测。因此，本章首先从无人机高光谱数据中提取稻曲病敏感波段，然后利用基于光谱相似性分析的稻曲病发生信息监测，以及结合光谱特征和时间特征的稻曲病发生信息监测两种方法，对稻曲病进行多时相监测，提取稻曲病发生区域信息。图6-1为稻曲病发生区域监测技术路线图。

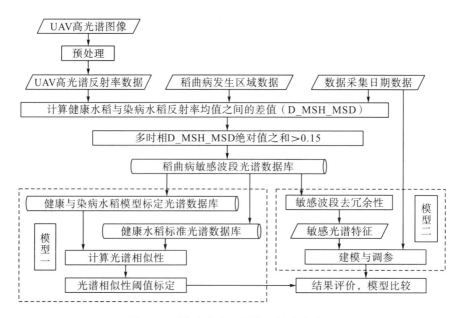

图 6-1　稻曲病发生区域监测技术路线图

6.2　稻曲病光谱特性分析

在受到病害侵染时，作物的结构、水分、形态和色素等会发生一定程度的变化，导致作物的光谱响应曲线发生不同程度的改变。值得注意的是，由于作物病害带来的光谱变化较小，当高光谱传感器采集的数据在某些波长范围内系统误差较大（信噪比较低）时，则此系统误差可能会掩盖作物病害带来的光谱变化。因此，在选取敏感波段前，有必要对部分低信噪比波段进行剔除。

遥感图像的信噪比可通过方差法获得[5]，即计算图像中均质区域（本章实验选择定标布）的像元均值与标准差的比值，计算公式见式（6-1）。图 6-2 展示了高光谱遥感图像在 400～1000nm 内的信噪比。由图 6-2 可知，高光谱图像信号在波长 400～410nm 和 880～1000nm 时信噪比相对较低，故在对稻曲病敏感光谱特性进行分析时，不考虑 400～410nm 和 880～1000nm 波长的反射率。

$$SNR = \frac{\frac{1}{N}\sum_{i=1}^{N}DN_i}{\sqrt{\frac{1}{(N-1)}\sum_{i=1}^{N}(DN_i - \overline{DN})^2}} \tag{6-1}$$

式中，DN_i 代表均质地表区域内第 i 个像元的 DN 值；N 为选择的均质地表的像元总数；$\overline{DN}$ 为所有像元 DN 均值。

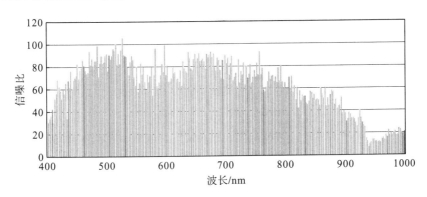

图 6-2　高光谱遥感图像的信噪比

为分析稻曲病的光谱特性，本书使用健康水稻反射率均值与染稻曲病水稻反射率均值之间的差值（the difference between mean of spectral of healthy rice and mean of spectral of diseased rice，D_MSH_MSD）来衡量每个波段的敏感性强弱，该值越大，说明此波段对稻曲病的敏感性越强，具体公式见式（6-2）。

$$D\_MSH\_MSD_{Wavelength\_a} = \overline{R_{健康\_a}} - \overline{R_{染病\_a}} \tag{6-2}$$

式中，$D\_MSH\_MSD_{Wavelength\_a}$ 为健康水稻反射率均值与已染稻曲病水稻反射率均值在波长 a 处的差值；$\overline{R_{健康\_a}}$ 代表所有健康水稻像元在波长 a 处的反射率的均值；$\overline{R_{染病\_a}}$ 代表所有染病水稻像元在波长 a 处的反射率的均值。

但是，在不同波长处，水稻光谱反射率的数值大小和范围差距很大，因此直接对比不同波长处的 D_MSH_MSD 来衡量波段的敏感性是不合理的。为了保证 D_MSH_MSD 在不同波长处的一致性，本书在计算 D_MSH_MSD 前，将最大最小值归一化方法应用于水稻光谱的每个波段，具体见式(6-3)。

$$r_{new} = \frac{r_{old} - r_{min}}{r_{max} - r_{min}} \tag{6-3}$$

式中，r_{old}，r_{new} 分别为归一化之前和归一化之后的反射率值；r_{min}，r_{max} 分别为同一波段内反射率的最小值和最大值。

图 6-3 和图 6-4 展示了四个日期各个波段处的 D_MSH_MSD，以及四个日期的 |D_MSH_MSD|之和。由图 6-4 可知，|D_MSH_MSD|在近红外波段、红边波段的值基本都远高于可见光波段，这证明近红外波段、红边波段对稻曲病更为敏感。D_MSH_MSD 为正值说明，当水稻感染稻曲病时，红外区域的反射率会降低。但 |D_MSH_MSD|在可见光的红光波段处也呈现一个波峰，这说明红光波段在一定程度上对提取稻曲病发生信息的提取是有用的。D_MSH_MSD 为负值说明，当水稻感染稻曲病时，红光区域的反射率会升高，这些现象与之前的研究是一致的[6, 7]。

根据 4 个日期的|D_MSH_MSD|之和以及上述分析，将 4 个日期的|D_MSH_MSD|之和大于 0.15 的波段(665~685nm 和 705~880nm)选择为稻曲病的敏感波段。

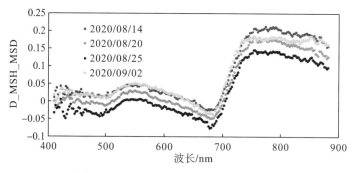

图 6-3　波长与 D_MSH_MSD 的关系图

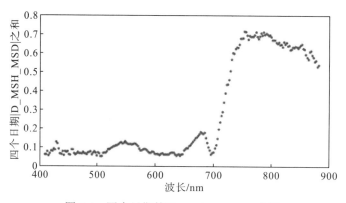

图 6-4　四个日期的 |D_MSH_MSD|之和

6.3　基于光谱相似性分析的稻曲病发生信息监测

6.3.1　模型构建与评价

水稻感染稻曲病与否在红光波段和红外波段(665～685nm 和 705～880nm)存在差异，因此可以通过判断未知染病与否像元与健康水稻像元光谱之间的相似性(本书实验用相关系数 R 表示)来提取稻曲病的发生区域，即当相似性较强时，判别为健康；相似性较弱时，判别为染病。因此，本书实验的重点为，寻找相似性强弱的阈值，作为患病与否的分割线。

水稻的生长是一个复杂的生理过程，在每个生长期都有特定的形态与结构。所以，如果对多个日期的稻曲病进行发生区域提取时采用一个阈值，那么阈值的适用性可能会很大程度地减弱。因此，本书实验中对不同日期，采用不同的阈值进行稻曲病发生区域的提取。以下以 2020 年 8 月 14 日的数据为例，详细说明用于判断稻曲病发生与否阈值的挑选过程，即基于光谱相似性分析的稻曲病发生信息监测模型的构建过程，详细技术流程见图 6-5。

第一步：确定稻曲病敏感光谱范围，由 6.2 节可知，选择 665～685nm 和 705～880nm 波长为敏感光谱范围(标记为 Spectral$_{665-685}$+Spectral$_{705-880}$，简写为 S$_{665-685}$+S$_{705-880}$)。

第二步：从健康水稻光谱数据中随机选择 50 条数据，提取 S$_{665-685}$+S$_{705-880}$，以构建健康水稻标准光谱数据库(标记为 Database-Healthy$_{standard}$)。

第三步：提取剩余健康水稻光谱数据的 S$_{665-685}$+S$_{705-880}$(标记为 Database-Healthy$_{test}$)和感染稻曲病光谱数据的 S$_{665-685}$+S$_{705-880}$(标记为 Database-Unhealthy$_{test}$)。

第四步：依次计算 Database-Healthy$_{test}$、Database-Unhealthy$_{test}$ 中每条光谱数据与健康水稻标准光谱数据 Database-Healthy$_{standard}$ 的相似度 R，即 50 个相关系数 R_i 的均值，具体见式(6-4)和式(6-5)。

$$R = \frac{1}{N}\sum_{i}^{N} R_i \tag{6-4}$$

$$R_i = \frac{\sum_{j}^{n}(\mathrm{ref}_{\mathrm{std}_{i,j}} - \overline{\mathrm{ref}_{\mathrm{std}_i}})(\mathrm{ref}_{\mathrm{test}_j} - \overline{\mathrm{ref}_{\mathrm{test}}})}{\sqrt{\sum_{i=i}^{n}(\mathrm{ref}_{\mathrm{std}_{i,j}} - \overline{\mathrm{ref}_{\mathrm{std}_i}})^2}\sqrt{\sum_{i=i}^{n}(\mathrm{ref}_{\mathrm{test}_j} - \overline{\mathrm{ref}_{\mathrm{test}}})^2}} \tag{6-5}$$

式中，R_i 为 Database-Healthy$_{test}$ 或 Database-Unhealthy$_{test}$ 中光谱数据与 Database-Healthy$_{standard}$ 中第 i 条数据的皮尔逊相关系数；N 为 Database-Healthy$_{standard}$ 中数据的数量(本书实验中为 50)；n 为 S$_{665-685}$+S$_{705-880}$ 中波段的个数；$\mathrm{ref}_{\mathrm{std}_{i,j}}$ 为 Database-Healthy$_{standard}$ 数据库中第 i 条数据的第 j 个反射率值；$\overline{\mathrm{ref}_{\mathrm{std}_i}}$ 为 Database-Healthy$_{standard}$ 数据库中第 i 条数据所有反射率值的均值；$\mathrm{ref}_{\mathrm{test}_j}$ 为 Database-Healthy$_{test}$ 或 Database-Unhealthy$_{test}$ 数据库中某条数据的第 j 个反射率值；$\overline{\mathrm{ref}_{\mathrm{test}}}$ 为 Database-Healthy$_{test}$ 或 Database-Unhealthy$_{test}$ 数据库中某条数据中所有反射率的均值。

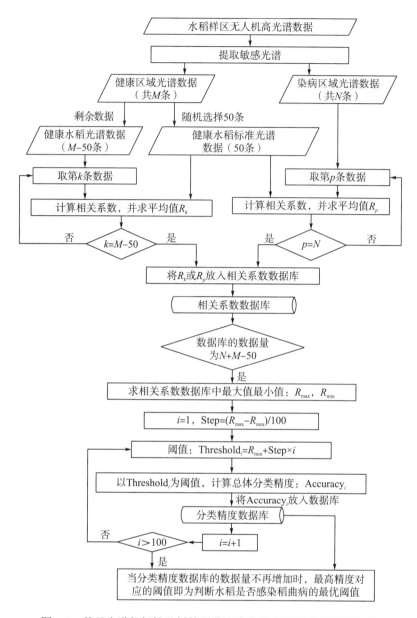

图 6-5　基于光谱相似性分析的稻曲病发生信息监测模型构建步骤

第五步：经过第四步，计算出 Database-Healthy$_{test}$ 和 Database-Unhealthy$_{test}$ 中每条光谱数据与 Database-Healthy$_{standard}$ 的相似度 R，然后求出这组相似度数据的最大值和最小值，分别标记为 R_{max}，R_{min}。

第六步：以 R_{max}-R_{min} 的百分之一为步长［即式(6-6)中的 Step］，依次以式(6-6)中的 Threshold$_i$ 为阈值，预测 Database-Healthy$_{test}$ 和 Database-Unhealthy$_{test}$ 中每条光谱数据对应的稻曲病发生信息，并计算总体精度。

$$\text{Threshold}_i = R_{min} + \text{Step} \times i \tag{6-6}$$

第七步：由第六步计算出与每个 Threshold 对应的总体精度(共计 100 个)，总体精度最高时的 Threshold 即为该时相对应的判别水稻是否染病的阈值。

第八步：将第二步至第七步应用于其他时相，获取不同时相的 Threshold。

第九步：统计不同时相的预测精度。

根据上述模型构建过程，得到 2020 年 8 月 14 日、8 月 20 日、8 月 25 日和 9 月 2 日四个时相的稻曲病区域提取精度分别为 77.41%、74.70%、71.52% 和 73.21%，混淆矩阵分别见表 6-1～表 6-4。总体来看，基于光谱相似性分析的稻曲病发生信息监测模型在不同时相表现较为稳定，分类精度在 74% 左右，可以有效地提取稻曲病的发生区域，8 月 14 日的精度略高于其他日期，且分类精度为下降趋势，这可能是因为，随着水稻的自然生长，水稻叶片内的叶绿素含量逐渐下降(图 5-14)，而叶绿素含量的下降会导致近红外波段的反射率下降，这可能会对稻曲病监测带来一定程度的影响，即水稻体内的叶绿素含量越低，稻曲病监测的难度越大。

表 6-1　2020 年 8 月 14 日稻曲病发生信息监测模型分类结果

项目		预测数据			用户精度/%
		健康	染病	总计	
实测数据	健康	101	41	142	71.13
	染病	34	156	190	82.11
	总计	135	197	332	
制图精度/%		74.81	79.19		
总体精度/%				77.41	

表 6-2　2020 年 8 月 20 日稻曲病发生信息监测模型分类结果

项目		预测数据			用户精度/%
		健康	染病	总计	
实测数据	健康	84	56	140	60.00
	染病	29	167	196	85.20
	总计	113	223	336	
制图精度/%		74.34	74.89		
总体精度/%				74.70	

表 6-3　2020 年 8 月 25 日稻曲病发生信息监测模型分类结果

项目		预测数据			用户精度/%
		健康	染病	总计	
实测数据	健康	85	59	144	59.02
	染病	33	146	179	81.56
	总计	118	205	323	
制图精度/%		72.03	71.22		
总体精度/%				71.52	

表 6-4　2020 年 9 月 2 日稻曲病发生信息监测模型分类结果

项目		预测数据			用户精度/%
		健康	染病	总计	
实测数据	健康	91	49	140	65.00
	染病	41	155	196	79.08
	总计	132	204	336	
制图精度/%		68.94	75.98		
总体精度/%				73.21	

就表 6-1～表 6-4 的用户精度而言，无论在任何日期，健康区域的用户精度较明显地低于染病区域，即较多健康数据被错分为染病数据，这可能是因为：①在进行模型构建时，健康样本数量略少于染病样本，所以标定阈值时，阈值会朝向有利于提高染病区域分类精度的方向移动，导致健康区域的用户精度低于染病区域；②本书实验选择的敏感波段为近红外和红外波段，而近红外波段对水分含量比较敏感，当水分含量较高时，作物冠层光谱反射率会下降，这与稻曲病的光谱变化趋势是一致的，因此，样区内土壤湿度的差异可能导致健康样本错分为染病。

除此之外，为了进一步评估基于光谱相似性分析的稻曲病发生区域提取模型的性能，本书利用 2020 年 7 月 26 日、8 月 3 日、8 月 8 日的无人机高光谱图像数据及健康水稻边界数据进行定性检验，具体方式如下。

实验假设：在构建 2020 年 7 月 26 日、8 月 3 日、8 月 8 日的稻曲病监测模型时，假设其与 2020 年 8 月 14 日的健康区域的用户精度相同，即 71.13%，因为这 3 个日期与 8 月 14 日时间最为接近，水稻的生长状态较为接近。基于这个假设，模型构建过程如下。

第一步：提取 2020 年 7 月 26 日健康区域敏感光谱数据 $S_{665-685}+S_{705-880}$，随机选择 50 条数据，建立该日期的健康水稻标准光谱库（标记为 $Database_{0726}\text{-}Healthy_{standard}$），然后计算其他每条健康水稻光谱数据（标记为 $Database_{0726}\text{-}Healthy_{test}$）与 $Database_{0726}\text{-}Healthy_{standard}$ 的相似性 R，R 计算方式见式(6-4)和式(6-5)。

第二步：获取 $Database_{0726}\text{-}Healthy_{test}$ 对应的 R 的最大值 R_{max} 和最小值 R_{min}。

第三步：以 R_{max} 与 R_{min} 差值的百分之一为步长，即式(6-6)中的 Step，依次以式(6-6)中的 $Threshold_i$ 为阈值，预测 $Database_{0726}\text{-}Healthy_{test}$ 中光谱对应的稻曲病发生信息，并计算分类精度。

第四步：当分类精度最接近 71%时，对应的阈值设置为判断该日期水稻是否患病的阈值，并将阈值用于 2020 年 7 月 26 日无人机高光谱图像的制图。

将第一步至第四步应用于 2020 年 8 月 3 日、8 月 8 日的数据中。

6.3.2　稻曲病发生信息制图与分析

为获取稻曲病的时空分布信息，本书实验将各个日期获取的相似性阈值分别逐像素应用于对应日期的无人机高光谱图像中，见图 6-6 和图 6-7。由图 6-6 和图 6-7 可知，定性来看，无论是 Sample-1 样区还是 Sample-2 样区，2020 年 7 月 26 日稻曲病在空间分布上相对较为稀疏，随着时间的推移，发生区域逐渐变得密集，且稻曲病发生区域逐渐扩大，这与稻曲病的自然发展规律是符合的。图 6-6(a)～(c) 和图 6-7(a)～(c) 虽然是基于假设条件下的分类结果，但是其符合稻曲病的自然发展规律，这再次证明了监测模型中设定的相似性阈值的合理性，以及基于光谱相似性分析的稻曲病监测模型的有效性。

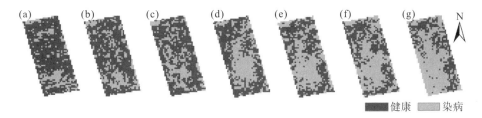

图 6-6　Sample-1 样区稻曲病发生信息时空分布图

注：(a) 2020/07/26；(b) 2020/08/03；(c) 2020/08/08；(d) 2020/08/14；(e) 2020/08/20；(f) 2020/08/25；(g) 2020/09/02。

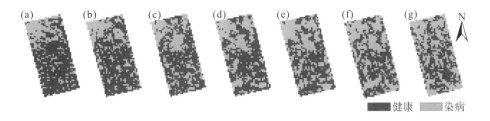

图 6-7　Sample-2 样区稻曲病发生信息时空分布图

注：(a) 2020/07/26；(b) 2020/08/03；(c) 2020/08/08；(d) 2020/08/14；(e) 2020/08/20；(f) 2020/08/25；(g) 2020/09/02。

但是，在 Sample-2 样区中，各个日期分类图的左上方都呈现出较为连续的稻曲病，这与实地调查数据不符，根据实地调查情况，2020 年 7 月 28 日，稻曲病发生区域比较稀疏，不存在较大面积发病区域。经过查证，Sample-2 样区位于 Field-1 田块与 Field-2 田块的田埂边上，而 Field-1 田块的地势为南面略高于北面。在这种情况下，可能导致 Sample-2 样区位置偏北的地方存有积水或者土壤更为潮湿。而当土壤水分含量较大时，会导致作物在近红外波段的反射率有一定程度的降低。本书实验选择的稻曲病敏感光谱范围大部分集中在近红外位置，且染病水稻在近红外的光谱反射率低于健康水稻，因此，土壤水分略高的区域可能会存在将健康水稻误判为染病水稻的可能。

6.4　结合光谱特征和时间特征的稻曲病发生信息监测

由 6.2 小节可知，665～685nm 和 705～880nm 波段处的光谱对稻曲病较为敏感，为了选择出敏感波段并降低特征之间的数据冗余，本书计算了各波段之间的相关性(图 6-8)。由图 6-8 可知，光谱在 705～880nm 存在很强的相关性，在 665～685nm 的相关性同样很强，因此，在此波长范围内存在大量的数据冗余。本书实验在 665～685nm 和 705～880nm 波长内各选择一个最敏感的波长用作后续研究，分别为 680nm 和 755nm。

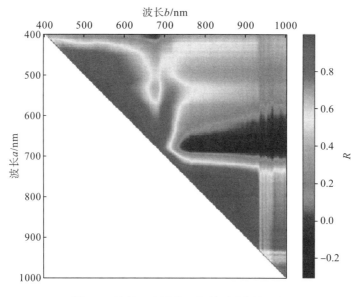

图 6-8 波长 a 和波长 b 相关系数图 ($a \neq b$)

图 6-9 和图 6-10 展示了染病水稻与健康水稻在波长 755nm 处和 680nm 处的反射率值的箱形图。由图 6-9 可知，无论水稻处于何种生长期，在波长 755nm 处，健康水稻的反射率整体上高于该日期染病水稻的反射率，再次证明了水稻感染稻曲病会使水稻在近红外的光谱反射率降低。由图 6-10 可知，无论水稻处于任何生长期，健康水稻在 680nm 处的反射率整体上低于染稻曲病水稻，这同时再次证明了水稻感染稻曲病会使水稻在红光波段的反射率升高。

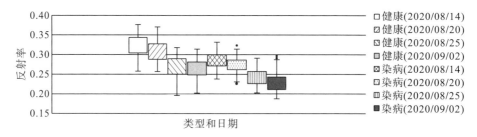

图 6-9 染病水稻与健康水稻在波长 755nm 处的反射率值的箱形图

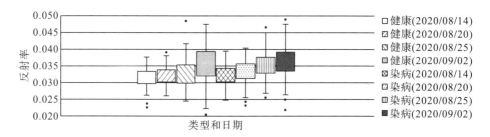

图 6-10 染病水稻与健康水稻在波长 680nm 处的反射率值的箱形图

由图 6-9 和图 6-10 可知，无论水稻是否染病，反射率在波长 755nm 处会随着时间推进而降低，而反射率在波长 680nm 处会随着时间推进而小幅升高。因此，时间也是影响稻曲病发生信息监测的重要特征之一。

综上所述，本书实验共提取三个特征用于稻曲病发生信息监测，分别是波长 755nm 处的反射率(标记为 Ref_{755})、波长 680nm 处的反射率(标记为 Ref_{680})以及日期。

6.4.1　模型构建与评价

本书实验中，首先随机将数据集分割成比例为 7：3 的训练集和验证集，然后基于提取的三个特征，将随机森林算法用于稻曲病发生信息监测模型的构建。随机森林模型的 n_estimators(范围是 10～300，步长为 10)参数通过 GSCV 得到的最优值为 220，max_features 为 3(即输入的特征的数量)。构建的稻曲病发生信息监测模型被命名为结合光谱特征和时间特征的稻曲病发生信息监测模型(spectral and time features & random forest for rice monitoring model，STRF-M)。

表 6-5 为 STRF-M 模型分类结果的混淆矩阵。由表 6-5 可以看出：①STRF-M 模型的预测总体精度为 85.19%；②STRF-M 模型预测的健康区域的用户精度略低于染病区域，两者相差较小，分别为 84.81%和 85.59%；③健康区域的制图精度略高于染病区域，两者同样相差较小，分别为 86.27%和 84.07%。这证明 STRF-M 模型的不但精度较高，而且效果稳定，能够较为有效地监测稻曲病的发生区域。

表 6-5　稻曲病发生信息监测模型分类结果

项目		预测数据			用户精度/%
		健康	染病	总计	
实测数据	健康	201	36	237	84.81
	染病	32	190	222	85.59
	总计	233	226	459	
制图精度/%		86.27	84.07		
总体精度/%				85.19	

6.4.2　稻曲病发生信息制图与分析

为获取稻曲病的时空分布图，本书实验将 STRF-M 模型逐像素应用于采集患病信息的小区各个时相的高光谱数据中，见图 6-11 和图 6-12。由图 6-11 可知，定性来看，Sample-1 样区的稻曲病在 2020 年 8 月 14 日空间分布相对较为稀疏，随着时间的推移，逐渐变得较为连续，且稻曲病发生区域在逐渐扩大。同样，由图 6-12 可知，Sample-2 样区的稻曲病发生区域总体上呈现逐渐扩大的趋势，与 Sample-1 样区一致。Sample-1 和 Sample-2 样区的稻曲病时空变化趋势符合稻曲病的自然发展规律。

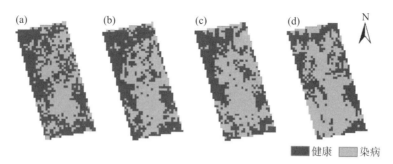

图 6-11　Sample-1 样区稻曲病发生信息时空分布图

注：(a) 2020/08/14；(b) 2020/08/20；(c) 2020/08/25；(d) 2020/09/02。

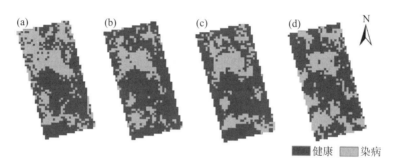

图 6-12　Sample-2 样区稻曲病发生信息时空分布图

注：(a) 2020/08/14；(b) 2020/08/20；(c) 2020/08/25；(d) 2020/09/02。

但图 6-12(a) 中左上方(偏北方位)部分像素在 2020 年 8 月 14 日为患病区域，在 2020 年 8 月 20 日之后稻曲病患病程度减弱[图 6-12(b)～(d)]，这一部分稻曲病的发生信息变化并不符合自然发展规律。经过查证，Sample-2 样区位于 Field-2 田块与 Field-1 田块的田埂边上，而 Field-1 田块的地势为南面略高于北面。在这种情况下，导致 Sample-2 样区位置偏北的地方存有积水或者土壤更为潮湿。当同一样区内存在土壤水分含量差异时，会使水分较高处高光谱数据在近红外波段有一定程度的降低。由图 6-9 可知，患病水稻在波长 755nm 处的反射率低于健康水稻，因此，土壤湿度相对较大位置处的健康水稻可能会误判为患病水稻。在 2020 年 8 月 14 日，Sample-2 的偏北方位与其他方位的水分差异较其他日期更大，从而 2020 年 8 月 14 日偏北位置的像元更容易错分为染病。这说明 STRF-M 模型虽然有不错的分类精度，但同时具有一定的局限性。

6.5　不同稻曲病发生信息监测模型对比

基于多时相无人机高光谱数据，本书采用两种方法提取了稻曲病发生区域，两种方法分别为基于光谱相似性分析的稻曲病发生信息监测(方法一)，及结合光谱特征和时间特征的稻曲病发生信息监测(方法二)。

就实验场景而言，方法一可以将其思路与原理应用到没有稻曲病发生区域数据(即仅有健康区域数据)的田块中，如本书实验中没有采集到 2020 年 7 月 26 日、8 月 3 日和 8

月 8 日的稻曲病发生区域地面调查数据，但是依然可以根据光谱相似性分析预测稻曲病的发生区域。就物理意义而言，方法一使用了光谱相似性分析，其物理可解释性更强。就预测精度而言，方法一在各个日期的预测精度分别为 77.41%、74.70%、71.52% 和 73.21%，方法二的精度更高，总体预测精度达到 85.19%，原因可能是，方法一中使用的近红外光谱波段较多，更容易受到土壤水分的干扰；方法二只使用了一个近红外波段，抵抗水分干扰的能力更强。

6.6　稻曲病与叶绿素含量关系分析

图 6-13 和图 6-14 分别展示了 Sample-1 和 Sample-2 两个样区的稻曲病发生信息时空变化(基于方法二中的 STRF-M 模型)及对应 SPAD 值时空变化。由图 6-13 可以看出，在 Sample-1 样区的左上方和右下方，水稻是健康的，对应的 SPAD 值相对较高，尤其在 2020 年 8 月 14 日和 8 月 20 日更为明显。

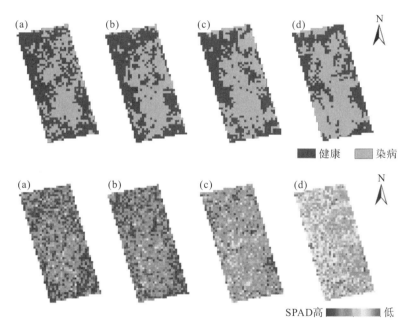

图 6-13　Sample-1 样区稻曲病发生信息时空变化及对应 SPAD 值时空变化

注：(a) 2020/08/14；(b) 2020/08/20；(c) 2020/08/25；(d) 2020/09/02。

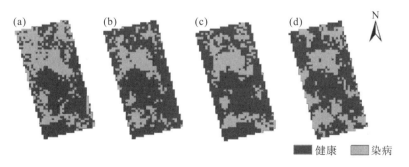

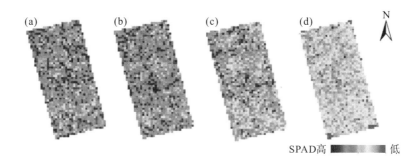

图 6-14　Sample-2 样区稻曲病发生信息时空变化及对应 SPAD 值时空变化

注：（a）2020/08/14；（b）2020/08/20；（c）2020/08/25；（d）2020/09/02。

图 6-14 显示，Sample-2 样区的中间位置是健康水稻区域，对应的 SPAD 值相对较高。总之，无论是 Sample-1 还是 Sample-2 样区，在感染稻曲病区域，水稻的 SPAD 值较低，在健康水稻区域，水稻的 SPAD 值较高，这与之前的研究结果是一致的[6, 8]。这是因为水稻在感染稻曲病后，水稻体内的部分叶绿素受到破坏，导致叶绿素含量降低。

同时，通过对比稻曲病的敏感波段和叶绿素的敏感波段（图 6-15），发现两者存在重合（红光与近红外波段），这进一步证明水稻感染稻曲病会对叶绿素含量产生影响。

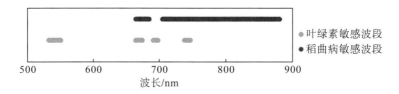

图 6-15　水稻叶绿素和稻曲病敏感波长范围

主要参考文献

[1] 张正炜, 陈秀, 沈慧梅, 等. 我国稻曲病分级标准的研究与应用现状[J]. 中国稻米, 2020, 26(4): 18-21.

[2] Jecmen A C, TeBeest D O. First report of the occurrence of a white smut infecting rice in Arkansas[J]. Journal of Phytopathology, 2015, 163(2): 138-143.

[3] 徐晗, 闫晗, 褚晋, 等. 稻曲病菌致病力分化与接种处理条件优化[J]. 江苏农业科学, 2020, 48(18): 128-131.

[4] 胡贤锋, 王健, 李明, 等. 水稻稻曲病菌侵染行为的研究现状及展望[J]. 河南农业科学, 2020, 49(7): 1-7.

[5] 朱博, 王新鸿, 唐伶俐, 等. 光学遥感图像信噪比评估方法研究进展[J]. 遥感技术与应用, 2010, 25(2): 303-309.

[6] 赵洪莹, 舒清态, 王柯人, 等. 高光谱遥感技术在森林病虫害监测中的应用[J]. 绿色科技, 2020(19): 145-148.

[7] 常庆瑞. 遥感技术导论[M]. 北京: 科学出版社, 2004.

[8] 张凝, 杨贵军, 赵春江, 等. 作物病虫害高光谱遥感进展与展望[J]. 遥感学报, 2021, 25(1): 403-422.

第7章 基于植被指数的水稻产量估算

7.1 引 言

粮食产量关系到国家粮食安全和人民生活水平[1]，在我国，水稻产量占粮食作物的40%[2]。因此，培育优质高产的水稻品种就显得至关重要。对于优良高产水稻品种的选择，传统的方法是人工区域调查，此方法效率低、工作量大、经济性差。因此，高效、经济的优良高产水稻品种识别对于农业测产具有十分重大的意义。

无人机遥感技术灵活性高、时效性强，本书实验将利用无人机高光谱遥感技术对多个品种的水稻进行产量估算，从而为筛选优质高产水稻品种提供决策支持。在作物估产方面，植被指数受到了国内外研究人员的青睐。研究证明，植被指数对作物估产是有用的。本书实验将基于常见的光谱指数，结合随机森林算法、梯度提升树算法和GSCV参数寻优算法，构建基于光谱指数的多水稻品种种植环境下的水稻产量估算模型。图 7-1为本书实验的技术框架。

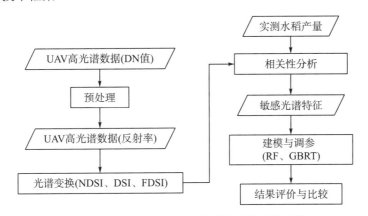

图 7-1 基于植被指数的水稻产量估算模型技术框架

7.2 光谱指数与水稻产量相关性分析

为估算水稻产量，本书实验选择了三种常见的植被指数：归一化光谱指数（NDSI）、差值光谱指数（difference spectral index，DSI）和一阶导数光谱指数（first derivative spectral index，FDSI），其定义分别见式（7-1）～式（7-3）。

$$\text{NDSI}_{i,j} = \frac{\text{ref}_i - \text{ref}_j}{\text{ref}_i + \text{ref}_j} \tag{7-1}$$

$$\text{DSI}_{i,j} = \text{ref}_i - \text{ref}_j \tag{7-2}$$

$$\text{FDSI}_i = \frac{\text{ref}_{i+1} - \text{ref}_{i-1}}{\lambda_{i+1} - \lambda_{i-1}} \tag{7-3}$$

式中，ref_i 和 ref_j 分别为 400～1000nm 波长内第 i 个和第 j 个波段对应的反射率；λ_i 为第 i 个波段的波长。

为筛选出更有预测能力的植被指数，本书计算了各时相任意两波段组合构成的 NDSI、DSI、FDSI 与水稻产量的相关系数 R，各时相任意两波段组合构成植被指数与水稻产量之间的最大相关系数（$R_{\max}$）及对应波长见表 7-1。由表 7-1 可知：①就 NDSI 而言，与水稻产量相关性最高的 NDSI 其组成波段主要集中在绿光波段的 530～550nm 和近红外波段的 760～860nm；且水稻产量与 NDSI 相关系数较高的日期为 2020 年 8 月 3 日、8 月 8 日及 8 月 14 日。②就 DSI 而言，与水稻产量相关性最高的 DSI 其组成波段主要集中在 760～880nm；且在 2020 年 8 月 8 日、8 月 14 日和 9 月 2 日水稻产量与 DSI 相关性强于其他日期；③就 FDSI 而言，与水稻产量相关性最高的 FDSI 其组成波段主要集中于 740～880nm 及 545nm；且在 2020 年 8 月 3 日、8 月 8 日水稻产量与 DSI 相关性强于其他日期；④综合各个时相 NDSI、DSI、FDSI 来看，2020 年 8 月 3 日、8 月 8 日、8 月 14 日和 9 月 2 日的光谱指数相较于其他日期有更大的预测潜力，且 NDSI 与水稻产量的相关性较其他光谱指数更强。

表 7-1　各时相任意两波段组合构成的植被指数与水稻产量的最大相关系数及对应波长

日期	NDSI		DSI		FDSI	
	$R_{\max}$	$R_{\max}$ 对应波长/nm	$R_{\max}$	$R_{\max}$ 对应波长/nm	$R_{\max}$	$R_{\max}$ 对应波长/nm
2020/07/26	0.48	532.1, 550.0	0.44	870.5, 875.2	0.43	873.0
2020/08/03	0.55	777.8, 782.2	0.50	777.8, 782.2	0.50	777.8
2020/08/08	0.53	764.5, 808.8	0.51	762.3, 811.0	0.49	780.0
2020/08/14	0.55	764.5, 819.8	0.53	764.5, 839.8	0.44	782.2
2020/08/20	0.47	762.3, 786.6	0.48	762.3, 811.0	0.45	545.4
2020/08/25	0.44	538.8, 550.0	0.50	762.3, 813.2	0.46	780.0
2020/09/02	0.50	848.6, 859.7	0.54	762.3, 815.4	0.46	742.4

根据相关性强弱（表 7-1），每种光谱指数各选择一个，构建水稻产量估算模型。在本书实验中，最终选择的光谱指数特征为 2020 年 8 月 3 日的 $\text{NDSI}_{[777.8,\,782.2]}$，9 月 2 日的 $\text{DSI}_{[762.3,\,815.4]}$，8 月 3 日的 $\text{FDSI}_{777.8}$。图 7-2 为实测水稻产量与选出的三个植被指数特征

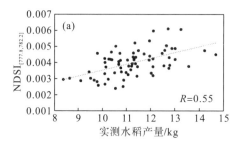

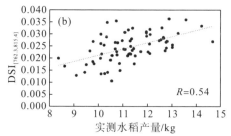

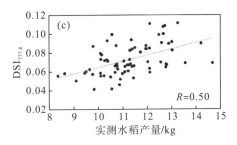

图 7-2　实测水稻产量与 $\text{NDSI}_{[777.8,\ 782.2]}$、$\text{DSI}_{[762.3,\ 815.4]}$ 和 $\text{DSI}_{[762.3,\ 815.4]}$ 之间散点图

的散点图。由图 7-2 可知，2020 年 8 月 3 日的 $\text{NDSI}_{[777.8,\ 782.2]}$，9 月 2 日的 $\text{DSI}_{[762.3,\ 815.4]}$，8 月 3 日的 $\text{DSI}_{[762.3,\ 815.4]}$ 均与实测水稻产量呈正相关关系。

7.3　水稻产量估算模型构建与评价

本书实验采用随机分层抽样方法，将数据集分割为比例为 3∶1 的训练集和测试集（数据集部分统计特征见图 7-3）。由图 7-3 可知，训练集、测试集的部分统计特征是相近的，如平均值分别为 11.37 和 11.01，中位数分别为 11.27 和 10.83，标准差分别为 1.264 和 1.157。这证明训练集和测试集的数据分布与总体数据集的数据分布是相近的。

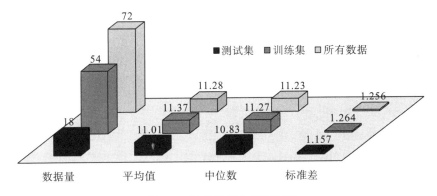

图 7-3　数据集部分统计特征

基于选择出的三个光谱指数特征：2020 年 8 月 3 日的 $\text{NDSI}_{[777.8,\ 782.2]}$，9 月 2 日的 $\text{DSI}_{[762.3,\ 815.4]}$，8 月 3 日的 $\text{FDSI}_{777.8}$，结合 GSCV 参数寻优算法和机器学习算法（随机森林、梯度提升树），构建出基于光谱指数、随机森林算法的水稻产量估算模型（spectral indexes & random forest for estimating rice yield model，SI&RF-M）和基于光谱指数、梯度提升树的水稻产量估算模型（spectral indexes & gradient boosting regression tree for estimating rice yield model，SI&GBRT-M）。构建的随机森林模型的 n_estimators（范围是 10～300，步长为 10）参数通过 GSCV 得到的最优值为 270（RF 模型的 MSE 随 n_estimators 变化曲线见图 7-4），max_features 为 3（即输入的特征的数量）。构建的梯度提升树模型的最优 n_estimators 和 learning_rate 分别为 100 和 0.02（GBRT 模型的 MSE 随

n_estimators 变化曲线见图 7-5，不同 n_estimators、learning_rate 组合下 GBRT 模型的 MSE 见图 7-6）。

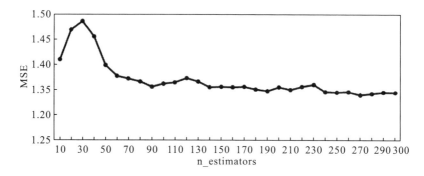

图 7-4　不同 n_estimators 条件下 RF 模型的 MSE

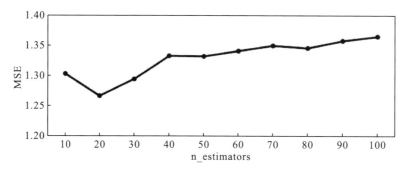

图 7-5　不同 n_estimators 条件下 GBRT 模型的 MSE

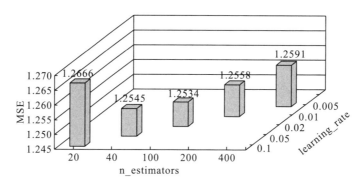

图 7-6　不同 n_estimators 和 learning_rate 组合下 GBRT 模型的 MSE

表 7-2 展示了 SI&RF-M 模型和 SI&GBRT-M 的估算结果。由表 7-2 可知，SI&RF-M 模型的估算结果为：R^2=0.68，RMSE=0.71，SI&GBRT-M 模型的估算结果为：R^2=0.67，RMSE=0.69；SI&RF-M 模型测试集的 R^2 略优于 SI&GBRT-M 模型，但 RMSE 略差于 SI&GBRT-M。就估算效果而言，SI&RF-M 和 SI&GBRT-M 模型相差很小。但是综合对比训练集与验证集的差异，SI&GBRT-M 模型的稳定性要略优于 SI&RF-M，这与 5.5 小节中 GBRT 的表现是一致的。图 7-7 为 SI&RF-M 和 SI&GBRT-M 模型实测值与预测值的散点图。

表 7-2　SI&RF-M、SI&GBRT-M 模型的水稻产量估算结果

模型	训练集		测试集	
	R^2	RMSE	R^2	RMSE
SI&RF-M	0.92	0.44	0.68	0.71
SI&GBRT-M	0.87	0.59	0.67	0.69

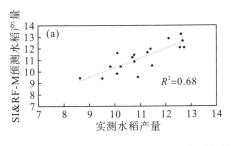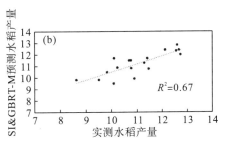

图 7-7　水稻产量估算模型估算结果

在复杂多品种水稻种植环境下，SIRF-M 和 SI&GBRT-M 都表现出较好的预测结果，但是依然存在一定的提升空间，这可能是因为：①本书实验的水稻产量数据涉及数十个水稻品种，水稻冠层叶片结构和稻穗形态会存在一定的差异，当不同水稻品种产量相近或者相等时，水稻的光谱特征可能存在较大差异，给模型的预测结果带来一定干扰；②由于水稻品种不同，对各种病虫害的抗性存在较大的差异，而当水稻感染病虫害时，水稻的形态、水分含量、叶片颜色等生理结构或生理特征会发生改变，进而影响水稻的光谱特征，给水稻产量估算带来干扰。

7.4　叶绿素含量与水稻产量关系分析

为了分析水稻叶绿素含量对水稻产量的影响，本书实验分别计算了七个日期的 SPAD 值与实测水稻产量之间的相关系数，发现在 2020 年 8 月 8 日(此时采样区的水稻大多处于扬花期或者乳熟期)两者之间的相关性最强(相关系数 R 为 0.4)，这表明叶绿素含量在一定程度上对水稻产量有影响，但是影响程度较弱。此外，通过显著性检验发现，2020 年 8 月 8 日的叶绿素含量与水稻产量两者之间相关关系显著($P<0.001$)。综上所述，叶绿素含量可以对水稻产量产生影响，但并非唯一影响因素，水稻的产量还受其他因素的影响，如水稻品种、感染病虫害水平、养分和水分吸收能力以及气候等。

主要参考文献

[1] Wang L G, Tian Y C, Yao X, et al. Predicting grain yield and protein content in wheat by fusing multi-sensor and multi-temporal remote-sensing images[J]. Field Crops Research, 2014, 164: 178-188.

[2] 汤斌, 王福民, 周柳萍, 等. 基于地级市的区域水稻遥感估产与空间化研究[J]. 江苏农业科学, 2015, 43(11): 525-528.

第8章 华南、西南地区稻飞虱种群时空动态

8.1 引 言

稻飞虱每年在我国造成的稻谷产量损失是境外虫源迁入我国后，进一步向全国各稻区扩散的后果[1-5]。稻飞虱每年三月由中南半岛迁入我国华南稻区后，春、夏两季通过数次北迁过程扩散至全国，在秋季向南迁飞并返回越冬地越冬[4-10]。根据稻飞虱种群时空动态制订适时、得当的防控策略能有效降低迁出虫源基数，同时控制当地成灾风险。因此深入分析稻飞虱种群时空动态对制定及时有效的防控策略具有重要意义[3, 11]。

我国在稻飞虱生态学、监测与控制等方面已经开展了大量研究[8, 12-17]。这些研究主要针对特定的迁飞过程展开，研究其虫源地、迁飞路径及影响迁飞过程的因素，如气象条件、地形等[6, 8, 10, 12-14, 16, 18, 19]。此外，一些研究对田块或县域内稻飞虱的空间分布格局进行了分析[20-22]，但缺乏有关区域尺度上稻飞虱种群时空动态与规律的研究。在区域尺度上分析稻飞虱种群时空动态与规律，对更好地理解稻飞虱这类迁飞性害虫的发生机制是非常必要的[4, 6, 23]。空间统计分析是发掘昆虫种群空间分布规律的有用工具，其在昆虫种群时空动态分析中已有一定应用[3, 24-35]。但迄今为止，仅有少量研究利用地统计学来分析田块或县域内稻飞虱种群时空动态，没有研究利用这些工具来分析区域尺度上稻飞虱种群时空动态。

本章采用空间统计方法分析华南、西南稻区 2000～2019 年稻飞虱种群时空动态，探求稻飞虱种群的空间分布格局及其随时间的变化规律。分析结果将有助于不同地区植保部门针对褐飞虱与白背飞虱制定不同的防控策略，使稻飞虱的防控策略由被动变为主动。

8.2 稻飞虱种群时空动态分析方法

在不同监测站捕获的稻飞虱种群间可能存在一定的相关性，即稻飞虱种群在空间上呈现一种分布模式，如聚集、分散或随机[36]。空间统计分析提供一系列统计工具，通过测量不同地点观测值之间的相似或不相似程度来识别空间分布格局，并且通过这些统计值，对空间格局的时间变化特征进行分析。

8.2.1 空间权重矩阵生成

空间统计分析依赖于空间权重矩阵，本章使用阈值法分别生成距离阈值为 200km、250km、300km、350km、400km、450km、500km、600km、700km、800km、900km 及

1000km 的二进制空间权重矩阵 $\boldsymbol{W}=(\omega_{i,j})_{n\times n}$，其中 n 为稻飞虱监测站数量。当监测站 i 和 j 之间的距离小于距离阈值时 $\omega_{i,j}=1$，否则 $\omega_{i,j}=0$。利用所有空间权重矩阵分别计算每个时段稻飞虱种群数量的全局莫兰指数（Moran's I）。每个时段在 95%置信水平下显著的 Moran's I 的 Z 得分最大时对应的空间权重矩阵被用于执行热点分析。若该时段所有距离阈值的 Moran's I 均未通过显著性检验，则计算为每个监测站生成 k（$k=0.05\times n$，$3\leqslant k\leqslant 30$）个邻居时的平均距离[36]，并将该距离作为距离阈值生成空间权重矩阵，用于执行热点分析。

8.2.2　稻飞虱种群空间分布模式识别

利用所有空间权重矩阵分别计算各时段内稻飞虱种群数量的 Moran's I 来探测稻飞虱迁入种群与田间种群的空间分布模式及其随距离的变化情况，其计算过程见式(8-1)～式(8-3)[37]。

$$I = \frac{n}{S_0} \frac{\sum_{i=1}^{n}\sum_{j=1}^{n}\omega_{i,j}z_i z_j}{\sum_{i=1}^{n}z_i^2} \tag{8-1}$$

其中：

$$z_i z_j = (x_i - \bar{x})(x_j - \bar{x}) \tag{8-2}$$

$$S_0 = \sum_{i=1}^{n}\sum_{j=1}^{n}\omega_{i,j} \tag{8-3}$$

式中，n 为监测站数量；$\omega_{i,j}$ 是监测站 i 和 j 之间的权重；x_i 和 x_j 分别代表监测站 i 和 j 经对数变化后的稻飞虱虫量；$\bar{x}$ 为所有监测站平均虫量。

获得 Moran's I 后，通过蒙特卡罗（Monte Carlo）置换检验对其进行显著性检验，置换次数为 1000 次。Moran's I 指数的 Z 得分的计算过程见式(8-4)。

$$Z = \frac{I - E[I]}{\sqrt{V[I]}} \tag{8-4}$$

其中：

$$E[I] = -\frac{1}{n-1} \tag{8-5}$$

$$V[I] = E[I^2] - E[I]^2 \tag{8-6}$$

$$E[I^2] = \frac{n[(n^2-3n)S_1 - nS_2 + 3S_0^2] - S_3[(n^2-n)S_1 - 2nS_2 + 6S_0^2]}{(n-1)(n-2)(n-3)S_0^2} \tag{8-7}$$

$$S_1 = \frac{1}{2}\sum_{i=1}^{n}\sum_{j=1}^{n}(\omega_{i,j} + \omega_{j,i})^2 \tag{8-8}$$

$$S_2 = \sum_{i=1}^{n}\left(\sum_{j=1}^{n}\omega_{i,j} + \sum_{j=1}^{n}\omega_{j,i}\right)^2 \tag{8-9}$$

$$S_3 = \frac{\sum_{i=1}^{n} z_i^4}{\left(\sum_{i=1}^{n} z_i^2\right)^2} \tag{8-10}$$

Moran's I 的值可以被分为三类：正值、负值和 0。在通过显著性检验的前提下，若 Moran's I 的值为 0，则表示不同监测站捕获的稻飞虱种群数量分布是独立的，即是随机分布的；若 Moran's I 为正值，则表明监测站与周围的监测站具有相似的种群数量，包括高值和低值，即稻飞虱种群在空间上呈聚集分布；若 Moran's I 为负值，则表示监测站与周围监测站的种群具有相反的数量，在空间上呈分散分布。

8.2.3　稻飞虱种群时空分布特征

1. 稻飞虱种群空间分布热点探测

比较每个监测站及其相邻监测站与所有监测站的稻飞虱种群数量，当实际稻飞虱种群数量显著高于或低于预期种群数量，以致无法将其视为随机产生的结果时，可将其判别为稻飞虱种群分布的热点或冷点区域[24, 38]。稻飞虱种群在每个时段的分布热点使用 Getis-Ord G_i^* 算法计算得到，该算法能识别统计上显著的高值和低值的空间聚类，其计算过程见式(8-11)和式(8-12)[39, 40]。

$$G_i^* = \frac{\sum_{j=1}^{n} \omega_{i,j} x_j - \bar{x} \sum_{j=1}^{n} \omega_{i,j}}{S \sqrt{\dfrac{n \sum_{j=1}^{n} \omega_{i,j}^2 - \left(\sum_{j=1}^{n} \omega_{i,j}\right)^2}{n-1}}} \tag{8-11}$$

$$S = \sqrt{\frac{\sum_{j=1}^{n} x_j^2}{n} - (\bar{x})^2} \tag{8-12}$$

式中，n，x_i，x_j，$\bar{x}$ 和 $\omega_{i,j}$ 含义与式(8-1)～式(8-3)中一致。

Getis-Ord G_i^* 的计算结果是 Z 得分的形式，将其与标准正态分布比较可获得 p 值，用于识别显著的热点区域[24]，将 $p < 0.05$ 的监测站视为显著的热点区域。当一个监测站拥有较高的 Z 得分时，说明该监测站与其相邻监测站拥有的稻飞虱种群数量较高，反之亦然。

2. 稻飞虱种群空间分布热点的时间特征

为表征稻飞虱种群数量热点分布的聚集位置与方向，本章使用标准差椭圆(standard deviational ellipse，SDE)的中心点、分散趋势以及分布方向等[41, 42]来描述逐月显著热点的分布特性。SDE 可表征稻飞虱种群热点区域聚集的位置与范围，计算 SDE 各项参数的过程见式(8-13)和式(8-14)[43]。

$$\sigma_{x,y} = \sqrt{\frac{\sum_{i=1}^{n} \tilde{x}_i^2 + \sum_{i=1}^{n} \tilde{y}_i^2 \pm \sqrt{\sum_{i=1}^{n} \tilde{x}_i^2 - \sum_{i=1}^{n} \tilde{y}_i^2 + 4\left(\sum_{i=1}^{n} \tilde{x}_i \tilde{y}_i\right)^2}}{2n}} \quad (8\text{-}13)$$

其中：

$$\begin{pmatrix} \tilde{x}_i \\ \tilde{y}_i \end{pmatrix} = \begin{pmatrix} x_i \\ y_i \end{pmatrix} - \begin{pmatrix} \bar{x} \\ \bar{y} \end{pmatrix}, \quad \bar{x} = \frac{\sum_{i=1}^{n} Z_i x_i}{n}, \quad \bar{y} = \frac{\sum_{i=1}^{n} Z_i y_i}{n} \quad (8\text{-}14)$$

式中，$\bar{x}$ 和 $\bar{y}$ 是所有热点监测站空间坐标的均值；Z_i 为监测站 i 一月内（6 候）所有显著热点的 Z 得分平均值；x_i 和 y_i 分别是热点监测站 i 的经纬度坐标值。

式(8-13)给出了 SDE 的长半轴与短半轴长度的计算方法，其旋转角度计算过程见式(8-15)：

$$\tan\theta = \sqrt{\frac{\left(\sum_{i=1}^{n} \tilde{x}_i^2 - \sum_{i=1}^{n} \tilde{y}_i^2\right) + \sqrt{\sum_{i=1}^{n} \tilde{x}_i^2 - \sum_{i=1}^{n} \tilde{y}_i^2 + 4\left(\sum_{i=1}^{n} \tilde{x}_i \tilde{y}_i\right)^2}}{2\sum_{i=1}^{n} \tilde{x}_i \tilde{y}_i}} \quad (8\text{-}15)$$

8.3　华南、西南地区稻飞虱种群时空动态

8.3.1　分析数据

本章使用的基础数据为华南、西南稻区 2000～2019 年的虫情资料，包括灯诱与田间调查数据。通过对 2000～2019 年稻飞虱种群数量与候稻飞虱种群数量进行可视化，发现虽然各时段稻飞虱种群数量年际差异较大，但拥有较高种群数量的监测站分布相对稳定。因此本小节基于逐候虫量计算每个监测站的 20 年平均年种群数量（后文称为年种群数量）与候 20 年平均种群数量（后文称候种群数量），用于后续分析。为减轻稻飞虱种群数量的数量级变化对分析带来的影响，对各时段的稻飞虱种群数量进行对数变换 $[\lg(N+1)$，其中 N 为稻飞虱种群数量$]$，变换后的结果作为后续分析数据。

8.3.2　稻飞虱种群数量动态

褐飞虱和白背飞虱年种群数量空间分布如图 8-1 所示。从图 8-1 可以看出，不同稻飞虱种群数量较高的区域的分布有较大差异：①迁入褐飞虱种群主要降落在西南高原，从广西西部和北部开始，向北延伸至贵州东部[图 8-1(a)]；②田间褐飞虱种群量较高的区域主要集中在华南，以广东为中心，向西扩展至广西，向东延伸至福建[图 8-1(b)]；③白背飞虱迁入量（灯下虫量）较高的地区分布在云南南部、广西与贵州接壤区域以及福建北部地区[图 8-1(c)]；④田间白背飞虱种群量没有明显的分布趋势，发生量较高的监测站分散分布在研究区内]图 8-1(d)]。

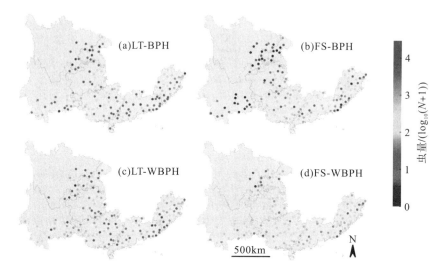

图 8-1　不同稻飞虱种群 20 年年平均虫量分布

注：(a)迁入褐飞虱；(b)田间褐飞虱；(c)迁入白背飞虱；(d)田间白背飞虱。

为方便分析比较不同稻区稻飞虱种群年内数量变化趋势，本书计算了 2000～2019 年 3 月 1 日至 10 月 31 日(13～60 候)华南双季稻区、西南高原单双季稻区、江南丘陵平原双季稻区以及川陕盆地单季稻区 4 个稻区的逐候平均种群数量(图 8-2)。从逐候稻飞虱种群数量可以看出，稻飞虱每年首先迁入华南双季稻区与西南高原单双季稻区[图 8-2(a)、(c)]，而田间种群一般在华南双季稻区首先发现[图 8-2(b)、(d)]。

如图 8-2(a)、(c)所示，对迁入种群来说，川陕盆地单季稻区种群数量大部分时间低于其他稻区。5 月下旬至 6 月上旬(30～32 候)白背飞虱通常迁入西南高原单双季稻区、江南丘陵平原双季稻区、华南双季稻区与西南高原单双季稻区交界区域；7 月中下旬(38～42 候)白背飞虱主要迁入西南高原单双季稻区与川陕盆地单季稻区。西南高原单双季稻区白背飞虱的第一个迁入峰通常出现在 5 月，在 7 月中旬出现第二个迁入峰；在华南双季稻区、川陕盆地单季稻区和江南丘陵平原双季稻区白背飞虱只有一个明显迁入峰[图 8-2(c)]。与白背飞虱相比，褐飞虱种群的迁入峰期不同且更为分散，迁入虫量低于白背飞虱虫量。华南双季稻区褐飞虱迁入种群数量在 6 月中旬达到峰值，一直持续到 7 月下旬，8 月迁入种群数量开始下降。8 月初至 9 月底，褐飞虱种群主要迁入西南高原单双季稻区与江南丘陵平原双季稻区[图 8-2(a)]。

从田间种群来看，所有稻区白背飞虱田间见虫时间均早于褐飞虱。白背飞虱与褐飞虱在华南双季稻区和江南丘陵平原双季稻区有两个发生高峰期，在西南高原单双季稻区与川陕盆地单季稻区种群动态为单峰型增长，华南双季稻区白背飞虱峰期发生量小于其他稻区[图 8-2(b)、(d)]。白背飞虱在西南高原单双季稻区与江南丘陵平原双季稻区的种群增长速度明显快于华南双季稻区，在 5 月中旬至 6 月下旬达到高峰。川陕盆地单季稻区白背飞虱田间发生高峰期出现在 6 月下旬至 7 月上旬，7 月上旬到 8 月下旬，白背飞虱主要在西南高原单双季稻区与川陕盆地单季稻区发生[图 8-2(d)]。而在华南双季稻区与江南丘陵平原双季稻区，褐飞虱在 6 月中旬到 7 月中旬达到第一个发生高峰期，在 9 月上旬达到第二个高峰期；西南高原单双季稻区和川陕盆地单季稻区种群发生高峰期出现在 7 月中旬至 8 月下旬。

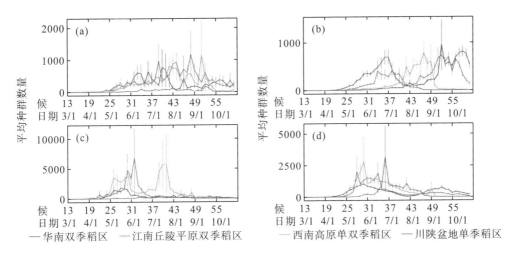

图 8-2　稻飞虱 2000～2019 年 20 年平均种群动态(彩图见附图)

注：(a)迁入褐飞虱；(b)田间褐飞虱；(c)迁入白背飞虱；(d)田间白背飞虱。图中每候种群数量均值是基于 75～497 个灯诱虫量与 158～411 个田间发生量计算所得，竖线表示种群数量均值的标准误差。

8.3.3　稻飞虱种群空间分布格局

利用年种群数量计算所得 Moran's I 表明，褐飞虱和白背飞虱的迁入种群与田间种群在较大的空间距离上均呈现出显著的聚集趋势，且 Moran's I 随着空间距离的增加而逐渐降低(图 8-3)。稻飞虱迁入种群与田间种群 Moran's I 的 Z 得分分别在距离阈值 400km 和 500km 时达到最高(表 8-1)。褐飞虱种群的 Moran's I 与 Z 得分均大于白背飞虱种群，说明褐飞虱种群的空间聚集趋势强于白背飞虱种群。

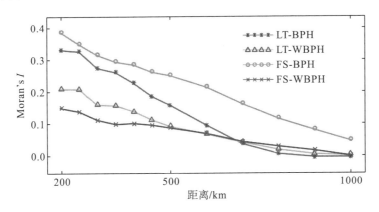

图 8-3　不同距离阈值空间权重矩阵计算的稻飞虱年种群数量空间自相关图

注：LT-BPH：迁入褐飞虱；LT-WBPH：迁入白背飞虱；FS-BPH：田间褐飞虱；FS-WBPH：田间白背飞虱，余同；○表示 $P \leqslant 0.05$，◇表示 $P > 0.05$。

表 8-1   不同距离阈值空间权重矩阵计算的稻飞虱年种群数量 Moran's I 的 Z 得分

距离/km	种群			
	迁入褐飞虱	迁入白背飞虱	田间褐飞虱	田间白背飞虱
200	10.79	6.81	14.02	5.32
250	12.63	8.08	15.62	6.33
300	12.71	7.64	15.89	6.07
350	13.53	8.34	18.19	6.6
400	14.45	9.56	19.64	7.03
450	12.34	7.97	19.58	7.26
500	11.65	7.19	21.38	7.58
600	8.05	6.35	20.58	7.25
700	4.88	4.91	18.66	5.47
800	1.43	3.37	16.39	4.82
900	0.13	1.59	13.22	3.51
1000	0.17	1.16	10.46	0.95

稻飞虱候种群数量的 Moran's I 随时间变化的情况如图 8-4 所示。稻飞虱候种群数量在距离阈值 200～800km 时表现出较强的空间聚集趋势，距离随时间变化而变化。从候稻飞虱种群数量来看，田间稻飞虱种群的空间聚集趋势强于迁入种群。白背飞虱田间种群的 Moran's I 在 4 月下旬至 5 月上旬、7 月下旬、9 月中旬达到峰值，其余稻飞虱种群的 Moran's I 有两次峰期。白背飞虱迁入种群在 8 月 6 日至 31 日(44～48 候)期间，所有距离上均无 Moran's I 通过显著性检验，在空间上呈随机分布。

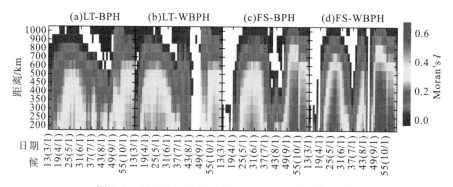

图 8-4   稻飞虱候种群数量的 Moran's I 随时间变化

注：(a)迁入褐飞虱；(b)迁入白背飞虱；(c)田间褐飞虱；(d)田间白背飞虱。
日期从 3 月 1 日至 10 月 31 日(13～60 候)，显著性水平为 0.05。

8.3.4   稻飞虱种群分布热点

1. 年种群数量热点

褐飞虱与白背飞虱年种群数量热点检测结果如图 8-5 所示。褐飞虱与白背飞虱主要迁入 33.87% 和 19.92% 的监测站，而田间褐飞虱与白背飞虱种群主要发生在 57.18% 和 40.88% 的监测站(图 8-5)。迁入褐飞虱种群热点主要分布在广西及与其北部相邻的贵州东南部和福建北部[图 8-5(a)]；田间褐飞虱种群热点主要分布在广东、广西和福建[图 8-5(b)]；迁入白背飞虱种群热点主要分布在云南南部以及云南、贵州、广西交界区域[图 8-5(c)]；田间白背飞虱种群热点主要集中在云南南部、广西和广东西部[图 8-5(d)]。在川陕盆地单季稻区所有监测站捕获的全部稻飞虱种群均被判定为冷点，白背飞虱种群冷点同时也分布在广东东部以及福建，其他监测站捕获种群中均未能检测到显著的高值或低值聚集趋势。

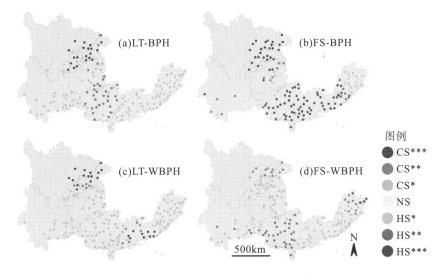

图 8-5　稻飞虱年种群数量热点分布

注：HS：热点；CS：冷点；NS：不显著；*、**和***分别表示 0.1、0.05 和 0.01 的显著性水平。

2. 候种群数量热点及其时间分布特征

在对 2000～2019 年 3 月 1 日至 10 月 31 日（13～61 候）候种群数量进行热点检测后，本书计算了显著性水平为 0.05 的热点的月均 Z 得分，并基于此计算了一阶标准差椭圆。候种群数量的热点随时间推移其分布位置有较大的变化，且白背飞虱种群热点在西南地区较褐飞虱种群热点纬向扩展更快、更向北（图 8-6）。7 月中旬以前，在川陕盆地单季稻区分布有较高种群数量的白背飞虱种群，其热点最北的监测站为重庆城口县站（108.73°E，31.89°N）。而褐飞虱种群热点 8 月中旬前达到的纬度最高的监测站为重庆秀山县站（109.01°E，28.49°N）。白背飞虱迁入种群热点 3 月上旬最先出现在华南双季稻区，在 3 月中旬延伸至 105°E 以西区域，即云南南部[图 8-6(c1)]。多数白背飞虱迁入种群热点在 8 月前主要分布在 110°E 以西地区，8 月后主要分布在 110°E 以东区域，8 月 6 日至 8 月 31 日（44～48 候）期间未检测到显著热点[图 8-6(c1)～(c6)]。而褐飞虱迁入种群热点在 4 月上旬最先出现[图 8-6(a1)、(a2)]。大多数褐飞虱迁入种群热点分布在 110°E 附近，在 4 月上旬至 6 月中旬向西延伸至 100°E 附近，9 月下旬前向东延伸至 120°E 附近区域[图 8-6(a6)、(a7)]。稻飞虱田间种群热点的分布与迁入种群热点分布大同小异[图 8-6(b1～b8)、(d1～d8)]。褐飞虱田间种群主要分布在 105°E 以东的广西、广东和福建[图 8-6(b1～b8)]。8 月上旬在川陕盆地单季稻区和西南高原单双季稻区探测到白背飞虱田间种群热点，8 月下旬在广东和福建探测到热点[图 8-6(d6)]。

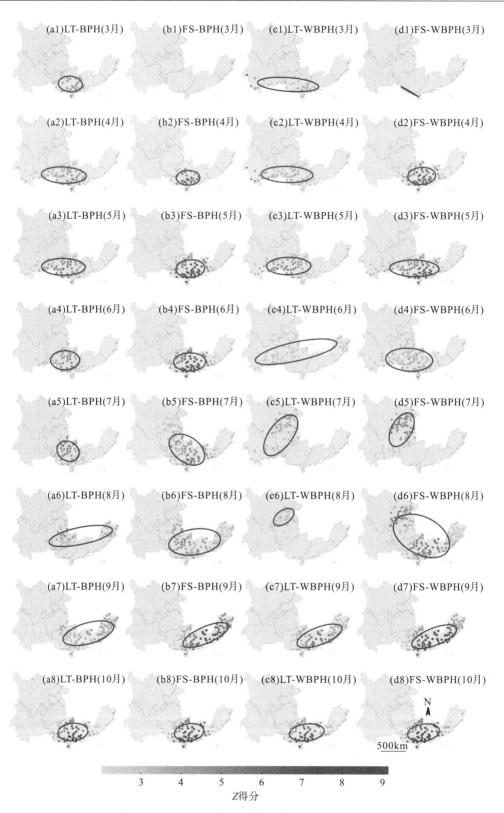

图 8-6　稻飞虱种群热点监测站月均 Z 得分及 SDE

由月均 Z 得分得到的 SDE 的大小和方向均不一致(图 8-6 和表 8-2)。所有 SDE 的长半轴与短半轴长度差异较大,稻飞虱种群热点分布有极强的方向性(表 8-2)。SDE 的旋转角反映种群热点分布的主要方向,除 7、8 月的白背飞虱种群外,其他月份 SDE 的旋转角主要在 52°～102°变化(图 8-6 和表 8-2)。

表 8-2 稻飞虱种群热点月均 Z 得分 SDE 参数

种群	月份	SDE 参数				
		$\overline{x}$ /(°)	$\overline{y}$ /(°)	长半轴/km	短半轴/km	旋转角度/°
迁入褐飞虱	3	109.8	23.08	262.57	159.31	96.03
	4	108.45	23.38	472.88	167.92	92.49
	5	108.08	23.62	471.69	173.37	90.94
	6	108.74	23.84	300.39	200.51	88.83
	7	109.31	24.09	257.81	208.63	124.9
	8	112.29	25.79	701.5	175.42	80.27
	9	113.93	24.57	555.99	200.15	71.98
	10	111.02	23.46	328.53	178.61	85.05
迁入白背飞虱	3	107.12	22.98	656.3	139.4	94.27
	4	106.97	23.49	548.44	162.24	92.37
	5	107.38	23.89	509.7	194.15	85.85
	6	108.78	25.42	899.67	187.17	77.7
	7	105.63	27.24	238.77	472.67	305.34
	8	106.23	29.28	211.05	149.22	52.04
	9	113.76	24.19	509.88	179.03	69.6
	10	111.33	23.42	341.87	176.25	84.13
田间褐飞虱	3	—	—	—	—	—
	4	110.39	22.91	249.6	150.45	89.43
	5	110.99	23.35	330.91	177.3	84.13
	6	110.75	23.49	339.21	180.83	87.88
	7	110.63	23.83	346.59	216.43	99.38
	8	112.38	24.61	556.22	253.1	80.46
	9	114.39	24.35	505.79	162.89	65.33
	10	111.28	23.47	334.6	175.85	80.88
田间白背飞虱	3	108.71	21.87	235.06	90.49	102.83
	4	110.75	23.35	296.28	174.47	85.3
	5	109.3	23.47	534.22	169.83	90.63
	6	108.27	23.99	500.57	236.23	93.31
	7	106.29	28.29	207.36	403.94	300.77
	8	111.09	25.87	654.06	385.8	115.83
	9	113.47	24.11	515.26	175.89	68.95
	10	111.29	23.44	329.35	174.43	80.93

8.4 讨　论

稻飞虱种群的空间分布与数量动态变化表明，尽管褐飞虱和白背飞虱年种群数量与候种群数量随时间变化剧烈，但拥有较高种群数量的地区分布相对稳定，热点探测也得到相似的结论。不同种类稻飞虱的生物学特性差异与生境条件的时空变化，致使褐飞虱与白背飞虱在华南、西南地区时空动态不同，如迁入时间、迁入数量、种群时空分布等。当栖息地不能为稻飞虱种群提供适宜的物理和生物条件时，如过高或过低的气温、食物短缺、天敌种群扩大等，稻飞虱会迁移到能为其种群发展提供有利条件的地区继续生存、繁衍[8, 44, 45]。本章研究结果表明，白背飞虱早于褐飞虱迁入我国并发展其种群，一个可能的原因是白背飞虱更倾向于选择更嫩的水稻植株作为寄主，且白背飞虱较褐飞虱有更强的迁飞意愿与能力[9, 46]。每年 3 月迁入我国的稻飞虱种群最主要来源于中南半岛，此时中南半岛水稻正处于抽穗期至成熟期[8, 23]，寄主作物的成熟迫使白背飞虱先于褐飞虱迁出[9, 12, 47]。同时已有研究表明，白背飞虱的长翅型成年个体较褐飞虱的成年个体更有活力，能够在空中飞行更长时间[48]。稻飞虱迁入我国后，在向北扩散至其他稻区的过程中也体现出类似的规律，Hu 等认为，白背飞虱先于褐飞虱迁入新的栖息地，是为了在后续的种间竞争中获取更大的优势[8]。

与以往在田块或县域尺度上对稻飞虱空间分布研究不同，本章系统分析了稻飞虱在区域尺度上的时空分布格局。稻飞虱迁入与田间种群在区域空间尺度上均显示出聚集趋势，各监测站捕获的稻飞虱种群在 800km 的距离内是相关的。这些结果能帮助人们更好地理解各监测站捕获的稻飞虱种群间的相似性或依赖性，与拥有较高种群数量的监测站相邻的监测站同样拥有较高的种群数量，反之亦然。这意味着可以利用已有稻飞虱的监测数据去估计其周边未对稻飞虱开展监测地区的稻飞虱发生情况。Moran's I 相关图单调递减，且大部分 Moran's I 在显著性水平 0.05 下显著（图 8-3 和图 8-4），说明各监测站稻飞虱种群数量间存在线性梯度[49]，该现象在以前的研究中已有所反映。程遐年等发现，降落区灯下虫量与降落区至虫源区的距离间有显著的负相关性（$r=-0.9535$，$p<0.01$），距离虫源区越远，降落区种群数量越少[12]。这一现象意味着，稻飞虱在一次迁飞过程中会分散降落在较大范围内，并在其中部分地区降虫量较高。

白背飞虱与褐飞虱种群的热点以纬向分布为主，但两者热点的时空分布有较大差异。稻飞虱迁入我国华南双季稻区后，其后代在 3～8 月随着东南和西南暖湿气流逐渐覆盖我国其他稻区，并建立和扩大其种群；9～10 月又随东北气流迁回南方稻区[4, 9, 12]。褐飞虱难以大量迁入川陕盆地并在此稻区建立种群，同褐飞虱相比，白背飞虱种群热点分布的空间范围更广。稻飞虱的迁飞过程包括起飞、水平运行与降落，迁飞过程受大气条件和地形影响[10]。此前研究证明，我国东部褐飞虱能在 8 月上旬前扩散至 34°N 附近区域[12]，本章结果表明，在华南、西南地区 8 月前褐飞虱能大量迁入，建立种群的北界位于 29°N 附近。而与此前研究结论相似，在华南、西南地区白背飞虱能在 7 月中旬前大量迁入川陕盆地单季稻区[9]。由此看来，8 月前华南、西南地区的大气条件应该能将褐飞虱带入川陕盆地等纬度更高的稻区并繁殖为害。因此大气条件似乎不是阻碍褐飞虱在 6～8 月迁入川陕盆地单季稻区的主要原因。到西南地区(包括云贵高原与四川盆地)拥有较华东地区更为复杂的地形，而地形可通过影响携带稻飞虱飞行的气流迫使其降落进而阻碍稻飞虱迁飞。云贵高原北部与四川盆地毗邻，山脉纵横，平均海拔约 2000m。在稻飞虱北迁过程中，由于地形的抬升作用使携带稻飞虱的南向暖湿气流上升，形成地形雨和低温，从而迫使稻飞虱降落[10, 50, 51]。航捕与网捕已经证明，褐飞虱与白背飞虱在春季和夏季北迁过程中适宜飞行高度为 1000～1500m 和 1500～2000m[52, 53]。褐飞虱飞行高度相对较低，当西南或东南气流携带其飞越云贵高原时，一系列东北-西南走向的山脉，如大娄山、武陵山和苗岭山脉等，对其迁飞活动有较强的阻碍作用。

影响稻飞虱种群空间格局演变的大尺度现象包括生境自相关的变化、种群的扩散或两者结合的动态过程，如气象条件的变化等[49]。另一个导致稻飞虱种群出现空间聚集分布的因素是地形，地形复杂较高的地区有更复杂的气候条件，景观特性也能在很短的距离内发生改变。山区多变的地形容易形成以低温、频繁降雨和地形风为特性的局地小气候，有利于稻飞虱降落并建立其种群[10]。在水稻种植区，相似的地形在空间上表现出聚集特性，进而导致稻飞虱种群的聚集。

稻飞虱迁入种群与田间种群时空动态的差异表明，迁入种群不是决定其田间种群动态的唯一因素。例如，4 月下旬至 6 月下旬，迁入云南南部的褐飞虱种群和 6 月迁入福建北部的白背飞虱种群未能在后续发展成较大的田间种群。这与在其他稻区研究的结论一致，田间种群数量与迁入种群之间的关系随着时空变化而变化[54, 55]。许多研究证明了田间稻飞虱种群发展与稻田生态系统的各组分均有关联，如水稻植株生长情况、天敌、使用农药情况及天气模式等。水稻作为稻田生态系统中的生物组分，其时空分布能直接调节稻飞虱种群的发展，水稻品种、生育时期及营养状态等特性能影响稻飞虱的生存与繁殖，此外天敌会抑制稻飞虱的发展[4]。非生物因素通过改变稻飞虱个体的发育、繁殖力和死亡率来影响稻飞虱种群的发展。然而影响不同稻飞虱种类发展的因素及其重要性依然不明确，在不同时间、不同稻区影响不同种类稻飞虱种群发展的因素仍需要深入研究。

稻飞虱种群的聚集特性对害虫管理有重要作用。首先，由于稻飞虱在区域尺度内呈现聚集趋势，因此应根据稻飞虱种群在该区域的聚集程度来设置监测站，在异质性较高的地区部署更密集的监测站。其次，稻飞虱种群时空动态可以帮助植保部门统一调度资源(如装备和农药)，在适当时期将资源集中在一个相对较小的区域内，从而在害虫管理中更好地利用资源。再次，我们需要根据褐飞虱和白背飞虱的不同时空动态制订不同的防治策略。最后，稻飞虱较为集中的区域多分布在与境外、省交界区域，应进一步促进国际和区域协作，建立科学合理的跨境、跨区域的稻飞虱监测体系。

主要参考文献

[1] Ferguson A W, Klukowski Z, Walczak B, et al. Spatial distribution of pest insects in oilseed rape: implications for integrated pest management[J]. Agriculture, Ecosystems & Environment, 2003, 95(2-3): 509-521.

[2] Hughes G. Incorporating spatial pattern of harmful organisms into crop loss models[J]. Crop Protection, 1996, 15(5): 407-421.

［3］ Ndjomatchoua F T, Tonnang H E Z, Plantamp C, et al. Spatial and temporal spread of maize stem borer *Busseola fusca* (Fuller) (Lepidoptera: Noctuidae) damage in smallholder farms[J]. Agriculture, Ecosystems & Environment, 2016, 235: 105-118.

［4］ Cheng J A. Rice planthoppers in the past half century in China[M]//Heong K L, Cheng J A, Escalada M M, eds. Rice Planthoppers. Dordrecht: Springer Netherlands, 2014: 1-32.

［5］ Wu Q L, Hu G, Tuan H A, et al. Migration patterns and winter population dynamics of rice planthoppers in Indochina: new perspectives from field surveys and atmospheric trajectories[J]. Agricultural and Forest Meteorology, 2019, 265: 99-109.

［6］ Otuka A. Migration of rice planthoppers and their vectored re-emerging and novel rice viruses in East Asia[J]. Frontiers in Microbiology, 2013, 4: 309.

［7］ Hu G, Cheng X N, Qi G J, et al. Rice planting systems, global warming and outbreaks of *Nilaparvata lugens* (Stål) [J]. Bulletin of Entomological Research, 2011, 101(2): 187-199.

［8］ Hu G, Lu M H, Tuan H A, et al. Population dynamics of rice planthoppers, *Nilaparvata lugens* and *Sogatella furcifera* (Hemiptera, Delphacidae) in Central Vietnam and its effects on their spring migration to China[J]. Bulletin of Entomological Research, 2017, 107(3): 369-381.

［9］ 全国白背飞虱科研协作组. 白背飞虱迁飞规律的初步研究[J]. 中国农业科学, 1981, 14(5): 25-31.

［10］ Wu Q L, Westbrook J K, Hu G, et al. Multiscale analyses on a massive immigration process of *Sogatella furcifera* (Horváth) in south-central China: influences of synoptic-scale meteorological conditions and topography[J]. International Journal of Biometeorology, 2018, 62(8): 1389-1406.

［11］ Vinatier F, Tixier P, Duyck P-F, et al. Factors and mechanisms explaining spatial heterogeneity: a review of methods for insect populations[J]. Methods in Ecology and Evolution, 2011, 2(1): 11-22.

［12］ 程遐年, 陈若篪, 习学, 等. 稻褐飞虱迁飞规律的研究[J]. 昆虫学报, 1979, 22(1): 1-21.

［13］ Hu C X, Hou M L, Wei G S, et al. Potential overwintering boundary and voltinism changes in the brown planthopper, *Nilaparvata lugens*, in China in response to global warming[J]. Climatic Change, 2015, 132(2): 337-352.

［14］ 周国辉, 张曙光, 邹寿发, 等. 水稻新病害南方水稻黑条矮缩病发生特点及危害趋势分析[J]. 植物保护, 2010, 36(2): 144-146.

［15］ Wu S F, Zeng B, Zheng C, et al. The evolution of insecticide resistance in the brown planthopper (*Nilaparvata lugens* Stål) of China in the period 2012-2016[J]. Scientific Reports, 2018, 8(1): 4586.

［16］ Furuno A, Chino M, Otuka A, et al. Development of a numerical simulation model for long-range migration of rice planthoppers[J]. Agricultural and Forest Meteorology, 2005, 133(1-4): 197-209.

［17］ Hu G, Lu M H, Reynolds D R, et al. Long-term seasonal forecasting of a major migrant insect pest: the brown planthopper in the Lower Yangtze River Valley[J]. Journal of Pest Science, 2019, 92(2): 417-428.

［18］ Lu M H, Chen X, Liu W C, et al. Swarms of brown planthopper migrate into the Lower Yangtze River Valley under strong Western Pacific subtropical highs[J]. Ecosphere, 2017, 8(10): e01967.

［19］ Hu G, Lu F, Zhai B P, et al. Outbreaks of the brown planthopper *Nilaparvata lugens* (Stål) in the Yangtze River Delta: immigration or local reproduction?[J]. PLoS One, 2014, 9(2): e88973.

［20］ 闫香慧, 王碧霞, 丁祥. 重庆市秀山县褐飞虱空间格局分析[J]. 西华师范大学学报(自然科学版), 2014, 35(2): 95-99.

［21］ 闫香慧, 赵志模, 刘怀, 等. 白背飞虱若虫空间格局的地统计学分析[J]. 中国农业科学, 2010, 43(3): 497-506.

［22］ 周强, 张润杰, 古德祥. 白背飞虱在稻田内空间结构的分析[J]. 昆虫学报, 2003, 46(2): 171-177.

[23] 翟保平. 稻飞虱: 国际视野下的中国问题[J]. 应用昆虫学报, 2011, 48(5): 1184-1193.

[24] Ward S F, Fei S L, Liebhold A M. Spatial patterns of discovery points and invasion hotspots of non-native forest pests[J]. Global Ecology and Biogeography, 2019, 28(12): 1749-1762.

[25] Cinnirella A, Bisci C, Nardi S, et al. Analysis of the spread of *Rhynchophorus ferrugineus* in an urban area, using GIS techniques: a study case in Central Italy[J]. Urban Ecosystems, 2020, 23(2): 255-269.

[26] Blackshaw R P, Hicks H. Distribution of adult stages of soil insect pests across an agricultural landscape[J]. Journal of Pest Science, 2013, 86(1): 53-62.

[27] Bone C, Wulder M A, White J C, et al. A GIS-based risk rating of forest insect outbreaks using aerial overview surveys and the local Moran's I statistic[J]. Applied Geography, 2013, 40: 161-170.

[28] Smith M T, Tobin P C, Bancroft J, et al. Dispersal and spatiotemporal dynamics of Asian Longhorned Beetle (Coleoptera: Cerambycidae) in China[J]. Environmental Entomology, 2004, 33(2): 435-442.

[29] Cocu N, Harrington R, Hullé M, et al. Spatial autocorrelation as a tool for identifying the geographical patterns of aphid annual abundance[J]. Agricultural and Forest Entomology, 2005, 7(1): 31-43.

[30] Lausch A, Heurich M, Fahse L. Spatio-temporal infestation patterns of *Ips typographus* (L.) in the Bavarian Forest National Park, Germany[J]. Ecological Indicators, 2013, 31: 73-81.

[31] Reay-Jones F P F, Toews M D, Greene J K, et al. Spatial dynamics of stink bugs (Hemiptera: Pentatomidae) and associated boll injury in southeastern cotton fields[J]. Environmental Entomology, 2010, 39(3): 956-969.

[32] Pereira R M, da Silva Galdino T V, Rodrigues-Silva N, et al. Spatial distribution of beetle attack and its association with mango sudden decline: an investigation using geostatistical tools[J]. Pest Management Science, 2019, 75(5): 1346-1353.

[33] Ribeiro A V, Ramos R S, de Araújo T A, et al. Spatial distribution and colonization pattern of *Bemisia tabaci* in tropical tomato crops[J]. Pest Management Science, 2021, 77(4): 2087-2096.

[34] Rogers C D, Guimarães R M L, Evans K A, et al. Spatial and temporal analysis of wheat bulb fly (*Delia coarctata*, Fallén) oviposition: consequences for pest population monitoring[J]. Journal of Pest Science, 2015, 88(1): 75-86.

[35] Wright R J, Devries T A, Young L J, et al. Geostatistical analysis of the small-scale distribution of European corn borer (Lepidoptera: Crambidae) larvae and damage in whorl stage corn[J]. Environmental Entomology, 2002, 31(1): 160-167.

[36] Mitchell A. The ESRI Guide to GIS Analysis Volume 2: Spatial Measurements and Statistics[M]. California: ESRI, 2021.

[37] Moran P A P. Notes on continuous stochastic phenomena[J]. Biometrika, 1950, 37(1-2): 17-23.

[38] Iannone B V III, Potter K M, Guo Q F, et al. Biological invasion hotspots: a trait-based perspective reveals new sub-continental patterns[J]. Ecography, 2016, 39(10): 961-969.

[39] Getis A, Ord J K. The analysis of spatial association by use of distance statistics[J]. Geographical Analysis, 1992, 24(3): 189-206.

[40] Ord J K, Getis A. Local spatial autocorrelation statistics: distributional issues and an application[J]. Geographical Analysis, 1995, 27(4): 286-306.

[41] Lefever D W. Measuring geographic concentration by means of the standard deviational ellipse[J]. American Journal of Sociology, 1926, 32(1): 88-94.

[42] Bayles B R, Thomas S M, Simmons G S, et al. Spatiotemporal dynamics of the Southern California Asian citrus psyllid (*Diaphorina citri*) invasion[J]. PLoS One, 2017, 12(3): e0173226.

[43] Wang B, Shi W Z, Miao Z L. Confidence analysis of standard deviational ellipse and its extension into higher dimensional

euclidean space[J]. PLoS One, 2015, 10(3): e0118537.

[44] Dingle H. Migration strategies of insects[J]. Science, 1972, 175(4028): 1327-1335.

[45] Perfect T J, Cook A G. Rice planthopper population dynamics: a comparison between temperate and tropical regions[M]//Denno R F, Perfect T J. Planthoppers. Boston, M A: Springer, 1994: 282-301.

[46] 叶志长, 何三妹, 陆利全, 等. 褐稻虱起飞迁出习性的观察[J]. 昆虫知识, 1981, 18(3): 97-100.

[47] Matsumura M. Population dynamics of the whitebacked planthopper, *Sogatella furcifera* (Hemiptera: Delphacidae) with special reference to the relationship between its population growth and the growth stage of rice plants[J]. Population Ecology, 1996, 38(1): 19-25.

[48] 朱学威. 白背飞虱与褐稻虱的发生特点比较[J]. 昆虫知识, 1985, 22(2): 51-53.

[49] Legendre P, Legendre L. Numerical ecology[M]. 3nd English ed. Amsterdam: Elsevier, 2012.

[50] 吴秋琳, 胡高, 陆明红, 等. 湖南白背飞虱前期迁入种群中小尺度虫源地及降落机制[J]. 生态学报, 2015, 35(22): 7397-7417.

[51] 胡高, 包云轩, 王建强, 等. 褐飞虱的降落机制[J]. 生态学报, 2007, 27(12): 5068-5075.

[52] 邓望喜. 褐飞虱及白背飞虱空中迁飞规律的研究[J]. 植物保护学报, 1981, 8(2): 73-82.

[53] 胡国文, 汪毓才, 谢明霞. 我国西南稻区白背飞虱, 褐飞虱的迁飞和发生特点[J]. 植物保护学报, 1982, 9(3): 179-186.

[54] 程家安, 章连观, 范泉根, 等. 迁入种群对褐飞虱种群动态影响的模拟研究[J]. 中国水稻科学, 1991, 5(4): 163-168.

[55] Cook A G, Perfect T J. Seasonal abundance of macropterous *Nilaparvata lugens* and *Sogatella furcifera* based on presumptive macroptery in fifth-instar nymphs[J]. Ecological Entomology, 1985, 10(3): 249-258.

第9章　基于因果推断的稻飞虱种群动态主控因子探测

9.1　引　言

准确的种群动态监测预报对指导及时有效地防治稻飞虱这类迁飞性害虫具有重要意义[1]，要获得准确的种群动态预报，需建立模型准确地表征稻飞虱种群动态与其控制因子间的关系[2]。主控因子分析通常是对稻飞虱种群进行动态建模的首要过程，然而现有研究缺乏对大尺度上稻飞虱种群动态主控因子的探测与分析，因此探测大尺度上稻飞虱种群动态主控因子将为后续稻飞虱种群动态建模提供重要的理论基础。

稻飞虱种群动态包含了迁飞和种群消长两个子过程，而且这两个过程均在不同程度上受到多种非生物因素(如空气温度、降水、相对湿度、风速等)与生物因素(如寄主作物的分布及状态、前期虫源、天敌等)的影响。稻飞虱种群动态与控制因子间存在非线性的时空依赖关系，同时不同生物及非生物控制因子之间也存在关联[3-11]，这在一定程度上增大了主控因子的探测难度。此外，采用的主控因子探测方法也会对结果产生影响。采用定性或线性相关性分析的方法来分析稻飞虱种群动态主控因子，难以排除控制因子间的相互影响，容易出现虚假依赖关系[12]。因此如何排除因子间的相互影响，有效捕捉稻飞虱种群动态与控制因子间的非线性依赖关系，是探测稻飞虱种群动态主控因子并量化其与稻飞虱种群动态依赖关系强弱所必须解决的问题。

近年来，因果推断的理论逐渐完善，为稻飞虱种群动态主控因子研究提供了新的思路与契机。与相关性分析不同的是，因果推断方法在探测主控因子时能在一定程度上排除因子之间的相互影响，并在此基础上量化目标变量与主控因子之间非线性、时滞的依赖关系强度[13-15]。因果推断方法可以从因果关系角度描述稻飞虱种群动态与控制因子间是否存在直接依赖关系，以及哪些因子为主控因子。

本章选用因果推断方法，在有效排除因子间相互影响的基础上，计算稻飞虱种群动态对各控制因子的依赖强度。本章首先构造了用于稻飞虱种群动态主控因子诊断的数据集；然后提出了稻飞虱种群动态主控因子探测方法；在此基础上，最后对不同种类、不同稻区稻飞虱种群动态与控制因子间的依赖关系及其差异进行分析。本章研究将为稻飞虱种群动态建模提供理论基础。

9.2　稻飞虱种群动态控制因子数据集

影响稻飞虱种群动态的因子有很多，如前期虫量、水稻生育期、水稻营养状况、天敌、气候条件、大气环流等。考虑到稻飞虱种群动态过程以及观测数据的可获取性，本章将控制因子分为 3 类，即虫情数据、气象因子以及寄主状态。本章选择的潜在控制因子如表 9-1 所示。

表 9-1　本书选取的稻飞虱种群动态控制因子信息

因子类别		变量全称	缩写	单位
	虫情资料	田间虫量	FS	头
		灯下虫量	LT	头
		平均空间相邻田间虫量	NFS	头
		平均空间相邻灯下虫量	NLT	头
气象	陆面气象	候最高气温	MaxT	℃
		候平均气温	MT	℃
		候最低气温	MinT	℃
		候平均相对湿度	MRH	%
		候最大降水量	MaxTP	mm
		候平均降水量	MTP	mm
		候降雨日数	TPD	d
		候平均风速	WS	m/s
	850hPa气象	候最大垂直气流场	PMaxVV	Pa/s
		候平均风速	PWS	m/s
		候最高气温	PMinT	℃
		候平均气温	PMT	℃
		候最低气温	PMaxT	℃
寄主长势		归一化差异植被指数	NDVI	
		增强型植被指数	EVI	
		陆面水体指数	LSWI	

9.2.1　虫情数据

本章使用的虫情数据包括来自 164 个监测站的逐候 LT 数据和来自 175 个监测站的逐候 FS 数据，数据的时间范围为 2000～2019 年每年 3 月 1 日至 10 月 31 日。此外，考虑到稻飞虱种群分布在空间上存在相关关系，本章将相邻监测站的虫情数据纳入主控因子分析。根据第 4 章分析结果，本章计算了与某监测站相距 800km 以内所有监测站的加权平均值来表征相邻监测站的虫情。监测站 i 的邻居监测站 j 的权重 $w_{ij}=1/d_{ij}$，d_{ij} 为监测站 i 与监测站 j 之间的距离。所有虫情数据均进行了对数变换 $[\lg(N+1)$，其中 N 为稻飞虱种群数量]。

9.2.2　气象资料

气象资料包括陆面气象参数与 850hPa 气象参数，使用的逐小时气象数据包括陆面 2m 处气温、RH、风速、降水量以及 850hPa 垂直气流场(vertical velocity，VV)、气温、风速。气象数据首先在时间维进行合成，利用逐小时气温计算出候最高气温(maximum temperature，MaxT)、候平均气温(mean temperature，MT)、候最低气温(minimum temperature，MinT)。利用逐小时 RH、风速、VV 分别计算出候平均 RH(mean relative humidity，MRH)、候平均风速(wind speed，WS)、候最大 VV(maximum vertical velocity，MaxVV)。对于降水数据，基于日降水量数据计算候最大降水量(maximum total precipitation，MaxTP)、候平均降水量(mean total precipitation，MTP)、候降雨日数(total precipitation days，TPD)。850hPa 气象变量简称前添加"P"以与陆面气象参数进行区分。为与虫情资料匹配，本章计算了候合成的各气象参数在监测站对应县(市/区)的平均值，并将其作为各监测站气象参数。其中，陆面气象参数用于田间种群动态主控因子的探测，850hPa 气象参数主要用于迁入种群动态主控因子的探测。

9.2.3　寄主状态遥感监测数据

遥感数据可以用于植被长势的动态监测，光谱指数可以间接反映植被的生长状态。MODIS 数据为实现大尺度作物监控提供了极为方便和可靠的支撑[16, 17]。时间序列光谱指数已经广泛用于水稻种植区制图[18, 19]和水稻生长状态的连续监测[20, 21]。本章参考已有作物生长监测研究，选择 NDVI、EVI 和 LSWI 来表征水稻植株状态[22, 23]。由 MODIS 反射率数据得到光谱指数时间分辨率为 8d，时间序列光谱指数采用 ST-TC 算法进行重建。本章基于重建后的时间序列光谱指数和第 3 章提取的水稻种植区数据计算监测站对应县(市/区)水稻种植区的平均光谱指数。为匹配光谱指数与虫情资料的时间，本章采用线性插值对各监测站时间序列光谱指数进行插值，获得各监测站逐候光谱指数值。

9.3　基于因果推断的稻飞虱种群动态主控因子探测方法

稻飞虱种群动态主控因子探测是进一步理解稻飞虱种群动态机制的前提，也是指导稻飞虱种群动态建模的重要理论基础。因果推断方法在地球系统科学(例如气候变化)[14]等研究中常被用来探测主控因子，常用的方法包括基于预测的格兰杰因果推断[24]、基于非线性状态空间重构的收敛交叉映射(convergent cross mapping，CCM)[25]、基于信息论的传递熵(transfer entropy，TE)[15]、条件互信息(conditional mutual information，CMI)[26]、基于条件独立性检验的 PCMCI[14]等方法，但不同因果推断方法在适用性方面存在差异。考虑到稻飞虱种群动态过程具有多因子参与、非线性、时滞等特性，选用的因果推断方法需从大量潜在控制因子中排除因子间的相互干扰，同时需要满足捕捉稻飞虱种群动态中非线性、时滞依赖关系的需求。因此本章选用 PCMCI[13]与 CMI[26]结合的因果推断方法来探测稻飞虱种群动态主控因子。PCMCI 可以通过对干扰因子进行重要性排序进而筛选出较为重要的干扰因子，避免出现虚假依赖关系。利用 CMI 对 PCMCI 识别的因果关系进行条件独立性检验，可以满足捕捉稻飞虱种群动态中非线性依赖关系的需求。

PCMCI 算法包含 PC(peter-clark)和 MCI(momentary conditional independency)两个主要步骤[13]，利用 CMI 在 PC 和 MCI 两个阶段分别对稻飞虱种群数量 y、潜在控制因子

$x_i(l)$ 以及干扰因子 z 的组合进行独立性检验与依赖关系强弱计算。首先对于输入的目标变量和潜在控制因子，可以建立如下配对集合：

$$P = \{(y, x_i(l)) \mid 0 \leqslant i \leqslant n, \tau_{\min} \leqslant l \leqslant \tau_{\max}\} \tag{9-1}$$

式中，$x_i(l)$ 表示第 i 个控制因子在时滞 l 时的值（本书利用 $x_0(l)$ 表示目标变量稻飞虱种群数量 y 在时滞 l 时的值，用于计算目标变量 y 的自相关），l 的取值在最小时滞 $\tau_{\min}$ 与最大时滞 $\tau_{\max}$ 之间。n 为潜在控制因子数目；

在 PC 阶段，对 P 中任一稻飞虱种群数量 y 与控制变量 $x_i(l)$ 的配对，利用互信息量来判断两者是否独立，若独立，则两者间不存在依赖关系；若不独立，则继续判断二者间的依赖关系是否是由干扰因子导致的。针对不独立的配对，建立其对应的潜在干扰变量集合 $\mathbf{Z}$，干扰变量集合从变量集合 $\mathbf{C}$ 中随机抽取 S 个组成（S 不超过指定的最大组合数量），$\mathbf{C}$ 的定义为

$$\mathbf{C} = \{x_c(t) \mid 0 \leqslant c \leqslant n, \ \tau_{\min} \leqslant t \leqslant \tau_{\max}, \ t \neq l\} \tag{9-2}$$

式中，$x_c(t)$ 为第 c 个控制因子在时滞 $t(t \neq l)$ 时的值。

对 $\mathbf{Z}$ 中每一个干扰变量或变量组合 z_j，利用 CMI 计算在已知干扰因子 z_j 情况下，y 和 $x_i(l)$ 之间的条件互信息，并通过蒙特卡罗法对其进行显著性检验。若 CMI 显著，则继续对 $\mathbf{Z}$ 中干扰变量或变量组合进行上述计算，直至 $\mathbf{Z}$ 遍历结束；若其不显著或 $\mathbf{Z}$ 遍历结束，则停止对 $\mathbf{Z}$ 的遍历，开始判定集合 $\mathbf{P}$ 中其他配对，直至 P 中配对全部判定结束。

在 MCI 阶段，进一步利用 CMI 计算控制因子与稻飞虱种群数量配对集合 $\mathbf{P}$ 中非独立配对间依赖关系的强弱。选取 PC 阶段除当前配对控制因子 $x_i(l)$ 外，与目标变量依赖关系最强的 k 个控制因子作为干扰因子 z_k，通过 CMI 计算在给定 z_k 情况下的条件互信息，并利用蒙特卡罗法检验其显著性。

在 PCMCI 中，最大组合数量通常少于重要干扰因子数 k，而 k 小于最大干扰因子数 $n \times (\tau_{\max} - \tau_{\min} + 1) - 1$ [13]。本章中田间种群与迁入种群的潜在控制因子个数 n 分别为 13 个和 10 个，重要干扰因子数目 $k=3$。这样在条件独立检验时干扰因子相对较少，可以有效解决控制因子维度过高引起的依赖关系不显著的问题。

CMI 可应用在非线性和时滞的因果关系发现中。CMI 可以在给定干扰因子的前提下量化潜在控制因子向稻飞虱种群动态共享的信息量，即潜在控制因子对稻飞虱种群动态不确定性减少的贡献程度。若 CMI 在统计意义上显著，则可以认为目标变量对该控制因子存在显著的依赖。CMI 的计算见式 (9-3) [26]：

$$I(Y; X \mid Z) = \iiint p(y, x, z) \log_2 \frac{p(y, x \mid z)}{p(x \mid z) p(y \mid z)} \mathrm{d}x \mathrm{d}y \mathrm{d}z \tag{9-3}$$

式中，$I(Y; X \mid Z)$ 表示由控制因子 X 在给定干扰因子 Z 的情况下，向目标变量 Y 共享的信息量。

条件互信息值越大，说明控制因子向目标变量共享的信息量越大，目标变量对控制因子的依赖性也越强。

9.4　实验结果与分析

本节分析了不同稻区、不同种类的稻飞虱种群动态主控因子，同时分析了不同时滞（1～12 候）下稻飞虱种群动态与控制因子间依赖关系的强弱。

9.4.1　不同稻飞虱种群动态主控因子分析

候尺度下褐飞虱、白背飞虱的田间种群动态、迁入种群动态与各控制因子间的依赖关系强度如图 9-1 和图 9-2 所示。图中格子颜色越深表示该格子对应的控制因子与稻飞虱种群动态间的依赖关系越强，空白的格子表示对应的控制因子与稻飞虱种群动态间不存在依赖关系。候尺度下不同稻区褐飞虱、白背飞虱的田间种群动态、迁入种群动态与各控制因子间的依赖关系强度如图 9-3 和图 9-4 所示。图 9-1～图 9-4 表明，控制各稻区稻飞虱种群动态的因子大体一致。

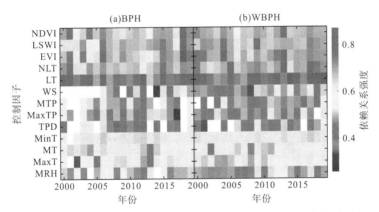

图 9-1　不同年份稻飞虱田间种群动态与各控制因子间依赖关系强度

注：(a)褐飞虱；(b)白背飞虱。

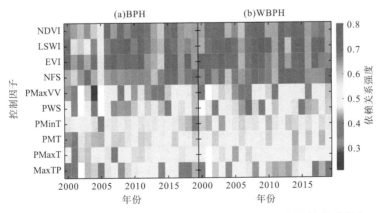

图 9-2　不同年份稻飞虱迁入种群动态与各控制因子间依赖关系强度

注：(a)褐飞虱；(b)白背飞虱。

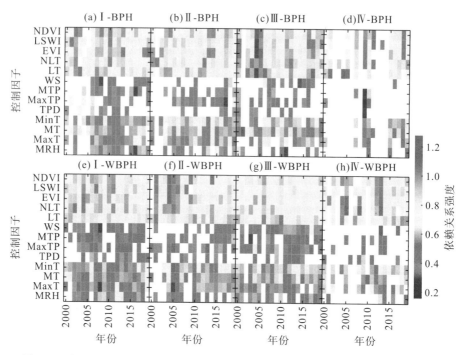

图 9-3　不同稻区稻飞虱田间种群动态与各控制因子间依赖关系强度(彩图见附图)

注：(a)～(d)分别为华南双季稻区、江南丘陵平原双季稻区、西南高原单双季稻区及川陕盆地单季稻区褐飞虱种群；
(e)～(h)分别为华南双季稻区、江南丘陵平原双季稻区、西南高原单双季稻区及川陕盆地单季稻区白背飞虱种群。

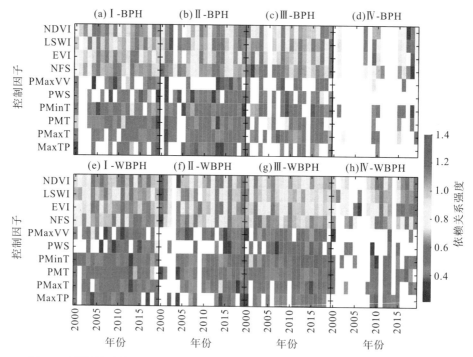

图 9-4　不同稻区稻飞虱迁入种群动态与各控制因子间依赖关系强度(彩图见附图)

注：(a)～(d)分别为华南双季稻区、江南丘陵平原双季稻区、西南高原单双季稻区及川陕盆地单季稻区褐飞虱种群；
(e)～(h)分别为华南双季稻区、江南丘陵平原双季稻区、西南高原单双季稻区及川陕盆地单季稻区白背飞虱种群。

如图 9-1 和图 9-3 所示，在褐飞虱和白背飞虱的田间种群中，迁入虫量对田间种群动态影响较大。在闫香慧等的研究中，同样可以观察到前期迁入虫量对田间发生量的影响较气象条件的影响更明显[5]。相邻监测站的迁入种群对稻飞虱田间种群的影响稍弱于直接迁入种群。通常情况下，迁飞稻飞虱会分散降落在一定范围内，降落稻飞虱种群中约 10%的个体能在取食水稻后继续飞行 7h 以上，这部分个体可能迁入其相邻地区，从而影响田间种群动态[27]，但这部分数量少于直接降落的迁入种群数量，因此其对田间种群的影响稍弱于直接降落种群。

NDVI、EVI 和 LSWI 三个反映稻飞虱寄主生长状态的因子对褐飞虱和白背飞虱田间种群动态均起到了较强的控制作用(图 9-1)，仅次于迁入种群数量的影响。NDVI、EVI 和 LSWI 三个指数的变化与水稻生育期、耕作制度和营养状态相关[28]，因此，三个因子对稻飞虱种群的控制作用本质上反映了水稻种植模式与营养状态对稻飞虱田间种群的调控作用。

与表征虫源基数和寄主植被状态的因子相比，气象因子对稻飞虱田间种群的影响相对较弱(图 9-1 和图 9-3)。气象因子中气温对稻飞虱田间种群动态的控制作用明显强于其他气象因子，而风速、降水及相对湿度仅在少数监测站存在显著的依赖关系。除在候时间尺度下，气象因子本身可能对稻飞虱种群的控制作用不强以外，还可能是因为实验中采用的 ERA5 气象资料本身分辨率较大且存在一定的误差，而地形起伏较大地区的春夏两季误差更为明显[29]。同时本章使用了监测站所在行政区内所有网格的平均值作为该监测站的气象条件，这些误差或数据处理方式可能使获得的气象条件与田间实际气象条件间差距较大，导致气象参数对稻飞虱田间种群的控制作用减弱。而另一可能的原因是本章对气象因子在时间维上进行了合成，导致部分气象因子(例如相对湿度、风速)波动较小，从而使其在本研究中表现出来的控制作用减弱。

对褐飞虱和白背飞虱的迁入种群来说，相邻地区田间种群以及表征寄主植被生长状态的三个因子对稻飞虱迁入种群有较强的影响。植被因子对迁入种群较强的影响作用反映了稻飞虱种群追踪生境变化，逃避恶劣生存条件的能力[9]。当稻飞虱在高空运行时，即使风场中气流仍能为其提供极有力的飞行动力，但飞行中的虫群可能会因为途经适宜其生存繁衍的生境而终止迁飞。高空气象条件对稻飞虱迁入种群也有相当的控制作用，但其控制作用弱于虫源和寄主植被。高空气象条件对稻飞虱的影响一直是诸多学者研究的重点，迁飞稻飞虱种群在高空运行时水平气流为其提供飞行动力，但当飞行虫群遇到下沉气流[30]、降水[31]、低温屏障[32]等天气过程时，会被迫降落至地面。

9.4.2　不同时滞下田间种群依赖关系强弱

本节根据 9.4.1 节中主控因子探测结果，针对 EVI、LSWI、LT、MT 等对田间种群动态有较强控制作用的因子，分别统计各控制因子在 1~12 候的时滞下出现最强依赖关系的时滞数的分布，并使用核密度估计(kernel density estimate，KDE)来估计其概率密度函数。不同稻区不同时滞下，稻飞虱田间种群与其主控因子之间的依赖强弱变化如图 9-5 所示。图 9-5 显示，在 3 候的时滞内，除川陕盆地单季稻区褐飞虱种群对平均温度的依赖关系外，其他稻区褐飞虱与白背飞虱田间种群动态与 EVI、LSWI、LT 和 MT 均存在依赖关系较强的峰值(图 9-5)。在 10 候时滞后，华南双季稻区和江南丘陵平原双季稻区对迁入种群的依赖关系出现第二个峰值[图 9-5(a)～(d)]。而西南高原单双季稻区和川陕盆地单季稻区田间种群对迁入种群的依赖在 6 候后降至较低的强度且趋于平稳[图 9-5(e)、(f)]。在川陕盆地单季稻区，3 候后田间种群对 EVI 和 LSWI 的依赖关系逐步下降，其他三个稻区对 EVI 和 LSWI 的依赖关系强弱维持一个相对稳定的趋势。由此可见，稻飞虱田间种群动态与其主控因子间短期依赖与长期依赖并存。

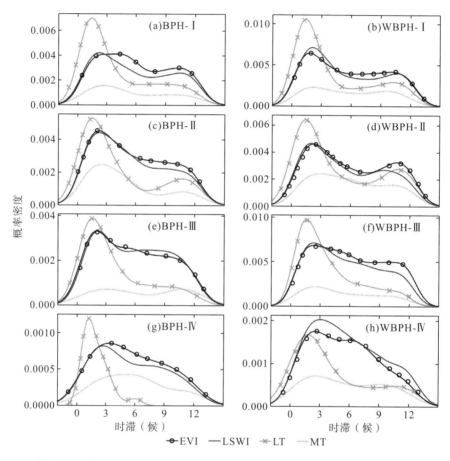

图 9-5　不同稻区不同时滞下稻飞虱田间种群动态最强依赖关系概率分布

注：(a)、(c)、(e)、(g) 分别为华南双季稻区、江南丘陵平原双季稻区、西南高原单双季稻区及川陕盆地单季稻区褐飞虱种群；(b)、(d)、(f)、(h) 分别为华南双季稻区、江南丘陵平原双季稻区、西南高原单双季稻区及川陕盆地单季稻区白背飞虱种群。

　　不同稻区稻飞虱田间种群动态与迁入种群、寄主植被状态、平均温度等因子间的依赖关系存在长、短期不同的时滞，这是稻飞虱生物学特性决定的。例如，稻飞虱适宜取食分蘖期至成熟期前一段生育期的水稻植株，因此 EVI 和 LSWI 等因子会在一段时间内对田间稻飞虱种群动态保持相对稳定的控制作用。迁入种群在华南双季稻区和江南丘陵平原双季稻区对田间种群动态控制作用表现出两个峰值，可能是因为稻飞虱种群在适宜的环境条件下，繁衍一代大约需要一个月(6 候)[33]，迁入稻飞虱通过两代的繁衍，对稻飞虱种群动态产生影响。而在西南高原单双季稻区和川陕盆地单季稻区主要种植的是单季稻，迁入种群繁衍一代后，其生存条件可能不再适宜其继续生存繁衍，稻飞虱会选择迁出该地，使得在这两个稻区迁入种群对田间种群控制作用在一代内较强。综上，稻飞虱种群动态与其控制因子间的依赖关系存在时滞，在进行稻飞虱种群动态分析以及建模时，需要考虑稻飞虱种群动态与其控制因子间依赖的时滞特性。

主要参考文献

[1] 姜玉英, 刘杰, 曾娟, 等. 我国农作物重大迁飞性害虫发生为害及监测预报技术[J]. 应用昆虫学报, 2021, 58(3): 542-551.

[2] 张国安, 赵惠燕. 昆虫生态学与害虫预测预报[M]. 北京: 科学出版社, 2012.

[3] 周强, 张润杰, 古德祥, 等. 大尺度下褐飞虱种群空间结构初步分析[J]. 应用生态学报, 2001, 12(2): 249-252.

[4] 闫香慧, 刘彦汐. 褐飞虱空间格局的地统计学分析[J]. 西华师范大学学报(自然科学版), 2011, 32(1): 49-54.

[5] 闫香慧, 谢雪梅, 肖晓华, 等. 基于逐步回归法对重庆市秀山县褐飞虱发生量的预测[J]. 西南大学学报(自然科学版), 2013, 35(11): 62-66.

[6] Ali M P, Huang D C, Nachman G, et al. Will climate change affect outbreak patterns of planthoppers in Bangladesh?[J]. PLoS One, 2014, 9(3): e91678.

[7] Hu G, Lu F, Lu M H, et al. The influence of Typhoon Khanun on the return migration of *Nilaparvata lugens* (Stål) in Eastern China[J]. PLoS One, 2013, 8(2): e57277.

[8] Li X Z, Zou Y, Yang H Y, et al. Meteorological driven factors of population growth in brown planthopper, *Nilaparvata lugens* Stål (Hemiptera: Delphacidae), in rice paddies[J]. Entomological Research, 2017, 47(5): 309-317.

[9] Hu G, Cheng X N, Qi G J, et al. Rice planting systems, global warming and outbreaks of *Nilaparvata lugens* (Stål)[J]. Bulletin of Entomological Research, 2011, 101(2): 187-199.

[10] 谈涵秋, 毛瑞曾, 程极益, 等. 褐飞虱远距离迁飞中的降落和垂直气流、降雨的关系[J]. 南京农业大学学报, 1984, 7(2): 18-25.

[11] Chapman J W, Reynolds D R, Wilson K. Long-range seasonal migration in insects: mechanisms, evolutionary drivers and ecological consequences[J]. Ecology Letters, 2015, 18(3): 287-302.

[12] Yuan K X J, Zhu Q, Li F, et al. Causality guided machine learning model on wetland CH_4 emissions across global wetlands[J]. Agricultural and Forest Meteorology, 2022, 324: 109115.

[13] Runge J, Nowack P, Kretschmer M, et al. Detecting and quantifying causal associations in large nonlinear time series datasets[J]. Science Advances, 2019, 5(11): eaau4996.

[14] Runge J, Bathiany S, Bollt E, et al. Inferring causation from time series in Earth system sciences[J]. Nature Communications, 2019, 10(1): 2553.

[15] Ruddell B L, Kumar P. Ecohydrologic process networks: 1. Identification[J]. Water Resources Research, 2009, 45(3): W03419.

[16] Boschetti M, Busetto L, Manfron G, et al. PhenoRice: a method for automatic extraction of spatio-temporal information on rice crops using satellite data time series[J]. Remote Sensing of Environment, 2017, 194: 347-365.

[17] Wu B F, Gommes R, Zhang M, et al. Global crop monitoring: a satellite-based hierarchical approach[J]. Remote Sensing, 2015, 7(4): 3907-3933.

[18] Qiu B W, Lu D F, Tang Z H, et al. Automatic and adaptive paddy rice mapping using Landsat images: case study in Songnen

Plain in Northeast China[J]. Science of the Total Environment, 2017, 598: 581-592.

[19] Xiao X M, Boles S, Liu J Y, et al. Mapping paddy rice agriculture in southern China using multi-temporal MODIS images[J]. Remote Sensing of Environment, 2005, 95(4): 480-492.

[20] Bégué A, Arvor D, Bellon B, et al. Remote sensing and cropping practices: a review[J]. Remote Sensing, 2018, 10(1): 99.

[21] Lv T T, Liu C. Study on extraction of crop information using time-series MODIS data in the Chao Phraya Basin of Thailand[J]. Advances in Space Research, 2010, 45(6): 775-784.

[22] Bajgain R, Xiao X M, Wagle P, et al. Sensitivity analysis of vegetation indices to drought over two tallgrass prairie sites[J]. ISPRS Journal of Photogrammetry and Remote Sensing, 2015, 108: 151-160.

[23] Wu B F, Meng J H, Li Q Z, et al. Remote sensing-based global crop monitoring: experiences with China's CropWatch system[J]. International Journal of Digital Earth, 2014, 7(2): 113-137.

[24] Granger C W J. Investigating causal relations by econometric models and cross-spectral methods[J]. Econometrica, 1969, 37(3): 424-438.

[25] Sugihara G, May R, Ye H, et al. Detecting causality in complex ecosystems[J]. Science, 2012, 338(6106): 496-500.

[26] Runge J. Conditional independence testing based on a nearest-neighbor estimator of conditional mutual information[C]// Proceedings of the Twenty-First International Conference on Artificial Intelligence and Statistics, 2018: 938-947.

[27] 汪远昆, 翟保平. 白背飞虱的再迁飞能力[J]. 昆虫学报, 2004, 47(4): 467-473.

[28] Li C C, Li H J, Li J Z, et al. Using *NDVI* percentiles to monitor real-time crop growth[J]. Computers and Electronics in Agriculture, 2019, 162: 357-363.

[29] Vanella D, Longo-Minnolo G, Belfiore O R, et al. Comparing the use of ERA5 reanalysis dataset and ground-based agrometeorological data under different climates and topography in Italy[J]. Journal of Hydrology: Regional Studies, 2022, 42: 101182.

[30] Yang S J, Bao Y X, Chen C, et al. Analysis of atmospheric circulation situation and source areas for brown planthopper immigration to Korea: a case study[J]. Ecosphere, 2020, 11(3): e03079.

[31] 胡高, 包云轩, 王建强, 等. 褐飞虱的降落机制[J]. 生态学报, 2007, 27(12): 5068-5075.

[32] 吴秋琳, 胡高, 陆明红, 等. 湖南白背飞虱前期迁入种群中小尺度虫源地及降落机制[J]. 生态学报, 2015, 35(22): 7397-7417.

[33] 丁锦华, 胡春林, 傅强, 等. 中国稻区常见飞虱原色图鉴[M]. 杭州: 浙江科学技术出版社, 2012.

第10章 顾及时空依赖的稻飞虱种群动态预报

10.1 引 言

在水稻种植季提供尽可能准确的稻飞虱种群动态预报信息有助于及时阻止其种群快速增长，减少农药使用量的同时将产量损失降至最低[1]。随着对昆虫种群发生规律的研究逐渐深入，昆虫种群动态预报有关研究也越来越多，常用的方法包括统计预报法(如线性回归分析)[2-4]、时间序列预报法[5,6]、机器学习方法[1,6,7]以及深度学习技术[8]等。然而仅少数研究建立了稻飞虱种群动态预报模型，且这些研究还存在诸多问题。其一，这些研究使用的模型难以模拟稻飞虱种群发生动态与其控制因子间的复杂非线性关系。其二，用于稻飞虱种群动态预报的控制因子主要为气象条件[2-4,7]，然而实际稻飞虱种群动态还与前期虫源(包括迁入种群和田间种群)以及寄主状态等因素息息相关。并且在本书第9章的研究也已证明稻飞虱种群动态对前期虫源和寄主状态的依赖性更强。因此，在对稻飞虱种群动态进行建模的过程中，对前期虫源和寄主状态也应有所考虑。其三，多数研究仅利用局地外部因素来进行预报，但稻飞虱种群与其控制因子除存在时间依赖关系外，预报地区与其相邻地区稻飞虱种群间还存在空间相关性[9,10]，如何设计模型结构来模拟稻飞虱种群间的时空依赖也需要考虑。总之，如何从这些复杂、非线性且不规则分布的时空数据中发掘时空特征以尽可能准确地预报稻飞虱种群动态是一项极具挑战性的工作。

深度学习技术的飞速发展为昆虫种群动态预报研究带来新的机遇。深度学习社区涌现了许多方法来处理高维的时空数据。这些方法中，已在诸多领域广泛应用的图卷积网络(graph conventional network，GCN)非常适合模拟不规则分布的稻飞虱种群监测数据[11-15]。利用图结构能很好地表征稻飞虱监测站的分布及监测站间的关联信息。近年来，联合使用 GCN 和 RNN 来获取图的动态信息以提高预测精度的研究越来越受关注[12]。

本章基于 GCN 和 LSTM 建立了一个稻飞虱种群动态预报模型，主要内容包括：①根据稻飞虱种群生态学性质，将稻飞虱种群动态控制因子分为虫源基础、气象条件和寄主状态3类，并将先验知识融入到深度学习网络的构建中，对3类控制因子分别进行建模，然后聚合3个输出动态以产生最后的预报值；②整合 GCN、LSTM 和注意力机制来同时发掘数据中的时空特征，并充分利用它们各自在空间和时间特征提取上的优势；③利用在华南、西南地区收集的数据，包括稻飞虱种群监测数据、气象数据和遥感提取寄主状态数据对本章所提模型进行评估。

10.2　顾及时空依赖的稻飞虱种群动态预报模型

稻飞虱种群动态预报是利用当前和历史的稻飞虱种群数量以及相关的外部信息对其在未来一段时间内的种群数量动态进行预报(图 10-1)。稻飞虱种群动态预报模型的输入是高维的时序数据,将监测站 i 在时刻 t 的输入数据记为 $\boldsymbol{x}_t^i = (x_t^{1,i}, x_t^{2,i}, \cdots, x_t^{F,i}) \in \mathbb{R}^F$,其中 F 为输入 $\boldsymbol{x}_t^i$ 中的特征数,即控制因子数。则在长度为 T 的时间段内所有监测站的所有特征可表示为 $\mathcal{X} = (\boldsymbol{X}_1, \boldsymbol{X}_2, \cdots, \boldsymbol{X}_T) \in \mathbb{R}^{N \times F \times T}$, $\boldsymbol{X}_t = (\boldsymbol{x}_t^1, \boldsymbol{x}_t^2, \cdots, \boldsymbol{x}_t^N) \in \mathbb{R}^{N \times F}$ 为所有监测站在时刻 t 的所有特征数据,N 为监测站数量。为便于区分,使用 y_t^i 代表监测站 i 在时刻 t 的稻飞虱种群数量,即 $y_t^i = x_t^{j,i}$,则所有监测站在未来 T_p 个时刻内预报的稻飞虱种群数量可表示为 $\hat{\boldsymbol{Y}} = (\hat{\boldsymbol{y}}^1, \hat{\boldsymbol{y}}^2, \cdots, \hat{\boldsymbol{y}}^N) \in \mathbb{R}^{N \times T_\mathrm{p}}$,其中 $\hat{\boldsymbol{y}}^i = (\hat{y}_{T+1}^i, \hat{y}_{T+2}^i, \cdots, \hat{y}_{T+T_\mathrm{p}}^i) \in \mathbb{R}^{T_\mathrm{p}}$ 表示监测站 i 在未来 T_p 个时刻内预报的稻飞虱种群数量。实际观测的未来 T_p 个时刻内稻飞虱种群数量记为 $\boldsymbol{Y} = (\boldsymbol{y}^1, \boldsymbol{y}^2, \cdots, \boldsymbol{y}^N) \in \mathbb{R}^{N \times T_\mathrm{p}}$。因此,稻飞虱种群动态预报可表达为在给出过去 T 个时刻所有观测数据 $\mathcal{X}$ 后,利用模型从 $\mathcal{X}$ 学习一个非线性函数 $\mathcal{F}$ 对未来 T_p 个时刻内的稻飞虱种群数量进行预报,即 $\hat{\boldsymbol{Y}} = \mathcal{F}(\mathcal{X})$。

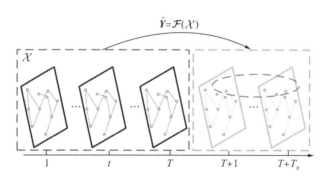

图 10-1　稻飞虱种群动态预报示意图

10.2.1　稻飞虱种群动态预报模型框架

田间稻飞虱种群的发展受稻田生态系统中寄主状态、前期虫源、气象条件等生物与非生物因素共同控制[9, 16]。水稻植株等生物因素通过其品种、生育时期及营养状态等特性直接控制稻飞虱的生存与繁殖,其时空分布对田间稻飞虱种群的发展有直接影响[17-19]。此外,稻飞虱在我国大部分稻区无法越冬,田间种群数量动态与远距离迁入种群数量、时间均有一定关联[16, 20]。种群自身繁殖和从相邻区域短距离迁入种群对田间种群动态也有一定贡献[10]。因此,稻飞虱迁入种群和前期田间种群均应在其动态预报中有所考虑。已有研究证明,气象条件等非生物因素在田间稻飞虱种群动态中扮演了重要作用[16, 21],气温、降水等气象条件对稻飞虱种群发展均有影响[2, 3]。同时,稻飞虱种群动态与不同类型控制因子间的依赖关系也有所差异。鉴于此,本章使用不同的网络结构来分别表征稻飞虱种群动态对其控制因子的依赖关系。

　　本章利用动态图卷积网络(dynamic graph conventional network，DGCN)和基于注意力的长短时记忆编解码网络(attention-based LSTM encoder-decoder network)构建稻飞虱种群动态预报模型 DGCN-ALSTM，DGCN-ALSTM 模型由独立的 3 个部分组成，分别用于模拟虫源基数、气象因子和寄主植被状态中的空间和时间依赖。DGCN(图 10-2 左侧)通过图卷积(graph conventional，GC)操作和注意力机制(attention mechanism)来捕捉虫源基数 $\mathcal{X}_s \in \mathbb{R}^{N \times T \times F_s}$（包括迁入种群和田间种群）中的时空特征。稻飞虱种群动态对气象因子 $\mathcal{X}_m \in \mathbb{R}^{N \times T \times F_m}$（图 10-2 中间）和寄主植被状态 $\mathcal{X}_h \in \mathbb{R}^{N \times T \times F_h}$（图 10-2 右侧）的时间依赖则通过 2 个 ALSTM[22, 23] 来分别提取。3 个分支的输出 $\hat{Y}_s$、$\hat{Y}_m$ 和 $\hat{Y}_h$ 通过加权和的方式动态聚合以产生最终的预报输出 $\hat{Y}$，详见式(10-1)，权重 W_s、W_m 和 W_h 从输入数据中学习。

$$\hat{Y} = W_s \odot \hat{Y}_s + W_m \odot \hat{Y}_m + W_h \odot \hat{Y}_h \tag{10-1}$$

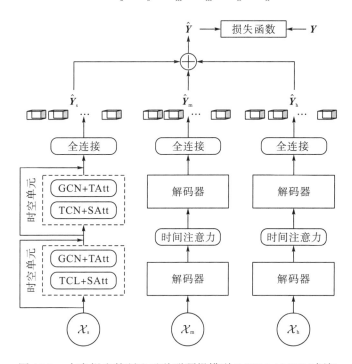

图 10-2　本章提出的稻飞虱种群预报模型 DGCN-ALSTM 框架

注：GCN：图卷积网络；TCL：时间卷积层；SAtt：空间注意力；TAtt 时间注意力；
$\mathcal{X}_s$、$\mathcal{X}_m$ 和 $\mathcal{X}_h$ 分别代表虫源基数、气象因子和寄主状态数据。

10.2.2　动态图卷积网络

　　如图 10-2 所示，DGCN 由两个时空单元组成，用于捕捉稻飞虱虫源基础数据中的时空特征。图 10-3 展示了一个时空单元的结构，一个时空单元由 2 个部分组成[12]。首先利用 TCL 来提取输入数据中的高维局部时间特征 $\mathcal{X}_{s,TC}$，稻飞虱种群虫源基数数据 $\mathcal{X}_s = (X_{s,1}, X_{s,2}, \cdots, X_{s,T}) \in \mathbb{R}^{N \times T \times F_s}$ 上的时间卷积(temporal convolution，TC) $\Phi * \mathcal{X}_s$ 可用式

（10-2）表示。

$$\mathcal{X}_{s,TC} = \boldsymbol{\Phi} * \mathcal{X}_s = \mathrm{Conv}_{1 \times t_s}(\mathcal{X}_s) \tag{10-2}$$

式中，$\mathrm{Conv}_{1 \times t_s}$ 是卷积核大小为 $1 \times t_s$ 的 2 维卷积。

然后将 TCL 的输出 $\mathcal{X}_{s,TC}$ 和监测站网络的拉普拉斯矩阵 $\boldsymbol{L}$ 一同输入基于空间注意力的拉普拉矩阵学习网络（spatial attention-based laplacian matrix learning network，SALMLN），得到动态拉普拉斯矩阵 $\boldsymbol{L}_f$。最后，将 $\mathcal{X}_{s,TC}$ 和 $\boldsymbol{L}_f$ 传递给基于 GCN 的预报网络产生输出特征。

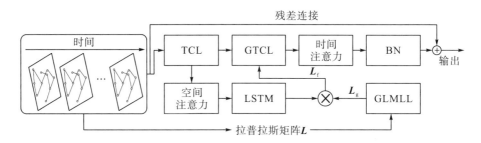

图 10-3　DGCN 中时空单元结构

注：GTCL：图时间卷积层；BN：批标准化；GLMLL：全局拉普拉斯矩阵学习层；$\boldsymbol{L}$ 为归一化稻飞虱监测网络拉普拉斯矩阵；$\boldsymbol{L}_g \in \mathbb{R}^{N \times N}$ 为 1-hop 残差全局拉普拉斯矩阵；$\boldsymbol{L}_f \in \mathbb{R}^{N \times N}$ 为原基学习所得拉普拉斯矩阵。

1. 图卷积网络

GCN 是将卷积运算从网格结构数据推广到非规则数据上的一类图神经网络，包括谱域 GCN 和空域 GCN。空域 GCN 的核心思想是直接在图上对邻接点的信息进行聚合，而谱域 GCN 则先将空域数据转换到谱域，然后利用谱域的卷积运算进行处理，并将结果变换至空域。

对一个具有 N 个顶点的图 G，其拉普拉斯矩阵定义见式（10-3）。

$$\boldsymbol{L} = \boldsymbol{D} - \boldsymbol{A} \tag{10-3}$$

式中，$\boldsymbol{L}$ 为图 G 的拉普拉矩阵；$\boldsymbol{D}$ 为图 G 的度矩阵；$\boldsymbol{A}$ 为图 G 的邻接矩阵。

通常需要对拉普拉斯矩阵进行归一化，归一化后 $\boldsymbol{L}$ 为实对称矩阵，可按式（10-4）进行特征分解。

$$\boldsymbol{L} = \boldsymbol{I}_N - \boldsymbol{D}^{-\frac{1}{2}} \boldsymbol{A} \boldsymbol{D}^{-\frac{1}{2}} = \boldsymbol{U} \boldsymbol{\Lambda} \boldsymbol{U}^{\mathrm{T}} \in \mathbb{R}^{N \times N} \tag{10-4}$$

式中，$\boldsymbol{I}_N$ 为单位矩阵；$\boldsymbol{U}$ 是正交化的特征向量矩阵，$\boldsymbol{U}\boldsymbol{U}^{\mathrm{T}} = \boldsymbol{U}^{\mathrm{T}}\boldsymbol{U} = \boldsymbol{I}$；$\boldsymbol{\Lambda} = \mathrm{diag}([\lambda_1, \lambda_2, \cdots, \lambda_N]) \in \mathbb{R}^{N \times N}$，为特征值的对角阵。

利用矩阵 $\boldsymbol{L}$ 的特征向量替换传统傅里叶变换中拉普拉斯算子的特征函数，则图上任意一个向量 $\boldsymbol{f}$ 都可按式（10-5）进行傅里叶变换。

$$\mathbb{F}(\lambda_l) = \sum_{i=1}^{N} f(i) u_l(i) = \boldsymbol{u}_l^{\mathrm{T}} \boldsymbol{f} \tag{10-5}$$

式中，λ_l 表示图 G 拉普拉斯矩阵的第 l 个特征值；$f(i)$ 为图 G 第 i 个顶点的特征；$u_l(i)$ 表

示矩阵 U 的第 l 个列向量 u_l 的第 i 个元素。

将式(10-5)推广到矩阵形式为 $U^T f$，基于此，可以给出谱域的图卷积操作。Bruna 等[24]定义图 G 在 t 时刻第 f 个特征 $x = x_t^f \in \mathbb{R}^N$ 与卷积核 g_θ 的卷积运算见式(10-6)。

$$g_\theta * G(x) = g_\theta(L)x = g_\theta(U\Lambda U^T)x = U g_\theta(\Lambda)U^T x \tag{10-6}$$

这种图卷积操作为谱域 GCN 指明了方向，但直接对拉普拉矩阵 L 进行特征分解是一项十分耗时的工作，时间复杂度为 $O(N^3)$，且当图过大时，参数过多，难以拟合[12]。为此，Defferrard 等[25]提出了一个名为 ChebyNet 的谱域 GCN，降低了复杂度。ChebyNet 使用切比雪夫多项式(Chebyshev polynomial)[26]来对拉普拉斯矩阵 L 进行特征分解，即优化图卷积(graph convolution，GC)操作。利用切比雪夫多项式的 K 阶截断，将卷积核定义为式(10-7)。

$$g_\theta(L) = \sum_{k=0}^{K-1} \theta_k T_k(\tilde{L})x \tag{10-7}$$

其中：

$$\tilde{L} = \frac{2}{\lambda_{\max}}L - I_N \tag{10-8}$$

式中，K 为切比雪夫多项式阶数；$\theta_k \in \mathbb{R}^K$，为切比雪夫多项式系数；$T_k$ 为 k 阶切比雪夫多项式；$\lambda_{\max}$ 表示拉普拉斯矩阵 L 的最大特征值。

切比雪夫多项式可以通过递归求解，从初始值 $T_0 = I_N$，$T_1 = \tilde{L}$ 开始，k 阶切比雪夫多项式可通过式(10-9)求解。

$$T_k(\tilde{L}) = 2\tilde{L}T_{k-1}(\tilde{L}) - T_{k-2}(\tilde{L}) \tag{10-9}$$

将式(10-7)代入式(10-6)可得 ChebyNet 的图卷积操作见式(10-10)。

$$g_\theta * G(x) = g_\theta(L)x = \sum_{k=0}^{K-1} \theta_k T_k(\tilde{L})x \tag{10-10}$$

2. 基于空间注意力的拉普拉斯矩阵学习网络

在 SALMLN 中，首先由全局拉普拉斯矩阵学习层(global laplacian matrix learning layer，GLMLL)处理稻飞虱监测网络拉普拉斯矩阵 L，以产生 1-hop 残差全局拉普拉斯矩阵 L_g，其计算过程见式(10-11)～式(10-14)[12]。

$$\hat{L} = L_p + L \tag{10-11}$$

$$\hat{D}_i = \sum_j \hat{L}_{ij} \quad (i,j = 1, \cdots, N) \tag{10-12}$$

$$\hat{D} = \mathrm{diag}\left[1/(\hat{D}_i + 0.0001)\right] \tag{10-13}$$

$$L_g = \hat{D}\hat{L} \tag{10-14}$$

式中，$\hat{L}$ 是参数化的拉普拉斯矩阵；$L_p \in \mathbb{R}^{N \times N}$，是一个可学习的参数矩阵；$\hat{D}_i$ 为监测站 i 的度；$\hat{D}$ 为度矩阵的逆矩阵，度加上 0.0001 以避免产生空值。

注意力机制是一种权重分配机制，它几乎成了深度学习模型中必需的模块。采用空间注意力机制获取各时刻稻飞虱监测网络的空间关系，以估算稻飞虱监测网络中当前时刻的邻接矩阵。对空间注意力的输入特征 $\mathcal{X}_{s,TC}$，采用矩阵内积估算稻飞虱监测网络的邻接矩阵，并采用多头注意力结构获取稻飞虱监测站间的关系，空间注意力的计算过程见式(10-15)。

$$\hat{\boldsymbol{L}}_d = \mathrm{mean}\left\{\sigma\left[\left(\boldsymbol{W}_1(\mathcal{X}_{s,TC})\right)\left(\boldsymbol{W}_2(\mathcal{X}_{s,TC})\right)^{\mathrm{Tr}}\right]\right\} \tag{10-15}$$

式中，$\mathrm{mean}(\cdot)$ 为对多头注意力产生的动态邻接矩阵进行均值计算；$\boldsymbol{W}_1(\cdot)$ 和 $\boldsymbol{W}_2(\cdot)$ 为嵌入函数，本章中为 2 维卷积；Tr 为矩阵转置。

空间注意力机制为不同监测站的输入赋予不同的权重，以区分不同输入的重要性程度，从而提取关键的信息。$\hat{\boldsymbol{L}}_d \in \mathbb{R}^{T\times N\times N}$ 表示空间注意力输出的邻接矩阵序列。序列 $\hat{\boldsymbol{L}}_d$ 传递给 LSTM 网络学习邻接矩阵间存在的时间依赖[式(10-16)]，LSTM 在 T 时刻的隐藏状态 $\boldsymbol{h}_{\hat{L}_d,T} \in \mathbb{R}^{N\times N}$ 作为预测邻接矩阵 $\boldsymbol{L}_d$。结合 GLMLL 的输出 $\boldsymbol{L}_g$，根据式(10-17)可计算出动态拉普拉斯矩阵 $\boldsymbol{L}_f \in \mathbb{R}^{N\times N}$，并传递给基于 GCN 的预报网络。

$$\boldsymbol{L}_d = \boldsymbol{h}_{\hat{L}_d,T} = \mathrm{LSTM}(\hat{\boldsymbol{L}}_d) \tag{10-16}$$

$$\boldsymbol{L}_f = \boldsymbol{L}_d\boldsymbol{L}_g \tag{10-17}$$

3. 基于 GCN 的预报网络

在基于 GCN 的预报网络中，TCL 提取的高维局部时间信息 $\mathcal{X}_{s,TC}$ 和动态拉普拉斯矩阵 $\boldsymbol{L}_f$ 作为图时间卷积层(GTCL)的输入。GTCL 为减少 GC 和 TC 计算中的计算量，通过替换式(10-10)中图卷积操作 g_θ 为 $\boldsymbol{\Phi}$，将 GCN 和 TCL 整合为单个函数来进行图时间卷积 $\boldsymbol{\Phi}*G(\mathcal{X}_{s,TC})$，并使用门控机制[27]获取局部时间特征，结合动态拉普拉斯矩阵 $\boldsymbol{L}_f$，可以获得 GTCL 的最终输出 $\mathcal{X}_{s,GC}$，其计算过程见式(10-18)和式(10-19)。

$$(\boldsymbol{\beta}_1, \boldsymbol{\beta}_2) = \mathrm{split}\left[\boldsymbol{\Phi}*G(\mathcal{X}_{s,TC})\right] = \mathrm{split}\left[\boldsymbol{\Phi}*\boldsymbol{L}_f(\mathcal{X}_{s,TC})\right] \tag{10-18}$$

$$\mathcal{X}_{s,GC} = \sigma(\boldsymbol{\beta}_1)\mathrm{PReLU}(\boldsymbol{\beta}_2) \tag{10-19}$$

式中，$\mathrm{split}(\cdot)$ 为对输入特征的等分操作；$\sigma(\cdot)$ 为 Sigmoid 激活函数；$\mathrm{PReLu}(\cdot)$ 为参数化矫正线性单元(parametric rectified linear unit，PReLU)。

采用时间注意力机制以自适应地获取 GTCL 输出特征中重要的时间特征，时间注意力权重 $\boldsymbol{E}'$ 的计算过程见式(10-20)和式(10-21)。

$$\boldsymbol{E} = \boldsymbol{V}_e\sigma\left\{\left[(\mathcal{X}_{s,GC})^{\mathrm{Tr}}\boldsymbol{U}_1\right]\boldsymbol{U}_2(\boldsymbol{U}_3\mathcal{X}_{s,GC}) + \boldsymbol{b}_e\right\} \tag{10-20}$$

$$\boldsymbol{E}'_{ij} = \frac{\exp(\boldsymbol{E}_{ij})}{\sum_{j=1}^{T}\exp(\boldsymbol{E}_{ij})} \tag{10-21}$$

式中，$\boldsymbol{V}_e$、$\boldsymbol{b}_e \in \mathbb{R}^{N\times N}$、$\boldsymbol{U}_1 \in \mathbb{R}^{N}$、$\boldsymbol{U}_2 \in \mathbb{R}^{N\times F_{GC}}$ 和 $\boldsymbol{U}_3 \in \mathbb{R}^{F_{GC}}$ 为可学习参数；F_{GC} 为 GTCL 输出的特征大小。

时间注意力的输出可记为 $\mathcal{X}_{s,TA} = \boldsymbol{E}'\mathcal{X}_{s,GC}$，采用 $\mathrm{PReLu}(\cdot)$ 激活时间注意力的输出，得到最终输出 $\mathcal{X}_{s,O} = \mathrm{PReLU}\left[\mathrm{BN}(\mathcal{X}_{s,TA}) + \mathcal{X}_s\right]$。

10.2.3　基于注意力机制的 LSTM 编解码网络

LSTM 作为一种特殊的 RNN，其通过门控机制有效地缓解了传统 RNN 的梯度消失问题[28]。基于 LSTM 构建的编解码网络随着输入序列长度增加其性能快速退化，在编解码网络中引入注意力机制能有效缓解该问题并提高模型性能[23, 29]。使用 ALSTM 是为了提取气象因子数据和寄主状态数据中蕴含的时间特征。如图 10-4 所示，在 ALSTM 中，输入序列首先传递给 LSTM 编码器，然后基于编码器所有时刻隐藏状态和解码器前一时刻状态，对每个预报时刻利用注意力机制产生一个上下文向量，用于更新该预报时刻解码器隐藏状态[30]。

为缓解编解码网络随输入序列长度增加性能快速退化的问题[29]，在编码器输出传递至解码器前，通过时间注意力机制[30]度量编码器各时刻隐藏状态对稻飞虱种群动态预报的重要性，来选择相关的解码器隐藏状态。对每个预报时刻 $t (1 \leqslant t \leqslant T_{\mathrm{p}})$，编码器第 i 个 $(1 \leqslant i \leqslant T)$ 隐藏状态的注意力权重计算过程见式（10-22）和式（10-23）。

$$e_t^i = V_1 \tan h(W_1[\hat{h}_{t-1}, \hat{s}_{t-1}] + U_1 h_i) \tag{10-22}$$

$$\beta_t^i = \frac{\exp(e_t^i)}{\sum_{j=0}^{T} \exp(e_t^j)} \tag{10-23}$$

式中，$[\hat{h}_{t-1}, \hat{s}_{t-1}] \in \mathbb{R}^{2F_{\mathrm{dec}}}$ 为解码器前一刻隐藏状态和细胞状态的拼接；F_{dec} 为解码器 LSTM 单元隐藏状态特征维度，本章中 $F_{\mathrm{dec}} = F_{\mathrm{enc}}$；$V_1 \in \mathbb{R}^{F_{\mathrm{enc}}}$、$W_1 \in \mathbb{R}^{F_{\mathrm{enc}} \times 2F_{\mathrm{dec}}}$ 和 $U_1 \in \mathbb{R}^{F_{\mathrm{enc}} \times F_{\mathrm{enc}}}$ 为可学习参数；β_t^i 为第 i 个编码器隐藏状态 $h_i \in \mathbb{R}^{F_{\mathrm{enc}}}$ 的注意力权重。

预报时刻 t 的上下文向量 c_t 是所有历史时刻编码器隐藏状态的加权和[公式（10-24）]。

$$c_t = \sum_{i=1}^{T} \beta_t^i h_i \tag{10-24}$$

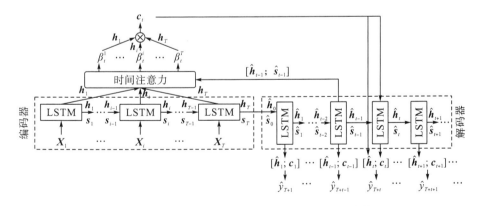

图 10-4　基于注意力机制的 LSTM 编解码网络结构

注：编码器第 i 个隐藏状态在预报时刻 t 的注意力权重 β_t^i 和上下文向量 c_t 是基于解码器前一时刻的隐藏状态 $\hat{h}_{t-1}$、细胞状态 $\hat{s}_{t-1}$ 和编码器所有时刻隐藏状态 $\{h_1, h_i, \cdots, h_T\}$ 计算所得；上下文向量 c_t 用于解码器 t 时刻 LSTM 单元状态更新，结合解码器隐藏状态 $\hat{h}_t$ 产生 t 时刻预报值 $\hat{y}_{T+t}$。

获得上下文向量 $\boldsymbol{c}_t$ 后，使用 $\tilde{\boldsymbol{w}} \in \mathbb{R}^{F_{enc}}$ 和 $\tilde{b}$ 将其映射为编码器 t 时刻 LSTM 单元的输入 $\tilde{y}_t \in \mathbb{R}$，表示为式(10-25)。

$$\tilde{y}_t = \tilde{\boldsymbol{w}}\boldsymbol{c}_t + \tilde{b} \tag{10-25}$$

利用输入 $\tilde{y}_t$、前一时刻隐藏态 $\hat{\boldsymbol{h}}_{t-1}$ 和细胞状态 $\hat{\boldsymbol{s}}_{t-1}$ 更新 t 时刻编码器隐藏状态 $\hat{\boldsymbol{h}}_t$ [式(10-26)]。然后，根据式(10-27)，结合 $\hat{\boldsymbol{h}}_t$ 和上下文向量 $\boldsymbol{c}_t$ 产生 t 时刻预报值 $\hat{y}_{T+t}$。

$$\hat{\boldsymbol{h}}_t = \mathrm{LSTM}(\tilde{y}_t, \hat{\boldsymbol{h}}_{t-1}, \hat{\boldsymbol{s}}_{t-1}) \tag{10-26}$$

$$\hat{y}_{T+t} = \boldsymbol{W}_y[\hat{\boldsymbol{h}}_t, \boldsymbol{c}_t] + b_y \tag{10-27}$$

式中，$\boldsymbol{W}_y \in \mathbb{R}^{2F_{dec}}$ 和 $b_y \in \mathbb{R}$ 为可学习参数。

10.3 实 验 结 果

10.3.1 实验设置

本节介绍其他几种模型，并与前文提出的 DGCN-ALSTM 进行对比。

1. 对比方法及评价指标

为测试本章所提出的顾及时空依赖的稻飞虱种群动态预报模型 DGCM-ALSTM 在预报精度上是否存在优势，本书将 DGCN-ALSTM 与如下 5 种时间序列预报方法进行对比分析，包括自回归移动平均模型(autoregressive integrated moving average，ARIMA)[5]，LSTM[28]、ALSTM[30]，基于注意力的时空图卷积网络(attention based spatial-temporal graph convolutional network，ASTGCN)[13]和 DGCN[12]。与 DGCN 相比，ASTGCN 采用的是静态拉普拉斯矩阵。考虑到各监测站间稻飞虱种群数量差异较大，为排除数据量纲的影响，对模型在不同监测站的预报精度进行比较，本章选择相对平均绝对误差(relative mean absolute error，RMAE)、相对均方根误差(relative root mean square error，RRMSE)和皮尔逊相关系数 R(Pearson's correlation coefficient) 3 个指标来评估各模型的预报精度，计算过程见式(10-28)~式(10-32)。

$$\mathrm{MAE} = \frac{1}{n}\sum_{i=1}^{n}|y_i - \hat{y}_i| \tag{10-28}$$

$$\mathrm{RMAE} = \frac{\mathrm{MAE}}{\bar{y}} \times 100 \tag{10-29}$$

$$\mathrm{MSE} = \frac{1}{n}(y_i - \hat{y}_i)^2 \tag{10-30}$$

$$\mathrm{RRMSE} = \frac{\sqrt{\mathrm{MSE}}}{\bar{y}} \times 100 \tag{10-31}$$

$$R = \frac{\sum_{i=1}^{n}(y_i - \bar{y})(\hat{y}_i - \bar{\hat{y}})}{\sqrt{\sum_{i=1}^{n}(y_i - \bar{y})^2(\hat{y}_i - \bar{\hat{y}})^2}} \tag{10-32}$$

式中，y_i 为实际观测值；$\hat{y}_i$ 为模型预报值；$\bar{y}$ 和 $\bar{\hat{y}}$ 分别为所有实际观测值和模型预报值的均值。

2. 模型输入数据

稻飞虱种群动态与前期虫源、气象条件和寄主状态息息相关。本章中模型预报的目标变量为稻飞虱田间发生量。根据第 9 章研究结果，模型输入因子包括：①虫源基数 $\mathcal{X}_s$，即灯下虫量与田间发生量；②气象因子 $\mathcal{X}_m$，即候最高气温（MaxT）、候最低气温（MinT）、候平均气温（MT）、候平均相对湿度（MRH）和候平均降水量（MTP）；③寄主状态 $\mathcal{X}_h$，即从 MODIS 数据获取的 NDVI、EVI 和 LSWI。为保证有足够的数据对模型进行训练，本章仅保留同时具有至少 5 年稻飞虱灯下虫量与田间量数据的监测站用于模型训练及验证。如图 10-5 所示，分别有 79 和 99 个监测站的数据用于褐飞虱种群动态预报和白背飞虱种群动态预报。考虑到 DGCN 中所使用的激活函数为 PReLU，将虫源基数数据 $\mathcal{X}_s$ 利用最小最大标准化方法映射到 $[-1, 1]$，将气象因子数据 $\mathcal{X}_m$ 和寄主状态数据 $\mathcal{X}_h$ 映射至 $[0, 1]$。2000~2018 年的数据作为模型训练数据，2019 年数据作为测试数据。ARIMA 模型仅采用稻飞虱田间发生量，即目标变量的历史观测数据作为输入。ASTGCN 与 DGCN 使用 $\mathcal{X}_s$ 作为模型输入数据，LSTM、ALSTM 与 DGCN-ALSTM 均使用 $\mathcal{X}_s$、$\mathcal{X}_h$ 和 $\mathcal{X}_m$ 作为模型预报输入数据。

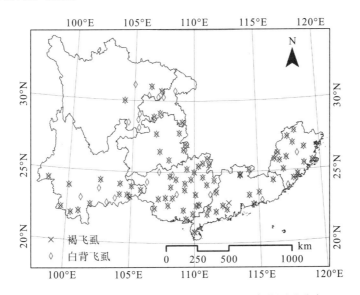

图 10-5　用于稻飞虱种群动态预报的 105 个监测站分布

注：×和◇分别表示用于褐飞虱种群动态预报和白背飞虱种群动态预报的监测站。

此外，为得到稻飞虱监测网络的邻接矩阵来计算稻飞虱监测网络的拉普拉斯矩阵，本章基于稻飞虱监测站的空间位置构建了一个无向图 $G = \{V, E, A\}$，其中 V 为稻飞虱监测站的集合，即将一个监测站视为图 G 的一个节点；E 为边的集合，边表示监测站之间的连通性。根据第 8 章研究结果，稻飞虱种群数量在一定空间距离内存在空间自相关性，因此当两个监测站间的空间距离小于一定阈值时，则认为两个监测站间稻飞虱种群数量相关，即两个节点间存在边。$A = (a_{ij})_{N \times N}$ 为图 G 的邻接矩阵，当两个监测站 i 和 j 间存在边时，a_{ij} 为边权重，采用反距离法计算得到。根据第 4 章研究结果，当两个监测站之间距离 $d_{ij} \leqslant 800km$ 时[9]，$a_{ij} = 1 / d_{ij}$；否则 $a_{ij} = 0$。

3. 模型参数与训练

本章所提出的稻飞虱种群动态预报模型采用 PyTorch 1.11.0 实现，模型训练与验证在具有 12G 显存 GPU（NVIDIA 1080 Ti）的工作站上完成。根据已有研究，DGCN-ALSTM 的参数设置如下[12, 13]。基于 GCN 的预报网络中 GTCL 的切比雪夫多项式阶数设置为 3，即式（10-10）中 K=3。TCL 的卷积核大小为 3，即式（10-2）中 t_s =3。第 9 章研究表明，稻飞虱种群间数量与控制因子间同时存在长期和短期时间依赖，因此本章将模型输入的历史数据时间长度设置为 12 候（T=12），预报时间长度设置为 6 候（$T_p = 6$）；批大小设置为 16，损失函数采用均方误差（mean square error，MSE）计算[式（10-30）]。使用 Adam 作为优化器，学习率采用指数学习衰减策略，初始学习率 0.001，衰减系数 0.92，模型训练 80 次[12]。褐飞虱和白背飞虱种群动态预报模型中模拟虫源基数的 DGCN 时空单元的 GCN 输出特征大小分别为 128 和 64。气象因子 ALSTM 编解码器隐藏状态特征维度分别为 128 和 8，寄主状态 ALSTM 的编解码器隐藏状态特征维度分别为 64 和 8（各分支输出特征大小均为本章中最优值，详细分析见 10.3.5）。褐飞虱和白背飞虱种群动态预报模型 ASTGCN 和 DGCN 的 GCN 输出特征大小分别为 128 和 64，LSTM 和 ALSTM 的隐藏状态特征维度分别为 128 和 64，损失函数、学习率、输入数据时长、批大小等参数与 DGCN-ALSTM 模型一致。ARIMA 模型包含 3 个参数：自回归（autoregressive，AR）的回归项数（时滞数）p，滑动平均（moving average，MA）的项数 q，以及将输入时间序列转为平稳时间序列的差分阶数 d。本章采用赤池信息准则（Akaike information criterion，AIC）在 $p \in [1,3]$、$q \in [1,3]$ 和 $d \in [1,2]$ 中搜寻最优参数组合用于预报。

各深度学习模型训练与测试时间如表 10-1 所示，本章所提稻飞虱种群动态预报模型 DGCN-ALSTM 的训练与测试时间较其他模型有所增长，但增长幅度对实际应用来说是可接受的。褐飞虱与白背飞虱种群动态预报模型训练过程损失函数如图 10-6 所示。由图 10-6 可知，除 ASTGCN 在白背飞虱测试集上有轻微的过拟合现象外，其余各模型均能在训练 40 次后趋于稳定。

表 10-1 深度学习模型训练与测试时间

模型	褐飞虱		白背飞虱	
	训练/(s/次)	测试/s	训练/(s/次)	测试/s
LSTM	0.2429	0.0063	0.2265	0.0068
ALSTM	0.9067	0.0390	0.9039	0.0342
ASTGCN	1.0944	0.0261	1.0346	0.0309
DGCN	2.1175	0.0573	1.5149	0.0312
DGCN-ALSTM	5.0099	0.0724	4.2226	0.0708

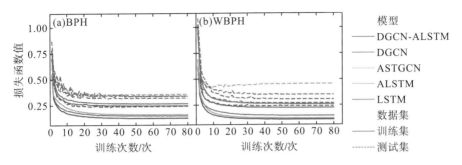

图 10-6　本章提出方法与对比方法训练过程损失函数值

注：(a)褐飞虱；(b)白背飞虱。

10.3.2　不同模型预报精度对比

本小节对比分析本章提出的 DGCN-ALSTM 与 ARIMA、LSTM、ALSTM、ASTGCN 和 DGCN 模型的稻飞虱种群动态预报精度。表 10-2 为逐候(共 6 候)稻飞虱种群动态预报精度的平均值。

表 10-2　各模型稻飞虱动态预报平均精度

模型	褐飞虱			白背飞虱		
	R	RMAE/%	RRMSE/%	R	RMAE/%	RRMSE/%
ARIMA	0.4558	29.55	52.85	0.5043	29.85	46.74
LSTM	0.6764	18.76	27.30	0.7414	19.24	27.03
ALSTM	0.6967	17.38	26.59	0.7944	16.44	24.31
ASTGCN	0.6995	17.57	26.95	0.8016	16.00	23.82
DGCN	0.7408	16.51	25.27	0.8361	14.49	22.07
DGCN-ALSTM	0.7552	15.19	23.67	0.8510	13.77	21.75

从表 10-2 可以看出，本章所提出的 DGCN-ALSTM 模型的预报精度在 3 种指标上均有最优表现(更低的 RMAE 和 RRMSE 以及更高的 R)。ARIMA 的预报精度在所有指标都表现最差。在所有对比的深度学习模型中，除 ASTGCN 的褐飞虱种群预报精度外，ASTGCN 的白背飞虱种群预报精度，DGCN 以及本章提出的 DGCN-ALSTM 等同时考虑时空依赖的模型预报精度优于 LSTM、ALSTM 的预报精度。ASTGCN 的白背飞虱种群动态预报的 R 略高于 ALSTM，但 RMAE 和 RRMSE 略低于 ALSTM。总体上深度学习模型的预报精度优于传统时间序列预报模型 ARIMA 的预报精度，在所有评价指标上 DGCN 的褐飞虱和白背飞虱种群预报精度均优于 ASTGCN，相比 LSTM，ALSTM 的预报精度也有所提升。

各模型的稻飞虱种群动态预报精度随预报时间增加的变化情况如图 10-7 所示，因 ARIMA 的预报精度明显差于其他几种深度学习模型，本书未将其结果加入比较。

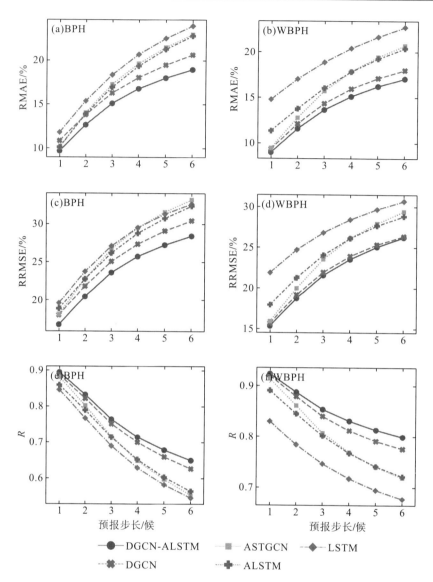

图 10-7　各模型稻飞虱种群动态预报精度随预报时间增加的变化情况

注：(a)、(c)和(e)：褐飞虱种群动态预报精度；(b)、(d)和(f)：白背飞虱种群动态预报精度。

　　整体来看，随着预报步长增加，稻飞虱种群动态预报精度逐渐变差，但本章所提出的 DGCN-ALSTM 在所有预报时刻上的褐飞虱和白背飞虱种群预报精度依然优于其他模型，随着预报步长的加长，DGCN-ALSTM 与其他预报模型的预报精度差距进一步加大。与 DGCN 相比，ASTGCN 能在较短的预报时间内达到与 DGCN 相似甚至略优的预报精度，但随着预报步长的增加，ASTGCN 的预报精度快速降低，在较长的预报时间上，其预报精度甚至低于 ALSTM 的预报精度。在本章所对比的所有深度学习模型中，随预报步长的增加，ASTGCN 是预报精度下降最快的模型。

10.3.3　不同监测站 DGCN-ALSMT 模型预报精度对比

为比较本章所提出的 DGCN-ALSTM 模型在各监测站上的预报精度，分别计算了各监测站褐飞虱与白背飞虱的种群预报精度，各监测站预报精度如图 10-8 所示，预报精度的统计结果如表 10-3 所示。

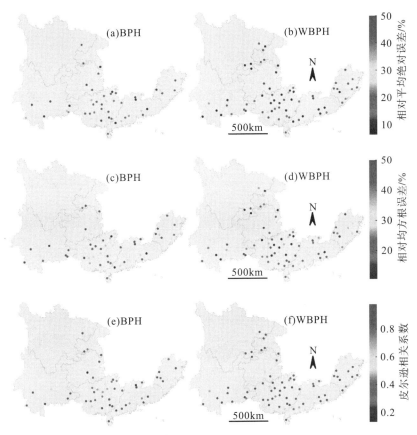

图 10-8　各监测站稻飞虱种群动态预报精度

表 10-3　各监测站稻飞虱种群预报精度统计结果

种群	RMAE/%			RRMSE/%			R		
	最小值	最大值	均值	最小值	最大值	均值	最小值	最大值	均值
褐飞虱	8.86	209.67	25.16	12.62	378.84	40.05	0.1278	0.9704	0.7389
白背飞虱	5.36	110.21	18.57	9.46	150.02	26.97	0.2593	0.9833	0.8457

由图 10-8 和表 10-3 可以看出，DGCN-ALSTM 在各监测站上预报精度有一定差异。DGCN-ALSTM 的褐飞虱种群动态预报在 80.77% 的监测站(42 个)有较好的预报精度，白背飞虱种群动态预报在 95.77% 的监测站(68 个)有较好的预报精度($R \geqslant 0.6$)。例如，广东省紫金县褐飞虱和白背飞虱种群预报的 RMAE、RRMSE 和 R 分别为 8.87%、13.57% 和

0.9380（褐飞虱）及 8.58%、13.41%和 0.9236（白背飞虱）；重庆市秀山土家族苗族自治县褐飞虱和白背飞虱种群预报的 RMAE、RRMSE 和 R 分别为 11.47%、21.79%和 0.9217（褐飞虱）及 8.03%、12.33%和 0.9734（白背飞虱）。但 DGCN-ALSTM 在少量监测站的预报精度仍较差，如贵州省贵定县褐飞虱和白背飞虱种群预报的 RMAE、RRMSE 和 R 分别为 220.95%、375.48%和 0.1279（褐飞虱）及 71.83%、110.82%和 0.5（白背飞虱）；广东省浈江区褐飞虱和白背飞虱种群预报的 RMAE、RRMSE 和 R 分别为 65.43%、79.03%和 0.2193（褐飞虱）及 62.07%、79.21%和 0.2872（白背飞虱）。

10.3.4　稻飞虱种群动态预报结果对比

为进一步分析本章提出的 DGCN-ALSTM 与其他方法预报结果的差异，本节对比了各模型预报 1 候的稻飞虱种群数量与实际稻飞虱种群数量之间的差异。这里选取两个预报精度较高的监测站对不同模型的稻飞虱种群动态预报结果进行可视化展示，两个监测站分别为广东省紫金县和重庆市秀山土家族苗族自治县监测站，结果如图 10-9 所示。对比模型预报值与实际观测值可以发现，所有模型在这两个监测站均能较好地表征稻飞虱种群的数量动态变化，但本章所提模型 DGCN-ALSTM 的预报结果与实际稻飞虱种群数量动态最为接近，其次是 DGCN 和 ASTGCN，LSTM 和 ALSTM 预报效果最差。

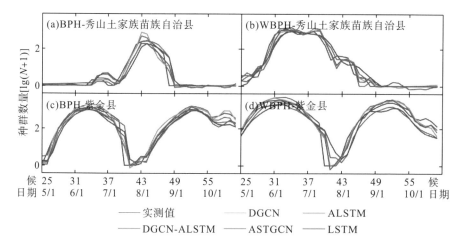

图 10-9　各模型在两个预报精度较高监测站的种群数量预报结果与实际情况对比（2019 年）

注：（a）秀山褐飞虱；（b）秀山白背飞虱；（c）紫金褐飞虱；（d）紫金白背飞虱。

此外，为测试 DGCN-ALSTM 不同预报时刻预报结果的差异，本节比较了 DGCN-ALSTM 预报各监测站 1 候、3 候和 6 候的稻飞虱种群数量与实际稻飞虱种群数量的差异。这里选择了 10.3.3 小节中两个预报精度较高和两个预报精度较低的监测站进行可视化展示，其结果如图 10-10 和图 10-11 所示。从图 10-10 和图 10-11 中明显可以看出，随着预报步长的增加，DGCN-ALSTM 对稻飞虱种群数量动态的预报能力逐渐减弱。从图 10-10 可以看出，本章所提的 DGCN-ALSTM 对稻飞虱种群短期和长期数量动态预报均较为准确。即使是在预报精度较差的站点，DGCN-LSTM 的预报结果依然有与实际稻飞虱种群相似的数量动态。但当预报时间增加时，DGCN-LSTM 预报的稻飞虱种群数量与实际稻飞虱种群数量之间的差异变大，DGCN-ALSTM 倾向于高估稻飞虱种群数量（图 10-11）。此外，在部分监测站的预报结果存在一定的时滞现象［图 10-10（a）和图 10-11］。

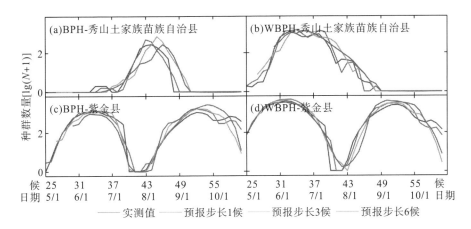

图 10-10　DGCN-ALSTM 在两个预报精度较高监测站的预报步长 1 候、3 候和 6 候种群数量预报结果与实际情况对比

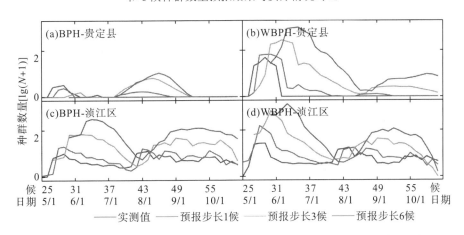

图 10-11　DGCN-ALSTM 在两个预报精度较差监测站的预报步长 1 候、3 候和 6 候种群数量预报结果与实际情况对比

10.3.5　模型参数对预报精度的影响

为调查本章所提出的 DGCN-ALSTM 中隐藏层神经元数量，如 GCN 的输出特征大小、ALSTM 的隐藏状态特征维度等参数对模型预报精度的影响，本小节分别测试了不同隐藏层神经元数量组合下 DGCN-ALSTM 的预报精度。模型中虫源基数部分的 GCN 输出特征大小、气象因子及寄主状态 ALSTM 的隐藏状态特征维度分别在 8、16、32、64 和 128 中依次选择，其余模型参数与 10.3.1 节中保持一致。对褐飞虱与白背飞虱种群动态预报分别进行 125 组实验，并计算每组实验每个预报时刻 3 种评价指标的值，其结果如图 10-12 和图 10-13 所示。

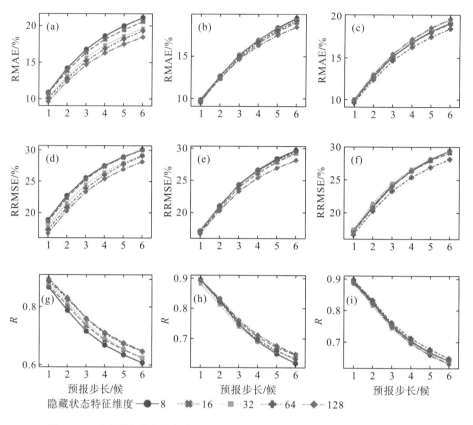

图 10-12　不同模型参数组合下 DGCN-ALSTM 褐飞虱种群动态预报精度

注：每一列均为 DGCN-ALSTM 模型三个分支中两个分支隐藏层神经元数量保持不变的情况下，另一分支隐藏层神经元数量变化对模型预报精度的影响。(a)、(d) 和 (g)：前期虫源 DGCN 分支输出特征大小对模型预报精度影响；(b)、(e) 和 (h)：气象因子 ALSTM 分支隐藏状态维度大小对模型预报精度影响；(c)、(f) 和 (i)：寄主状态 ALSTM 分支隐藏状态维度大小对模型预报精度影响。

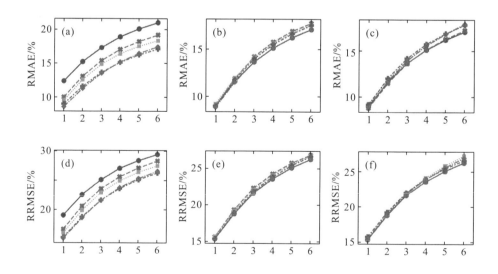

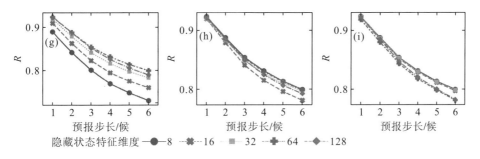

图 10-13　不同模型参数组合下 DGCN-ALSTM 白背飞虱种群动态预报精度

注：每一列均为 DGCN-ALSTM 模型三个分支中两个分支隐藏层神经元数量保持不变的情况下，另一分支隐藏层神经元数量变化对模型预报精度的影响。(a)、(d)和(g)：前期虫源 DGCN 分支输出特征大小对模型预报精度影响；(b)、(e)和(h)：气象因子 ALSTM 分支隐藏状态维度大小对模型预报精度影响；(c)、(f)和(i)：寄主状态 ALSTM 分支隐藏状态维度大小对模型预报精度影响。

如图 10-12 所示，对褐飞虱种群动态预报而言，当模型中虫源基数部分的 GCN 输出特征大小和气象因子 ALSTM 的隐藏状态特征维度由 8 逐步增加至 128 的过程中，DGCN-ALSTM 预报结果的 RMAE[图 10-12(a)、(b)]和 RRMSE[图 10-12(d)、(e)]逐步减小，R[图 10-12(g)、(h)]逐步增加。寄主状态 ALSTM 的隐藏状态特征维度为 64 时，DGCN-ALSTM 模型预报精度达到最优[图 10-12(c)、(f)和(i)]。在较长期的预报中，采用最优隐藏神经元数量组合的 DGCN-ALSTM 预报结果的 RMAE 和 RRMSE 有较明显的提升[图 10-12(a)～(f)]。

如图 10-13 所示，对白背飞虱种群动态预报而言，当 GCN 的输出特征维度从 8 增长到 64 时，DGCN-ALSTM 对白背飞虱种群动态的预报精度持续提高；输出特征维度超过 64 以后，模型达到相对稳定的预报精度；当输出特征维度为 128 时，预报精度有轻微降低[图 10-13(a)、(d)和(g)]。随着气象因子和寄主状态 ALSTM 的隐藏状态特征维度增加，DGCN-ALSTM 的预报精度逐步降低[图 10-13(b)、(e)、(h)和(c)、(f)、(i)]。

因此，褐飞虱种群动态预报模型和白背飞虱种群动态预报模型的虫源基数 GCN 输出特征维度、气象因子 ALSTM 隐藏状态维度和寄主状态 ALSTM 隐藏状态维度分别为 128，128，64（褐飞虱）和 64，8，8（白背飞虱）。

10.4　讨　　论

本章提出了一个深度学习网络来模拟稻飞虱种群动态及其控制因子间的时空依赖关系，并预报未来一段时间内的稻飞虱种群动态，结果表明，所提出的模型能利用虫源基数、气象因子和寄主状态对稻飞虱种群动态进行有效预报，且预报精度优于传统时间序列预报模型与其他深度学习模型。与其他模型相比，本章提出的 DGCN-ALSTM 模型预报褐飞虱种群及白背飞虱种群动态的 RMAE 和 RRMSE 至少分别降低了 1.32%、1.60% 和 0.72%、0.32%，同时 R 至少分别增加了 0.0144（1.94%）及 0.0149（1.78%）（表 10-2）。这表明，在预报模型中兼顾空间和时间依赖有助于提升模型预报精度。同时 DGCN-ALSTM 能更好地表征稻飞虱种群动态对控制因子的时空依赖，并提高稻飞虱种群数量动态预报

的精度。与 LSTM 和 ALSTM 相比，DGCN、ASTGCN 和 DGCN-ALSTM 能获得更优的预报精度，进一步说明了不同监测站稻飞虱种群间的空间依赖关系在稻飞虱种群数量动态预报中的有效性。与 ASTGCN 相比，DGCN 预报褐飞虱及白背飞虱种群动态的 RMAE 和 RRMSE 分别降低了 1.06%、1.68% 和 1.51%、1.75%，R 分别增加了 0.04(5.90%)及 0.03(4.30%)。这证明了利用 SALMLN 获得的动态拉普拉斯矩阵替换传统 GCN 中经验拉普拉斯矩阵的策略能有效提升模型对拉普拉斯矩阵序列中时间依赖的捕捉能力，这一点在相关的研究中同样有所报道[12]。此外，ALSTM 有优于 LSTM 的预报精度，说明在单层 LSTM 的基础上引入第二层(即编解码网络)和注意力机制后，使用根据编码器输出生成的上下文向量作为解码器的输入对模型预报精度有所提升[22, 23, 30]。

在所有预报模型中均观察到了预报精度随预报步长增加而逐步下降的现象。已有时间序列预报研究认为，这一现象是由于控制因子与目标变量间依赖关系强度降低导致[8, 31]，这在本书第 5 章的研究中也有所体现。随着预报步长增加，ASTGCN 的预报精度急速下降，而 DGCN 预报精度的下降速率远小于 ASTGCN(图 10-7)，进一步说明 SALMLN 获得的动态拉普拉斯矩阵序列对提升预报精度是有意义的，同时也表明了时间依赖在长时间预报中的有效性。总体上，本章研究结果表明，本书所提的 DGCN-ALSTM 通过结合 GCN 和 LSTM 来提取深层时空依赖能有效降低稻飞虱种群动态的预报误差并提升预报精度。

尽管本章所提的 DGCN-ALSTM 模型优于对比的其他模型，但其在少量监测站的预报精度仍然较差(图 10-11)。在这些监测站，预报目标年的稻飞虱种群数量及动态与历史稻飞虱种群数量及动态相比有巨大的差异(图 10-14)，例如，贵定县及浈江区 2000～2018 年褐飞虱和白背飞虱平均年总虫量分别为 2.78、3.84(贵定县)及 4.36、4.50(浈江区)(经以 10 为底的对数变化后，余同)，而在预报年(2019 年)两监测站的褐飞虱与白背飞虱年总虫量为 0.91、2.15 及 2.20、2.37。这一现象使得模型难以从不充足的历史数据中学习到足够的时空依赖关系。尽管如此，本章所提出的模型在这些监测站较短的预报时间内依然能捕捉到稻飞虱种群动态趋势。此外，模型预报时序与实际时序相比存在轻微的滞后现象(图 10-10 和图 10-11)。滞后现象在时间序列预报中普遍存在，这是因为深度

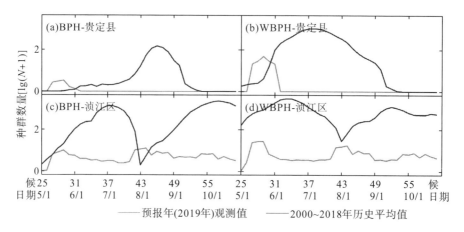

图 10-14　两个预报精度较差监测站 2000～2018 年历史稻飞虱种群数量动态与预报年(2019 年)稻飞虱种群数量动态对比

学习模型倾向于利用与预报时刻接近时段的信息去估计该预报时刻的结果[32]。但与引入注意力机制的模型 ALSTM 相比，LSTM 的滞后现象更为严重，表明注意力机制在时间特征选择上具有有效性。

本章通过一系列实验，筛选出了所提出模型 DGCN-ALSTM 的最优隐藏神经元数量组合。结果表明，褐飞虱和白背飞虱种群动态预报的模型最优组合不一致。褐飞虱种群预报需要更多的隐藏神经元数量，说明褐飞虱种群动态与其控制因子之间的时空依赖可能比白背飞虱种群动态与其控制因子之间的时空依赖关系更为复杂。此外，模型的预报精度还受学习率、批大小和优化器等参数影响[33]，使用不同的优化器对模型的参数进一步调优或许能提高模型的预报精度。同时，为满足 GCN 的要求，本书使用"0"来填充缺失时间的稻飞虱种群数量，然而将特征填补与图学习过程分开会导致模型性能降低或不稳定，使用能处理包含缺失特征的 GCN 模型可以缓解该问题[34]。

此外，由于稻田生态系统是开放环境，影响稻飞虱种群数量动态的因子是复杂多变的。除去本章中考虑的虫源基数、气象因子和寄主状态外，天敌、水稻品种甚至种植技术等同样会影响稻飞虱种群的数量动态[16]。尽管本章提出的模型预报精度优于其他模型，但通过囊括更多相关的控制因子或许能更充分地释放 DGCN-ALSTM 稻飞虱种群动态预报的潜力，进一步提升预报精度，例如设置包含更多气象要素、天敌信息、水稻品种以及更精细(如更高的时间和空间分辨率)的水稻植株参数用于稻飞虱种群动态预报。

主要参考文献

[1] Yang L N, Peng L, Zhang L M, et al. A prediction model for population occurrence of paddy stem borer (*Scirpophaga incertulas*), based on Back Propagation Artificial Neural Network and Principal Components Analysis[J]. Computers and Electronics in Agriculture, 2009, 68(2): 200-206.

[2] Ali M P, Huang D C, Nachman G, et al. Will climate change affect outbreak patterns of planthoppers in Bangladesh?[J]. PLoS One, 2014, 9(3): e91678.

[3] Li X Z, Zou Y, Yang H Y, et al. Meteorological driven factors of population growth in brown planthopper, *Nilaparvata lugens* Stål (Hemiptera: Delphacidae), in rice paddies[J]. Entomological Research, 2017, 47(5): 309-317.

[4] Isichaikul S, Ichikawa T. Relative humidity as an environmental factor determining the microhabitat of the nymphs of the rice brown planthopper, *Nilaparvata lugens* (Stål) (Homoptera: Delphacidae)[J]. Researches on Population Ecology, 1993, 35(2): 361-373. [LinkOut]

[5] Boopathi T, Singh S B, Manju T, et al. Development of temporal modeling for forecasting and prediction of the incidence of lychee, *Tessaratoma papillosa* (Hemiptera: Tessaratomidae), using time-series (ARIMA) analysis[J]. Journal of Insect Science, 2015, 15(1): 55. [LinkOut]

[6] Narava R, Sai R K D V, Jaba J, et al. Development of temporal model for forecasting of *Helicoverpa armigera* (Noctuidae: Lepidopetra) using Arima and artificial neural networks[J]. Journal of Insect Science, 2022, 22(3): 2.

[7] Pavan K S T, Mazumdar D, Kamei D, et al. Advantages of artificial neural network over regression method in prediction of pest incidence in rice crop[J]. International Journal of Agricultural and Statistical Sciences, 2018, 14(1): 357-363.

[8] Chen P, Xiao Q X, Zhang J, et al. Occurrence prediction of cotton pests and diseases by bidirectional long short-term memory

networks with climate and atmosphere circulation[J]. Computers and Electronics in Agriculture, 2020, 176: 105612.

[9] Zhang H G, He B B, Xing J, et al. Spatial and temporal patterns of rice planthopper populations in South and Southwest China[J]. Computers and Electronics in Agriculture, 2022, 194: 106750.

[10] Hu G, Lu F, Zhai B P, et al. Outbreaks of the brown planthopper *Nilaparvata lugens* (Stål) in the Yangtze River Delta: immigration or local reproduction?[J]. PLoS One, 2014, 9(2): e88973.

[11] Jiang H H, Zhang C Y, Qiao Y L, et al. CNN feature based graph convolutional network for weed and crop recognition in smart farming[J]. Computers and Electronics in Agriculture, 2020, 174: 105450.

[12] Guo K, Hu Y L, Qian Z, et al. Dynamic graph convolution network for traffic forecasting based on latent network of Laplace matrix estimation[J]. IEEE Transactions on Intelligent Transportation Systems, 2022, 23(2): 1009-1018.

[13] Guo S N, Lin Y F, Feng N, et al. Attention based spatial-temporal graph convolutional networks for traffic flow forecasting[J]. Proceedings of the AAAI Conference on Artificial Intelligence, 2019, 33(1): 922-929.

[14] Coley C W, Jin W G, Rogers L, et al. A graph-convolutional neural network model for the prediction of chemical reactivity[J]. Chemical Science, 2019, 10(2): 370-377.

[15] Gan H M, Ou M Q, Li C P, et al. Automated detection and analysis of piglet suckling behaviour using high-accuracy amodal instance segmentation[J]. Computers and Electronics in Agriculture, 2022, 199: 107162.

[16] Cheng J A. Rice planthoppers in the past half century in China[M]//Heong K L, Cheng J A, Escalada M M, eds. Rice Planthoppers. Dordrecht: Springer Netherlands, 2014: 1-32.

[17] Hu G, Cheng X N, Qi G J, et al. Rice planting systems, global warming and outbreaks of *Nilaparvata lugens* (Stål)[J]. Bulletin of Entomological Research, 2011, 101(2): 187-199.

[18] Matsumura M. Population dynamics of the whitebacked planthopper, *Sogatella furcifera* (Hemiptera: Delphacidae) with special reference to the relationship between its population growth and the growth stage of rice plants[J]. Population Ecology, 1996, 38(1): 19-25.

[19] Otuka A, Sakamoto T, Van Chien H, et al. Occurrence and short-distance migration of *Nilaparvata lugens* (Hemiptera: Delphacidae) in the Vietnamese Mekong Delta[J]. Applied Entomology and Zoology, 2014, 49(1): 97-107.

[20] Wu Q L, Hu G, Tuan H A, et al. Migration patterns and winter population dynamics of rice planthoppers in Indochina: new perspectives from field surveys and atmospheric trajectories[J]. Agricultural and Forest Meteorology, 2019, 265: 99-109.

[21] Win S S, Muhamad R, Ahmad Z A M, et al. Population fluctuations of brown plant hopper *Nilaparvata lugens* stal. and white backed plant hopper *Sogatella furcifera* Horvath on rice[J]. Journal of Entomology, 2011, 8(2): 183-190.

[22] Bahdanau D, Cho K H, Bengio Y. Neural machine translation by jointly learning to align and translate[J]. 3rd International Conference on Learning Representations, ICLR 2015 - Conference Track Proceedings, 2015.

[23] Luong T, Pham H, Manning C D. Effective approaches to attention-based neural machine translation[C]//Proceedings of the 2015 Conference on Empirical Methods in Natural Language Processing. Lisbon, Portugal. Stroudsburg, PA, USA: Association for Computational Linguistics, 2015: 1412-1421.

[24] Bruna J, Zaremba W, Szlam A, et al. Spectral networks and locally connected networks on graphs[C]//2nd International Conference on Learning Representations, 2013.

[25] Defferrard M, Bresson X, Vandergheynst P. Convolutional neural networks on graphs with fast localized spectral filtering[C]//Proceedings of the 30th International Conference on Neural Information Processing Systems. Barcelona, Spain. ACM, 2016: 3844-3852.

［26］ Hammond D K, Vandergheynst P, Gribonval R. Wavelets on graphs via spectral graph theory[J]. Applied and Computational Harmonic Analysis, 2011, 30(2): 129-150.

［27］ Gehring J, Auli M, Grangier D, et al. Convolutional sequence to sequence learning[C]//Proceedings of the 34th International Conference on Machine Learning, Sydney, 2017: 1243-1252.

［28］ Hochreiter S, Schmidhuber J. Long short-term memory[J]. Neural Computation, 1997, 9(8): 1735-1780.

［29］ Cho K, van Merrienboer B, Bahdanau D, et al. On the properties of neural machine translation: encoder-decoder approaches[C]//Proceedings of SSST-8, Eighth Workshop on Syntax, Semantics and Structure in Statistical Translation. Doha, 2014: 103-111.

［30］ Qin Y, Song D J, Cheng H F, et al. A dual-stage attention-based recurrent neural network for time series prediction[C]//Proceedings of the 26th International Joint Conference on Artificial Intelligence. Melbourne, 2017: 2627-2633.

［31］ Karbasi M, Jamei M, Ali M, et al. Forecasting weekly reference evapotranspiration using Auto Encoder Decoder Bidirectional LSTM model hybridized with a Boruta-CatBoost input optimizer[J]. Computers and Electronics in Agriculture, 2022, 198: 107121.

［32］ Li Q L, Li Z Y, Shangguan W, et al. Improving soil moisture prediction using a novel encoder-decoder model with residual learning[J]. Computers and Electronics in Agriculture, 2022, 195: 106816.

［33］ He F X, Liu T L, Tao D C. Control batch size and learning rate to generalize well: theoretical and empirical evidence[C]//Proceedings of the 33rd International Conference on Neural Information Processing Systems(NIPS19), Vancouver, 2019: 1143-1152.

［34］ Taguchi H, Liu X, Murata T. Graph convolutional networks for graphs containing missing features[J]. Future Generation Computer Systems, 2021, 117: 155-168.

第11章 水稻药肥精准施用大数据原型平台需求分析

　　需求分析[1]是开发人员经过深入细致的调研和分析，准确理解用户对于项目功能、性能、可靠性等的具体要求，将用户非形式的需求表述转化为完整的需求定义，从而确定系统必须做什么的过程。需求分析是软件生命周期的一个重要环节，直接影响软件的质量、开发效率、维护成本等。因此，在开展设计和研发工作之前，应进行充分的需求分析。

　　那么，如何展开需求分析工作呢？需求分析一般包括功能性需求、非功能性需求和设计约束三个方面。功能性需求指软件必须完成哪些事，必须实现哪些功能，以及为了向用户提供有用的功能而需执行的动作；非功能性需求作为功能性需求的补充，主要包括软件使用时对性能、运行环境的要求，软件设计时必须遵循的相关标准、规范，用户界面设计的具体细节，未来可能的扩充方案等；设计约束即设计时对实现方案的限制。本书主要通过问题调研、协作交流、项目要求分析等途径规划相应需求。

11.1　功能性需求

　　通过调研，整理大数据技术应用于水稻药肥精准施用的实际需求，具体如下。

　　(1)海量数据共享与整合。作者团队参与的国家重点研发计划项目包含 8 个课题，汇集多家科研院所及企业，涉及海量多源异构数据。数据整合主要包含两个方面的问题：一是自动化整合问题。有的单位信息化程度不高，以纸质的形式记录数据；虽然有的单位有信息化平台，但具体实现技术各自不同，且并非都能提供对外访问的数据接口，增加了大数据平台自动化整合数据的困难与复杂度。二是数据的复杂性问题。与水稻药肥精准施用相关的数据既有结构化的也有非结构化的，如何对这些数据进行存储与管理是一个挑战。

　　(2)科研产出到实际应用的转化。大数据平台作为应用出口直接面向用户，缺乏相关专业领域的学术科研能力，不直接开展相关算法模型的研究。然而，要做到水稻药肥精准施用，必须对大数据进行分析进而提取有价值的信息。因此，平台必须设计好相应模块对接相关专业领域的科研成果，并提供相应支撑数据，保证其在平台合理、正确地呈现。

　　(3)点上应用示范的集成技术或方案急需推广。本书支持的相关子课题在华南、西南地区选择典型的水稻种植区域作为示范区，进行不同药肥施用技术方案、抗药性水稻品种等试验，其成果推广给更多农户。然而，直接使用平台的用户个人文化水平参差不齐，作为信息的收集处理方和发布方，平台要避免复杂的操作与后台运算的过程，以简洁的方式将结果呈现给用户。

(4)农户为平台核心用户，逐步提高农户专业水平。向农户发布科普知识，如常见病虫害的特征与防治方法；转发权威机构发布的实时信息，提高农户对当前区域整体水稻农情的认知；允许农户在平台上传土地作物病虫害情况或防治经验，以供农业专家或其他农户参考。

(5)多角色用户协同参与下的信息传递及其权威性保证。平台消息流涉及多种角色，有保证系统正常运转的管理员与超级管理员，有进行业务信息传递与操作的农户、农技植保服务商、科研院所的农业专家以及政府职能部门的管理人员等。用户管理将使平台有不同的功能权限，控制不同的消息传递给不同角色类型的用户。为保证信息的权威性，在用户注册时要求使用手机号实名认证，同时重大消息须经农业专家审核后发布。

(6)建设地理信息数据库，发布瓦片地图服务。充分利用水稻药肥精准施用大数据的时空信息，结合地理信息与动态播放等方式加以展示与分析，使数据与地图联动，再配合 GPS 实现空间查询等实用功能。

(7)为了让平台得到推广和使用，要制作完善清晰的培训教程。

11.2　非功能性需求

1. 可维护性

在平台开发过程中，代码维护是极其频繁且重要的一个环节。杂乱无章、结构混乱、逻辑不清的代码无疑对维护造成极大困难。因此，平台开发前需要确定代码的目录结构与命名空间，同时制订不同语言代码开发的基本规范，对核心代码应写注释，并对所完成的功能撰写相关说明文档，保证代码的规范性与可读性。

随着功能的不断迭代，平台代码的正确性受到考验，需要对相应功能进行测试，编写并保留测试代码，以避免重复性的测试工作；需要保留不同版本的代码记录，以便对代码进行溯源，以及发生意外时能定位问题；需要对代码的编译与部署过程进行文档化，保证代码版本更新后平台能正常稳定运行。为了保证平台的正常运转，后台管理应配合完成相关功能信息的闭环(如在后台管理中审核用户角色)。

2. 可扩展性

虽然平台开发过程中进行了相关的需求分析与功能规划，然而实际需求的变化难以避免，所以要求平台具有可扩展性，即可以灵活地修改或增加功能，而不会产生重大的改变。因此，基于前后端分离、模块化开发、高内聚低耦合的开发思路，需要在架构设计、功能组成设计、数据库设计等方面综合考虑，遴选合适的技术与功能实现方案，减少代码间的耦合。

3. 安全性

数据安全是需要综合考虑的问题，为了保证安全需要付出时间和金钱的代价。平台要求灵活处理，先评估数据的重要性，然后判断是否需要进行加密传输。为保护用户信息安全，在用户注册或修改密码、手机号时要求进行手机验证码验证，用户在登录时要进行图片验证码校验。诸多功能都要与数据库进行交互，需利用数据库的事务特性保证读写安全性，同时，为避免数据丢失，应当做好数据库备份工作。在前后端分离的开发思路中，后端将数据资源发布为服务接口以供客户端访问，平台需要保证通过权限验证即获取到令牌的用户才能访问资源。将所有服务升级为 https 提升安全性，并对服务器进行漏洞扫描。

4. 稳定性

业界一般使用 Linux 作为服务器的操作系统，其相对于 Windows 系统更加稳定、可靠。提升稳定性主要有两种方式：一是在开发环境中，保证程序能长时间正常稳定运行；二是在生产环境中，制订方案来部署能稳定运行的程序，并使用域名作为稳定的访问方式。

5. 可行性

可行性分析主要考虑数据的获取、存储、处理三个方面，并从数据源、软件技术、硬件支持三个角度展开分析。

数据源主要包括国家重点研发计划相关子课题的合作单位、免费的卫星遥感资源、平台使用的地面遥感仪器以及无人机采集的数据集等，能直接供平台采集与整合。根据上述对大数据技术国内外研究现状的调研，数据源在获取、存储、处理方面均能获得开源的软件或技术框架支持。平台的相关硬件参数与用途规划如表 11-1 所示。

表 11-1　大数据平台硬件环境详情

主机	作用	无线带宽网络	中央处理器性能	内存
web	服务发布	10.0.0.14	主频：2.2GHz；核心数 48	128G
ma01	管理节点	10.0.0.10	主频：2.2GHz；核心数 48	128G
ca01	数据、计算节点	10.0.0.11	主频：2.4GHz；核心数 40	128G
ca02	数据、计算节点	10.0.0.12	主频：2.4GHz；核心数 40	128G
ca03	数据、计算节点	10.0.0.13	主频：2.4GHz；核心数 40	128G

6. 性能要求

大数据平台要求并发访问人数大于 1000 人，响应时间小于 5s。

11.3　设　计　约　束

(1)首先，要求集群服务器的所有节点的操作系统为 Ubuntu14.04，因为服务器中包含新购置的服务器与旧服务器，而旧服务器为上述操作系统且有大量数据。其次，要求集群服务器操作系统的内核版本大于 3.16，因为集群为加快数据交换配置了 IB 网络（infiniband network），这是安装 IB 网络驱动的 Ubuntu14.04 操作系统的内核要求，否则驱动无法成功安装。

(2) 功能性需求分析中要求发送短信，要求整合阿里云信(购买服务)的 SDK 实现短信接入功能；数据整合应包含视频监控的视频流数据，视频监控硬件设施为海康威视的网络摄像头和网络录像机，使用其旗下的萤石云平台提供的接口实现视频接入。

(3) 确定平台的边界，降低平台的复杂度。数据获取方式应包括在服务器上定时执行的自动化爬虫，让它获取的数据保存在指定文件夹中，平台定时去相关目录读取、处理数据。

(4) 参考当前流行的 WebGIS 系统的界面设计方式，力求不在单页面同时呈现所有信息，而是导航式地按需呈现，并对页面功能进行分区，使页面整体简洁、清晰、有序。

(5) 受限于相关开源技术的应用场景，平台网站主要支持 Firefox 47 及以上、谷歌 Chrome 49 及以上、搜狗浏览器 6.4 及以上、360 极速浏览器 8.7 及以上、微软 Edge 浏览器及部分其他浏览器。

主要参考文献

[1] 余久久. 软件工程简明教程[M]. 北京：清华大学出版社，2015.

第12章　水稻药肥精准施用大数据原型平台设计

水稻药肥精准施用大数据平台功能众多，在不同的终端实现方式迥异，涉及前端用户交互、后端业务逻辑实现、数据库设计、数据自动化获取等环节，工作量巨大，需要团队协作按照功能模块和不同终端分工完成。客户端主要负责网站布局、用户管理、农情监测、示范区、商业服务、上报、数据可视化等功能的交互以及后台管理中保证消息流闭环的配套功能实现，后台服务主要包括上述功能的业务逻辑实现以及数据库设计，还需要实现相关数据的自动化爬虫。

12.1　功能组成设计

12.1.1　功能简述

根据应用需求，水稻药肥精准施用大数据平台功能组成如图 12-1 所示，包括以下功能：用户管理、农情监测、示范区、重大消息、预报、资讯、商业服务、上报、数据展示、病虫害识别、系统性功能等。

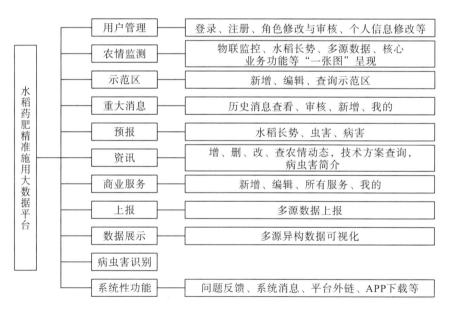

图 12-1　大数据平台功能组成

用户管理主要保证用户实名使用，并对其角色、权限、个人信息进行统一管理与维护；农情监测是一个复合功能，"一张图"直观展示重要信息；示范区功能则是集成各地区与水稻相关的先进技术模式，包含农药减施增效技术、配方肥与精准施用技术、侧深减量施肥技术、病虫草实时监测、种植品种选取等，这些技术模式可能仅适用于某些地区，平台旨在统一整合并进行推广，让更多农户受益；重大消息主要发布平台获取的相关权威机构发布的病虫情报等信息或平台内部算法模型生成的有价值的并通过专家审核的信息；预报主要针对水稻长势，病害发生规律，虫害迁飞规律等，能为病虫害防治、水稻估产等提供指导；资讯中主要包含一些常见病虫害知识的介绍，技术方案的检索，以及农情动态的发布与查看等；商业服务主要是在发现病虫害的情况下，提供无人机植保，常见农药化肥产品销售等信息服务；上报则是多源异构数据的采集入口之一，方便用户上传数据；数据展示包含多源异构数据可视化，依赖数据的时空信息构建多种可视化方案，旨在方便农业专家溯源与分析；病虫害识别为 APP 端特色功能，在田间拍照即可知道所发生病虫害的种类；系统性功能为辅助性功能，如 APP 下载、问题反馈、系统消息、平台外链等。

12.1.2　用户角色

在水稻种植与病虫害防治过程中，不同角色类型的用户协同参与，各自需求不同且相互联系，如图 12-2 所示，通过相应功能完成信息的传递，主要包含 6 类角色，分别为农户、农技服务人员、农业专家、管理者、数据分析人员、数据审核人员，并以农户为核心完成信息传递。

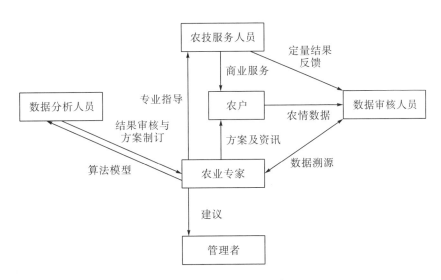

图 12-2　大数据平台用户角色设计

农户在实际生产过程中需要农业专家提供建议和指导，农户在水稻长势不好或遭遇水稻病虫害时会向农技服务人员购买服务，也可以将田间实时的水稻信息或病虫害图片在平台中发布；农技服务人员可在平台中发布、编辑相关服务；农业专家一方面可以审核数据分析人员使用算法模型获取的结果，可以使用数据审核人员获取的实际数据进行结果验证，同时也可向管理人员和平台提出建议；数据审核人员则完成相关信息认证，数据校验工作；数据分析人员则完成相关复杂模型所需的数据源的预处理，并进一步给出分析结果。

12.2　体系结构设计

12.2.1　核心技术遴选

1. 大数据技术

Apache Hadoop 分布式文件系统[1]是一个高度容错、能提供数据高吞吐量访问、能部署于廉价机器的系统。Hadoop 集群采用典型的主从结构，一般有一个主节点(NameNode)和多个从节点(DataNode)，主节点用于管理命名空间并控制客户端对文件的访问，从节点用于保存数据。集群启动后对 HDFS 进行的各种更新操作都会被记录在编辑日志中，集群关闭后再次启动时会将该日志加载到内存中进行合并。由于日志文件很大，合并时会花费较长时间，所以配置一个辅助 NameNode 配合完成合并工作，用于加快集群的启动时间。Apache Hadoop 提供了相关命令工具使得集群管理员可以像操作本地 Linux 系统中文件一样进行相应的复制、移动、删除等，也可在 HDFS 与本地文件系统间完成文件的移动。为方便自动化管理，Apache Hadoop 提供了多种语言版本的 API，方便开发人员通过代码进行集群操作。

Apache Accumulo 是一个可靠、可伸缩、高性能的排序分布式的 Key-Value 存储解决方案，其使用 HDFS 来存储其数据，并利用 Apache ZooKeeper 协调实现数据的一致性。Accumulo shell 可以完成相关数据表的创建、删除以及通过扫描查看相关数据，也可以在客户端通过相应 API 连接到 Accumulo 完成相关操作。Accumulo 被广泛应用于政府机构，其高性能在 Kepner 等的测试中得到印证[2]，其在存储富含时空信息数据的应用表明其在地理信息领域具有较高潜能[3]。因此，选用 Accumulo 作为平台存储遥感数据的主要手段，在存储海量时空数据的基础上能提供较高效率的查询功能，为进一步的查询分析奠定基础。

Apache Spark 是专为大规模数据处理而设计的快速通用的计算引擎。相对于 Hadoop 的计算框架 MapReduce，Apache Spark 不仅继承了其优点，而且在性能上进行了优化。通过将 Job 中间输出结果保存在内存中，不再需要大量地读写 HDFS，因此 Apache Spark 能更好地适用于数据挖掘与机器学习等需要迭代的算法。另外，Apache Spark 是用 Scala 语言实现的，开发者可以像操作本地集合对象一样轻松地操作分布式数据集；Apache Spark 抽象封装的高级 API 剥离了对集群本身的关注，使应用开发者可以专注于计算本身；Apache Spark 是一个通用引擎，整合了各种各样的运算操作，包括 SQL 查询、文本处理、机器学习等。这些特点使得 Apache Spark 一经问世就受到广泛关注与应用，这也是选择其作为平台大数据分析计算框架的原因。处理遥感影像生成水稻专题产品是平台的核心任务，这类包含时空属性以及其他信息的影像数据如何通过 Apache Spark 处理？

答案是 GeoTrellis。GeoTrellis 是一个高性能的基于 Apache Spark 的地理信息数据处理引擎，提供了丰富的 API，可对遥感影像进行裁剪、重投影、金字塔切片等运算。在应用层面，可将遥感影像产品的切片发布成瓦片服务供客户端访问，可灵活地设置与切换渲染风格，并有丰富的应用案例和源代码以供参考[4,5]。

2. 数据库技术

虽然 Accumulo 对非结构化大数据集的存储与访问性能较高，但大数据平台依然依赖着部分结构化的数据，这些数据关系着相关业务功能的实现，使用关系型数据库的相关特性会提高开发效率。PostgreSQL 是一种特性齐全的对象-关系型数据库管理系统（object related database management system, ORDBMS），起源于加州大学计算机系，后因其完全免费且功能强大，逐步在各领域得到广泛应用。PostgreSQL 支持大部分的 SQL 标准并且具有很多其他现代特性，如复杂查询、外键、触发器、视图、事务完整性、多版本并发控制等。PostgreSQL 可用许多方法扩展，如通过增加新的数据类型、函数、操作符、聚集函数、索引方法、过程语言等。与 PostgreSQL 配合的开源软件很多，有很多分布式集群软件，如 Pgpool、Pycluster、Slony 等，可灵活实现读写分离、负载均衡、数据水平拆分等。因此，PostgreSQL 数据库非常适合本平台结构化数据的存储。

3. 开发语言与集成开发环境

开发语言是程序员最好的工具，根据不同的应用场景特点与技术环境选择合适的语言来完成任务能起到事半功倍的作用。综合考虑平台需求与技术特点，本书总结了平台不同生命周期、不同功能模块所使用的开发语言的主要作用、语言特点、使用频率等，如表 12-1 所示。

表 12-1　大数据平台主要开发语言

开发语言	主要作用	语言特点	使用频率
Java	后端服务核心业务逻辑实现	解释性+编译性	高
HTML，CSS，JavaScript	前端应用内容，风格，用户交互	解释性	高
SQL	数据库增、删、改、查	解释性	高
Scala	高性能统计计算，栅格影像切片	解释性	中
Python	深度学习算法，自动化数据获取脚本	解释性	中
Shell 脚本	系统功能调用，执行定时任务，服务部署运维	解释性	低

集成开发环境有许多重要的功能，能加快开发效率，是开发人员必须掌握的重要工具。结合平台的开发语言，对用到的集成开发工具进行总结，如表 12-2 所示。在项目实践中，WebStorm 提高了 CSS、HTML、JavaScript 等语言编写代码的能力，IDEA 提高了 Java、Scala、SQL 等语言编写代码的能力，PyCharm 提高了 Python 语言编写代码的能力。

表 12-2　大数据平台主要集成开发环境

集成开发环境	应用场景	特殊作用	共性作用
WebStorm	手机应用、网站	热加载	错误检查、代码补全、便捷注释、格式化、集成 gogs、调试、依赖管理、源码查看 …
IntelliJ IDEA	网络服务接口	数据库可视化	
PyCharm	深度学习算法、爬虫程序	\	

4. "3S" 技术

"3S" 技术是精准农业技术体系的基础,在本平台中也发挥着核心作用。卫星遥感、无人机遥感、地面遥感提供了坚实的数据资源,但特定区域专题产品的获取往往源自基础的数据产品,经历预处理、遥感反演、地面验证、产品生产等一系列复杂环节。平台中的每个专题产品均是遥感算法模型的结果。地理信息系统将建设研究区域内基础地理信息数据库(包括行政区划、河流水系等),进而提供地理信息数据查询、访问、处理分析服务供客户端访问使用。全球定位系统主要用于获取用户的位置信息,为不同地区的用户提供差异性服务。

5. 前端开发技术

随着硬件性能和网速的提升,Web 应用不只简单地负责数据呈现,开始逐渐承担部分服务端的压力,很多服务端的任务可根据实际情况转移到 Web 中完成。许多优秀的前端框架,如 Vue、React、Angular、基于模型-视图-控制器(model-view-controller,MVC)、模型-视图-视图模型(model-view-viewmodel,MVVM)等架构思想,能帮助开发人员在 Web 应用中实现复杂业务。实际开发工作常常是不断进行技术集成的过程,要学会使用开源的框架和库来实现功能,避免重复性地造轮子。本小节将结合平台特点,对选择的前端开源框架和库进行介绍。

1) Vue

Vue 是一套用于构建用户界面的渐进式 JavaScript 框架,具有易用、灵活、高效的特点。易用是指如果有前端技术基础,能熟练使用 CSS、HTML、JavaScript,那么就很容易使用 Vue 构建应用;灵活是指 Vue 除核心库之外,具备完整的生态系统,可以方便地与第三方库或既有项目整合,即插即用;高效是指通过超快虚拟 DOM 与 Gzip 等压缩技术能极大减小项目大小,提高页面响应时间。

Vue 丰富的生态系统包括辅助工具(如 VueDevtools、VueCLI、VueLoader 等)以及重要的第三方库(如 VueRouter、Vuex 等),可以在项目构建、应用开发、调试、运维优化等不同环节提供技术帮助。VueDevtools 是一款基于 Chrome 浏览器的插件,可用于调试 Vue 应用,能极大地提高调试效率。VueCLI 是一个专门为单页面应用快速搭建的繁杂脚手架,能轻松地创建新的应用程序,而且可用于自动生成 Vue 和 Webpack 的项目模板。

VueLoader 解析和转换.vue 文件(Vue 框架的基本代码文件格式，每个.vue 文件包含 script、style、template 三部分)，提取出其中的逻辑代码 Script、样式代码 Style 以及内容模板 Template，再分别把它们交给对应的 Loader 处理。VueRouter 是 Vue 官方的路由插件，与 Vue.js 深度集成，适用于构建单页面应用。Vue 的单页面应用是基于路由和组件的，路由用于设定访问路径，并将路径和组件映射起来，从而通过切换路径来切换组件，进而实现页面切换，而传统的页面应用是用超链接来实现页面切换和跳转。Vuex 是一个专为 Vue.js 应用程序开发的状态管理模式，采用集中式存储管理应用的所有组件状态，相应的规则保证状态以一种可预测的方式发生变化，使开发人员可以灵活处理多个组件间的交互。

2)Node，Npm 与 Webpack

Node.js 是一个事件驱动 I/O 服务端 JavaScript 环境，它基于 Google 的 V8 引擎，(V8 引擎执行 JavaScript 的速度非常快，性能非常好)，让 JavaScript 运行在服务端的开发平台，极大提高了 JavaScript 在脚本语言家族的地位。

在传统前端开发模式下，按照 JS/CSS/HTML 文件分开写的方式就可以搭建前端应用，但是随着前端的发展、社区的壮大，各种前端的库和框架层出不穷，在项目中如何有效管理这些引入的库文件是一个大问题。直接通过在<script>标签中引入将造成重复引入且大量引入管理困难的问题，于是出现了模块化的开发方式来简化管理的复杂度。Npm 是实现模块化开发的重要工具，也是 Node.js 平台的官方包管理工具，可以安装、共享、分发代码，管理项目依赖关系。

Npm 生态中包含大量的模块，开发人员可以按需安装并使用，Webpack 就是其中一种。Webpack 是一款模块加载器兼打包工具，能把各种资源，例如 JS(含 JSX)、Coffee、样式(含 Less/Sass)、图片等，都作为模块来使用和处理，目的就是把有依赖关系的各种文件打包成一系列的静态资源，方便浏览器识别和加载。Webpack 的运行依赖于 Node 环境，但是一旦打包好项目，其运行将与 Node 无关，可灵活选择相关 Web 容器发布服务。

3)重要的功能库

Element-UI 是基于 Vue2.0 的桌面端组件库，按照一致、反馈、效率、可控的设计原则，推出了众多可应用于不同场景的实用组件，受广大开发者欢迎。Element-UI 有基本的页面布局组件，推荐了不同操作下使用的颜色搭配，有页面构建的输入框、单选多选框、计数器、日期选择器、地点选择器、表单、表格、加载、消息提示等众多组件。Element-UI 涵盖了网站构建的众多要素，让开发者能迅速搭建满足常见功能的项目，是本平台网站构建中使用最频繁的技术。

然而，Element-UI 并不擅长所有方面，一些特殊功能的实现需要依靠其他的库。Echarts 是一个纯 JavaScript 的图表库，可以流畅地运行在个人电脑和移动设备上，兼容当前绝大部分浏览器(IE8/9/10/11，Chrome，Firefox，Safari 等)，底层依赖轻量级的 Canvas 类库，能提供直观、生动、可交互、可高度个性化定制的数据可视化图表。

Echarts 的图表丰富，包括常规的折线图、柱状图、散点图、饼图、K 线图，用于统计的盒形图，用于地理数据可视化的地图、热力图、线图，用于关系数据可视化的关系图、TreeMap、旭日图，多维数据可视化的平行坐标，还有用于商业智能(business intelligence，BI)的漏斗图，仪表盘等，并且支持图与图之间的混搭。其应用场景广泛，能满足平台的多元数据可视化需求。

WebGIS 是对传统 GIS 的延伸和发展，可以在 Web 中实现空间数据的检索、查询、制图输出、编辑等 GIS 基本功能，同时支持地理信息发布、共享和交流协作。OpenLayers 是一个专为 WebGIS 客户端开发的 JavaScript 类库包，用于实现标准格式发布的地图数据访问。使用 OpenLayers 可以在网站中加载各种格式的基础地图，对地图进行标注、移动、缩放等操作，展示平台中丰富的地理信息数据，并能进行查询与分析操作。

Element-UI、Echarts 和 OpenLayers 都能通过 Npm 方便地集成到 Vue 项目中，可按需引入，快速地应用于不同功能中，极大地增强 Web 应用的视觉效果与交互能力。

4) Nginx

Nginx 是一个高性能的 HTTP 和反向代理 Web 服务器，其具有高并发能力、较强的稳定性、丰富的功能集、示例配置文件和低系统资源的消耗而受到广泛使用。平台的网站从开发环境迁移到生产环境完成部署离不开 Nginx。Vue 项目的开发环境运行于 Node，并能设置代理进行跨域，以解决因浏览器的同源策略而无法访问服务器资源的问题。待开发完成与调试通过后，Nginx 将负责部署 Webpack 打包好的项目，并配置好相关代理，甚至能进行相应的优化(如设置 Gzip 压缩等)，从而使其正常稳定地运行在服务器上。

6. 后端开发技术

1) RESTful 架构与 Jersey

RESTful 是一种架构风格，包含一组约束条件和原则，核心就是面向资源且要求客户端对服务器资源的请求是无状态的，从而降低开发的复杂性，提高系统的可伸缩性。Jersey 是开源的 RESTful 框架，实现了 JAX-RS(JSR311&JSR339)规范，并提供了更多的特性和工具，可进一步简化 RESTful Service 和 Client 的开发。水稻药肥精准施用大数据平台包含众多的数据资源，通过 Jersey 框架实现数据接口以方便不同客户端的访问，有利于数据共享。

2) JDBC 与数据库连接池

JDBC(Java database connectivity)是 Java 语言中用来规范客户端程序如何访问数据库的应用程序接口，支持数据库连接、查询、更新等操作。JDBC 提供了不同种类的数据库接口，支持 PostgreSQL。但是，PostgreSQL 数据库一般会设置最大连接数，当并发量较大时，如果在 Java 中未释放数据库连接资源，将会造成数据库连接遗漏。为降低代码造成异常的概率，可使用数据库连接池(database connect pool，DBCP)技术进行优化。DBCP 负责分配、管理和释放数据库连接，一般在程序启动时向数据库申请一定数量的连接对象创建连接池，允许应用程序重复使用池中连接对象。DBCP 能释放空闲时间超过最大空闲时间的数据库连接来避免数据库连接遗漏，也能提高对数据库操作的性能。

3）Maven

Maven 是非常受欢迎的基于 POM（project object model）的 Java 项目管理构建自动化综合工具，对开发规范进行统一，通过管理不同 Jar 包来维护项目中第三方依赖。Maven在平台中主要用于后端项目的构建，通过在官方仓库查询相关技术信息，添加到 pom 文件中，IntelliJ IDEA 会自动下载到本地从而就可以在项目中使用，其统一管理了 HDFS、Zookeeper、Accumulo、Spark、Jersey、JDBC、DBCP、阿里云信 SDK 等关键技术的Java 版本的 Jar 包。

4）Tomcat

Tomcat 技术先进、性能稳定、开源免费，是目前比较流行的 Web 应用服务器。开发环境下后端服务直接通过 IDEA 运行，通过调试后，将正常运行的服务打包，配置到Tomcat 中运行，Tomcat 是后端服务的生产环境。平台利用 Tomcat 部署后端服务，满足Nginx 中部署的前端应用的访问需求，是浏览器与大数据平台数据及计算资源的媒介。

12.2.2　体系结构简述

为保证平台结构高内聚、低耦合，在经典的三层架构（即数据访问层、业务逻辑层、应用层）的基础上，结合实际情况，设计如图 12-3 所示的体系结构。该体系结构主要包

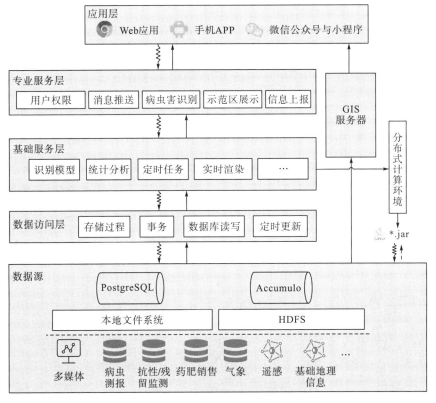

图 12-3　大数据平台体系结构

括数据源、数据访问层、基础服务层、专业服务层、应用层、GIS 服务器等，波浪箭头代表对平台资源的请求，直箭头代表平台对请求的响应，能实现前后端分离，将前台应用与后台服务解耦。

数据源作为大数据平台的基础支撑，包含监控视频和病虫害图片等多媒体数据、病虫害测报数据、抗性/残留监测数据、药肥销售数据、气象数据、遥感数据、基础地理信息数据等。这些数据结构迥异，在存储与处理的方式上存在较大差异，平台主要使用两种文件系统(本地文件系统与 HDFS)进行底层存储。为方便对相关数据进行增、删、改、查，使用关系型数据库(PostgreSQL)存储结构化数据，使用分布式数据库 Accumulo 存储非结构化数据。

后台服务整体上分为三层，即数据访问层、基础服务层和专业服务层，整体上使用 Jersey 框架开发出 RESTful 风格的 Web Service 接口。数据访问层主要使用存储过程、事务等关系型数据库的特性满足相关业务功能数据读写需求；基础服务层则是实现与水稻施药施肥相关的算法模型，如病虫害发生规律、水稻长势监测等，并可通过接口向 Spark 分布式计算集群提交计算任务(提前将任务打成 jar 包)；专业服务层作为后台服务对外访问的入口，首先实现访问控制，其次对基础服务层的相关算法模型进行深加工，主要包括施肥处方、施药处方和会商平台等综合应用。另外单独设置了 GIS 服务器，以提供栅格与矢量地图服务。

应用层考虑到不同用户的使用习惯设计了多种终端服务方式，基于 Vue 框架开发 Web 应用和手机 APP，申请微信公众号用于发布重要信息，使用微信开发者工具开发小程序。

12.3   数据库设计

E-R 图(entity relationship diagram)提供了表示实体、属性和联系的方法，用来描述现实世界的概念模型。E-R 图用矩形框表示实体，用椭圆图框或圆角矩形表示实体的属性，并用实线段将其与相应关系的实体通过菱形框连接起来。E-R 图是对现实需求的抽象表示，用于辅助开发人员进行数据库设计。本小节描述的数据库设计因为属性太多未在 E-R 图中表示，可参考设计好的数据库表结构的字段信息。

12.3.1   数据整合

数据模块主要用于整合全国农业技术推广服务中心、南京农业大学、深圳市诺普信农资有限公司提供的病虫害模式报表、抗性数据、农药化肥销售等多源异构数据，其 E-R 图如图 12-4 所示，对应的数据库表结构设计主要如表 12-3 和表 12-4 所示。表 12-3 主要为相应的数据属性信息，表 12-4 主要为每条数据记录所共有的一些数据字段，包括数据属性、时间信息、监测站点相关信息等。因为具体的模式报表数据记录的字段迥异，所以在此不一一列出其相关数据库表设计。

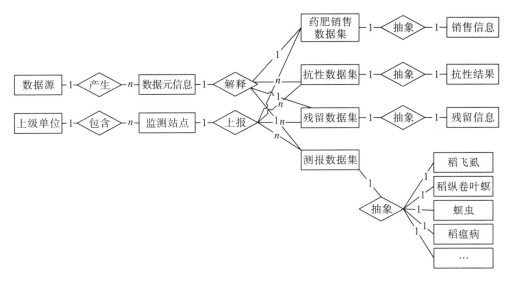

图 12-4 数据整合 E-R 图

表 12-3 水稻业务相关数据元信息数据表结构设计(data_info)

字段名	字段说明	是否为主键	数据类型	是否允许 null 值
data_id	数据编号	True	serial	不允许
data_name	数据名		varchar(30)	允许
data_name_abb	数据名英文简写		varchar(30)	允许
data_type	数据类型		int	允许
data_format	数据格式		varchar(30)	允许
excel_filed	表格字段		text	允许

表 12-4 数据记录抽象信息数据库表结构设计(data_set)

字段名	字段说明	是否为主键	数据类型	是否允许 null 值
single_data_id	单条数据编号	True	serial	不允许
data_id	数据属性编号		int	不允许
date	时间信息		text	不允许
survey_station_id	监测站点信息		int	不允许

12.3.2 用户管理

平台用户角色包括农户、农业专家、服务商等，拥有不同的资源访问权限，所以使用经典的"用户-角色-权限"实体关系表设计来解决平台的权限控制问题。用户管理 E-R 图如图 12-5 所示，平台设计了 5 个实体，用户维护相关基本信息，角色维护角色信息，权限维护权限信息，用户角色维护用户与角色之间的关系，角色权限维护角色与权限之间的关系。单独设计文件信息表保存用户头像，具体的表结构如表 12-5～表 12-10 所示。

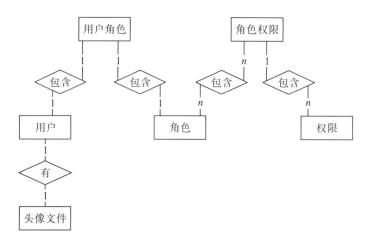

图 12-5　平台用户管理 E-R 图

表 12-5　用户表数据库表结构设计（user_info）

字段名	字段说明	是否为主键	数据类型	是否允许 null 值
user_id	用户编号	True	serial	不允许
username	用户名		varchar（20）	允许
password	密码		text	不允许
mail	邮箱		varchar（20）	允许
phone	手机号		varchar（11）	不允许
avatar	用户头像		text	允许
flag	状态标识		int	不允许

表 12-6　用户头像信息数据库表结构设计（user_image）

字段名	字段说明	是否为主键	数据类型	是否允许 null 值
file_info_id	文件编号	True	serial	不允许
file_uuid	文件唯一性标识		text	不允许
file_md5	文件完整性校验		text	不允许
file_name	文件名		text	允许
file_type	文件类型		text	允许
file_size	文件大小		text	允许
file_url	文件物理路径		text	允许

表 12-7　角色表数据库表结构设计（role）

字段名	字段说明	是否为主键	数据类型	是否允许 null 值
role_id	角色编号	True	serial	不允许
role_name	角色名		varchar（20）	不允许

表 12-8　权限表数据库表结构设计（permission）

字段名	字段说明	是否为主键	数据类型	是否允许 null 值
permission_id	权限编号	True	serial	不允许
permission_name	权限名		varchar（20）	不允许

表 12-9　用户角色信息数据库表结构设计（user_role）

字段名	字段说明	是否为主键	数据类型	是否允许 null 值
id	编号	True	serial	不允许
user_id	用户名编号		int	不允许
role_id	角色编号		int	不允许

表 12-10　角色权限信息数据库表结构设计（role_permission）

字段名	字段说明	是否为主键	数据类型	是否允许 null 值
id	编号	True	serial	不允许
role_id	角色编号		int	不允许
permission_id	权限编号		int	不允许

　　用户进行角色认证的 E-R 图如图 12-6 所示，主要包含用户、角色认证、认证文件、作用等实体。用户实体的数据库表前面已经设计，后面将重复使用，仅需设计如表 12-11～表 12-13 所示的数据库表用于维护用户角色认证的属性信息、文件信息与用途信息。

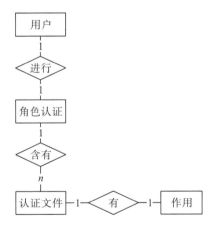

图 12-6　用户角色认证 E-R 图

表 12-11　用户角色认证信息数据库表结构设计（role_auth_info）

字段名	字段说明	是否为主键	数据类型	是否允许 null 值
id	编号	True	serial	不允许
user_id	用户标识		int	允许
service_type	服务类型		varchar	允许

续表

字段名	字段说明	是否为主键	数据类型	是否允许 null 值
expected_role	待认证角色		varchar	允许
real_name	真实姓名		varchar	允许
id_number	身份证号码		text	允许
organization	所属组织		varchar	允许
role_auth_image_uuid0	验证文件 1		text	允许
role_auth_image_uuid1	验证文件 2		text	允许
role_auth_image_uuid2	验证文件 3		text	允许
examine_status	审核状态		int	允许
description	审核描述		text	允许
create_time	审核时间		timestamp	不允许

表 12-12　用户角色认证文件信息数据库表结构设计（role_auth_image）

字段名	字段说明	是否为主键	数据类型	是否允许 null 值
file_info_id	文件编号	True	serial	不允许
file_uuid	文件唯一性标识		text	不允许
file_md5	文件完整性校验		text	不允许
file_name	文件名		text	允许
file_type	文件类型		text	允许
file_size	文件大小		text	允许
file_url	文件路径		text	允许

表 12-13　认证文件用途数据库表结构设计（file_usage）

字段名	字段说明	是否为主键	数据类型	是否允许 null 值
file_usage_id	编号	True	serial	不允许
role_auth_image_uuid	文件标识		text	不允许
file_usage_flag	文件用途标识		int	不允许
file_usageZH	文件作用说明		text	不允许

12.3.3　示范区

示范区用以维护在各区域进行相关水稻栽培、选育、施药施肥技术集成示范过程中积累的经验与成果，其 E-R 图如图 12-7 所示，将示范区名称、简述、成果等重要的信息抽象提炼存储至示范区信息表（demo）与示范成果表（demo_result）中，如表 12-14 和表 12-15 所示；将各区域详细的示范情况存储至 pdf 格式的文件中，并存储相关文件信息（demo_file），如表 12-16 所示。

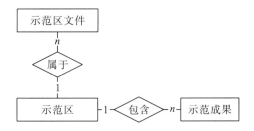

图 12-7 示范区 E-R 图

表 12-14 示范区属性信息数据库表结构设计（demo）

字段名	字段说明	是否为主键	数据类型	是否允许 null 值
id	示范区编号	True	serial	不允许
phone	用户手机号		varchar	不允许
name	示范区名称		varchar	不允许
sketch	简述		text	不允许
province	所处省份		text	不允许
city	所处城市		text	不允许
county	所处县城		text	不允许
image_uuids	现场图片		text[]	允许
file_uuid	示范区详情文件		text	允许
create_time	创建时间		timestamp	不允许

表 12-15 示范区成果数据库表结构设计（demo_result）

字段名	字段说明	是否为主键	数据类型	是否允许 null 值
id	示范区成果编号	True	serial	不允许
demo_id	示范区编号		int	不允许
demo_type	示范类型		varchar	不允许
radiation_area	辐射面积		float	不允许
promotion_tion_area	推广面积		float	不允许

表 12-16 示范区文件信息数据库表结构设计（demo_file）

字段名	字段说明	是否为主键	数据类型	是否允许 null 值
file_info_id	文件编号	True	serial	不允许
file_uuid	文件唯一性标识		text	不允许
file_md5	文件完整性校验		text	不允许
file_name	文件名		text	允许
file_type	文件类型		text	允许
file_size	文件大小		text	允许
file_url	文件物理路径		text	允许

12.3.4 商业服务

商业服务主要为普通农户与服务商之间搭建桥梁，存储服务商定制的服务、案例、产品，并向普通农户推送，其 E-R 图如图 12-8 所示，对应设计主要包含存储服务基本信息的数据表，存储服务对应案例或产品的数据表，存储直观展示相关产品或案例图片的数据表，分别对应表 12-17～表 12-19。

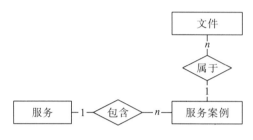

图 12-8 商业服务 E-R 图

表 12-17 商业服务基本信息数据库表结构设计（service）

字段名	字段说明	是否为主键	数据类型	是否允许 null 值
service_id	服务编号	True	serial	不允许
user_id	用户标识		int	不允许
service_name	服务名		text	允许
service_type	服务类型		text	允许
disease_pest_type	病虫害类型		text	允许
phone	联系方式		text	允许
center_lonlat	服务中心位置		text	允许
service_space_range	服务范围		text	允许
service_content	服务内容		text	允许
service_demo_ids	服务产品案例		int[]	允许
create_time	创建时间		timestamp	不允许

表 12-18 商业服务产品案例数据库表结构设计（service_demo）

字段名	字段说明	是否为主键	数据类型	是否允许 null 值
demo_id	产品案例编号	True	serial	不允许
time_range	时间		text	不允许
position	地点		text	不允许
situation	现场描述		text	不允许
solution	解决方案		text	不允许
data_file_uuids	图片		text	不允许

表 12-19　产品案例文件信息数据库表结构设计（service_file）

字段名	字段说明	是否为主键	数据类型	是否允许 null 值
file_info_id	文件编号	True	serial	不允许
file_uuid	文件唯一性标识		text	不允许
file_md5	文件完整性校验		text	不允许
file_name	文件名		text	允许
file_type	文件类型		text	允许
file_size	文件大小		text	允许
file_url	文件物理路径		text	允许

12.3.5　上报

上报功能用于整合各角色用户农业生产生活中的业务数据，设计"文件+属性"的方式进行存储，其 E-R 图如图 12-9 所示，对应设计的数据库表结构如表 12-20 和表 12-21 所示。

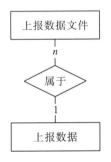

图 12-9　上报数据 E-R 图

表 12-20　上报属性信息数据库表结构设计（upload_data）

字段名	字段说明	是否为主键	数据类型	是否允许 null 值
data_id	数据编号	True	serial	不允许
user_id	用户标识		int	不允许
data_type	数据类型		text	不允许
position	地理位置		text	允许
disease_pest_type	病虫害类型		text	允许
result	方案特点		text	允许
feature	方案效果		text	允许
source	来源		text	允许
data_description	数据描述		text	允许
areaexpand	推广面积		text	允许
arearadia	辐射面积		text	允许
code	行政区划编码		text	允许

续表

字段名	字段说明	是否为主键	数据类型	是否允许 null 值
data_file_uuids	方案文件 (pdf)		text[]	允许
data_image_uuids	图片		text[]	允许
create_time	上传时间		timestamp	不允许

表 12-21　　上报文件信息数据库表结构设计 (upload_data_file)

字段名	字段说明	是否为主键	数据类型	是否允许 null 值
file_info_id	文件编号	True	serial	不允许
file_uuid	文件唯一性标识		text	不允许
file_md5	文件完整性校验		text	不允许
file_name	文件名		text	允许
file_type	文件类型		text	允许
file_size	文件大小		text	允许
file_url	文件物理路径		text	允许

12.4　非功能性需求保障设计

12.4.1　代码托管

Github 是面向开源及私有软件项目的托管平台，维护了大量有价值的开源代码，开发人员常学习参考上面的资源。但出于安全性的考虑，一些项目并不想托管在公共的服务器上，必须独自搭建代码托管服务。Gogs 是基于 Go 语言开发的自助 Github 服务，具有易安装、跨平台、轻量级等特点，支持项目中代码的浏览、下载、合并等服务，保留代码历史版本，是团队开发的重要工具。

12.4.2　服务器管理

网络信息服务 (network information service，NIS) 是用来集中控制几个系统管理数据库的网络用品，客户端利用它可以使用中心服务器的管理文件。NIS 基于客户端-服务器模型，在平台中用于集中化认证，即把一个节点作为服务器，其余节点作为客户端，在服务器上设置用户名与密码后会建立相应的数据库，客户端在用户登录时对服务器上的数据库进行验证，避免集群服务器用户信息创建与修改的重复性工作。

网络文件系统 (network file system，NFS) 是文件系统之上的网络抽象，同样基于客户端-服务器模型，使远程客户端通过网络像访问本地文件一样访问服务器上的共享文件。NFS 有利于大数据平台的部署，使集群共用相关软件，既避免了重复部署工作，又节约了资源。

NFS 服务器设置了共享文件供客户端访问，客户端使用这些文件时需挂载到本地。接挂命令 (mount) 是 Linux 用来挂载文件系统的命令，可以在系统启动的时候挂载，也可以在系统启动后挂载。本地固定设备（如硬盘）可以使用 mount 挂载；而光盘、软盘、NFS 等文件系统具有动态性，即需要的时候才有必要使用 mount 挂载，所以 NFS 需要配合 Autofs 使用。Autofs 是一种看守程序，如果它检测到用户正试图访问一个尚未挂载的文件系统，它就会自动检测该文件系统，如果存在，那么 Autofs 会自动将其挂载。同时，如果它检测到某个已挂载的文件系统在一段时间内没有被使用，那么 Autofs 会自动将其卸载。因此，一旦运行了 Autofs 后，用户就不再需要手动完成文件系统的挂载和卸载。

12.4.3　服务器资源保护

JSON 令牌（JSON web token，JWT）是一个非常轻巧的规范，保证客户端和服务器之间传递安全可靠的信息。一个 JWT 实际上就是一个字符串，它由三部分组成——头部、载荷与签名。头部用于描述元信息，例如其类型以及签名所用的算法等；载荷用于存放有效信息；签名用于 JWT 的校验。Jersey 发布的服务只有校验用户信息后才能被正常访问，通过校验后客户端会收到服务器签发的 Token，这个 Token 在一定存活周期内是合法的，用户可正常用它请求相应的资源而无须每次进行校验，过期后需要重新校验申请 Token。

主要参考文献

[1] Zhu Z, Wang S X, Woodcock C E. Improvement and expansion of the Fmask algorithm: cloud, cloud shadow, and snow detection for Landsats 4-7, 8, and Sentinel 2 images[J]. Remote Sensing of Environment, 2015, 159: 269-277.

[2] Kepner J, Arcand W, Bestor D, et al. Achieving 100, 000, 000 database inserts per second using Accumulo and D4M[C]//2014 IEEE High Performance Extreme Computing Conference（HPEC）. September 9-11, 2014. Waltham, MA, USA. IEEE, 2014: 1-6.

[3] Fox A, Eichelberger C, Hughes J, et al. Spatio-temporal indexing in non-relational distributed databases[C]//2013 IEEE International Conference on Big Data., Silicon Valley, CA, USA. 2013: 291-299.

[4] Azavea Inc. GeoTrellis is a geographic data processing engine for high performance applications[EB/OL]. https: //geotrellis. io/, 2024-05-15

[5] Aufdenkampe A K, Mayorga E, Tarboton D G, et al. Model my watershed and big CZ data portal: interactive geospatial analysis and hydrological modeling web applications that leverage the Amazon cloud for scientists, resource managers and students[C]//Agu Fall Meeting, San Francisco 2016.

第13章 水稻药肥精准施用大数据平台实现

13.1 平台环境搭建

平台环境搭建工作涵盖集群管理、基础性运行环境搭建、功能性开源软件的安装与使用等内容。集群管理主要包括安全外壳协议(Secure Shell,SSH)免密码直连、环境变量配置、NIS 和 NFS 的安装及配置等；基础性运行环境搭建主要包括重要开发语言(Java 和 Scala 等)开发工具包、相关集成开发环境(PyCharm、IDEA、WebStorm)、前端应用运行容器 Nginx、后端服务运行容器 Tomcat 等的安装；功能性开源软件的安装与使用主要包括大数据技术所需相关软件(Hadoop、Zookeeper、Accumulo、Spark)、数据库技术(PostgreSQL)、前端依赖管理工具 Npm、后端依赖管理工具 Maven 等。其他在第 12 章中设计的相关技术，均通过前后端依赖管理工具下载到本地。相关环境搭建操作流程在互联网上有着丰富的教程资源，此处不再赘述，总结目前大数据平台的前端应用、后端服务的开发与运行环境情况分别如表 13-1 和表 13-2 所示。

表 13-1　大数据平台前端应用开发与运行环境

环境	版本	作用描述
WebStorm	2018.1.5	前端应用集成开发环境
Node	8.11.3	开发环境下 Vue 工程运行支持
Nginx	1.10.3	反向代理 Web 服务器
Vue	2.5.10	渐进式 JavaScript 框架
OpenLayers	5.2.0	地图的动态显示和交互 JavaScript 库
Element-UI	2.3.4	美观简约的 Vue 组件库
Echarts	3.8.5	数据图表渲染 JavaScript 库
Cesium	1.57.0	三维地图显示与交互 JavaScript 库

表 13-2　大数据平台后端服务开发与运行环境

环境	版本	作用描述
PyCharm	2018.1.5	算法模型集成开发环境
IntelliJ IDEA	2018.1.5	Java 集成开发环境
Java	1.8.0_171	核心业务逻辑开发语言
Scala	2.11.12	高性能计算开发语言
Tomcat	9.0.10	后端服务容器
Maven	3.5.3	后端服务依赖管理，打包
PostgreSQL	10.4	关系型数据库，存储业务数据

环境	版本	作用描述
Hadoop	2.8.4	海量数据分布式存储
Zookeeper	3.4.12	分布式应用协调服务
Accumulo	1.9.1	分布式数据库，存储遥感影像金字塔切片
Spark	2.3.1	分布式计算，支持遥感影像切片
Python	3.6(3.5，3.7)	算法模型开发语言

13.2　数 据 整 合

数据整合针对遥感数据、水稻病虫害测报数据、水稻农药抗性与残留数据、水稻农药化肥销售数据、病虫害图片、综合技术方案、物联网数据进行采集、预处理、管理等，主要通过自动化爬虫、网上填写报表、第三方数据接口等方式采集数据，通过编写数据库的存储过程以及相关业务逻辑代码实现处理以及管理，涉及 PostgreSQL、HDFS、Accumulo 等存储技术。本小节不详细描述具体的代码处理流程，主要对已整合的数据进行介绍。

13.2.1　遥感数据

遥感数据主要包含卫星遥感、无人机遥感、地面遥感等，为经过相关算法模型处理后的相关专题产品。遥感数据整合了适用于不同空间尺度的卫星遥感产品，源于 MODIS、Landsat、Sentinel 等卫星的基础数据，包括水稻种植区域、NDVI、EVI、LAI、FPAR(fraction of photosynthetic active radiation，光合有效辐射吸收比率)等，对于监控水稻长势、估产等有着重要意义。无人机遥感主要源于田间飞行，包括倾斜摄影测量、多光谱影像等数据，用于获取小区域内的三维地形与更丰富的影像信息等。地面遥感主要源于田间采样，包括叶绿素、叶面积指数、温度和湿度、光谱曲线等重要参数，用于对相关遥感算法模型进行验证。遥感数据的格式主要包括两种：一种是影像数据，通过大数据计算框架进行切片保存至 Accumulo 中，并进一步读取分析；另一种是表格数据，通过用户上报完成整合。

13.2.2　水稻病虫害测报数据

水稻病虫害测报数据源于全国农业技术推广服务中心，其开展了近二十年的多种水稻病虫害模式测报，包括稻飞虱模式报表、稻纵卷叶螟田间赶蛾调查表、稻纵卷叶螟模式报表、螟虫各代调查及下代预测模式报表、螟虫冬前模式报表、螟虫冬后模式报表、稻瘟病发生实况模式报表、孕穗-破口期叶瘟发生情况报表、穗瘟发生预测模式报表、稻纹枯病模式报表、条纹叶枯病病情系统调查表、条纹叶枯病发生情况大田普查记载表、南方水稻黑条矮缩病发生信息周报表、水稻种植情况基本信息表、水稻害虫灯诱逐日记载表等。考虑到全国农业技术推广服务中心的信息平台仅提供账号密码去下载数据，没有自动化获取数据的接口，大数据平台拟通过自动化爬虫获取。模式报表数据属于结构化数据，不同病虫害的模式报表字段迥异，且存在数据缺失、重复、错误等情况，大数据平台设计了第 12 章中具有数据整合功能的 E-R 图与数据库表，用以存储经过清洗的报表数据。

13.2.3　水稻农药抗性与残留数据

水稻农药抗性与残留数据源于南京农业大学和华南农业大学，抗性数据记录了不同水稻种植区域对防治不同病虫害的药剂的效果和具体参数，残留数据记录了不同区域大米中农药的残留情况。这些数据虽然数据量不大，但来自一次次的实验室分析和文档调研，对于指导农户施用药肥颇有意义。平台拟采用用户上报和处理表格数据的方式进行整合。

13.2.4　水稻药肥销售数据

水稻药肥销售数据源于深圳诺普信农化股份有限公司，主要为其店面在不同地区的经营记录，描述了不同时间、不同地区的药肥销售情况，平台拟通过处理表格数据的方式进行整合。

13.2.5　病虫害图片

病虫害图片源于全国农业技术推广服务中心、深圳诺普信农化股份有限公司及互联网上的数据集等，包括稻飞虱、稻叶蝉、禾蓟马、稻秆蝇、稻水象甲、稻潜叶蝇、稻瘿蚊、稻纵卷叶螟、大螟、二化螟、三化螟、稻苞虫、稻瘟病、稻曲病、纹枯病、白叶枯病等多种病虫害类型，主要用于病虫害识别模型的构建。平台主要通过爬虫、用户上传、人工处理等方式进行整合。

13.2.6　示范区

平台通过设计模式报表方案，采用农业专家用户上报的方式进行整合，最终形成多个示范区。示范区是重点研发计划"化学肥料和农药减施增效综合技术开发"中各子课题为完成"双减"目标所做工作的汇总。各子课题研究区域不同，自然条件的差异性导致技术方案千差万别，因此模式报表方案采用"文件+属性"的方式，文件用于不同的示范区自定义内容，属性用于统一规范示范区所必要的信息，详情可参看第 12 章相应数据库表设计。

13.2.7　物联网数据

物联网数据源于贵州省岑巩县杂交水稻制种基地，包括视频监测、图片监测、微气象数据。平台通过海康威视的萤石云接口接入视频，通过爬虫获取其信息平台中的微气象数据与图片数据，从而增强平台点的监测能力。

13.3　大数据分析处理

随着水稻药肥精准施用研究不断取得突破，平台将不断集成相关专业模型以增强实用性，其分析结果将是诸多核心功能的数据支撑。因此，不仅需要基于专业模型所需输入的数据与高并发、分布式处理程序框架进行实现，而且要规范代码结构与逻辑以保证动态扩展。专业模型的实现位于体系结构中的基础服务层，尽量通过后台定时运行模型将结果保存至数据库中，其他功能可直接按需获取从而减少响应时间。

13.3.1　遥感大数据处理分析

遥感影像的切片、切片数据存储与访问均通过 GeoTrellis 引擎的相关 API 实现。遥感影像产品大多保存为.tif 格式，保存至 HDFS 中，然后使用 GeoTools 工具对其进行切片处理。遥感影像切片有两种方式：一种为金字塔切片，有多种层级，其象元值为整型，用于生成瓦片图片供客户端调用；另一种为单层切片，其象元值为浮点型，用于统计分析。切片结果将保存至 Accumulo 中，GIS Server 服务(产品瓦片地图服务)和基础服务层相应模型(统计分析)将调用接口访问获取其中的数据。

GeoTools 是地理信息数据处理工具，可编写诸多任务按需调用。以遥感影像产品切片任务为例，如下的伪代码片段为切片任务主函数入口：

```
// method 2：判断参数是否正确，并调用切片函数
if(args.length == 8){
    if(… //参数检验
    } else {
      throw new IllegalArgumentException("wrong of program parameters");
    }
}
RSProduct[] rsDataList = etl.fetchProductList();
if(rsDataList != null){
    etl.ingest(rsDataList);
} else {
    throw new NullArgumentException("No data will be ingested");
}
```

GeoTools 切片任务运行需要提交给 Spark 集群处理，有两种方式：一种通过 Spark-submit 命令手动提交按需执行；另一种通过 spark RESTApi 提交，不仅可提高自动化程度，而且可监控该任务的状态。具体的切片函数通过获取切片所需软件环境的配置参数(如 HDFS，Accumulo，Spark 的 API 连接配置)以及切片的遥感产品信息，从而调用 GeoTrellis 的相关 API 完成切片，伪代码如下：

```
//根据不同的产品进行对应切片操作
private def ingestTile(rsProduct: RSProduct)(implicit sc: SparkContext): Unit = {
    val etlConf: EtlConf = UserEtlConf.getEtlConf(rsProduct, rsProduct.getType,
"zoomed")
    val etl = new geotrellis.spark.etl.Etl(etlConf,
geotrellis.spark.etl.Etl.defaultModules)
    if(rsProduct.isSingleBand){
```

```
        val sourceTiles = etl.load[ProjectedExtent, Tile]()
        val(zoom, tiled)= etl.tile(sourceTiles)
        etl.save[SpatialKey, Tile](LayerId(etl.input.name, zoom), tiled)
    } else {
        val sourceTiles = etl.load[ProjectedExtent, MultibandTile]()
        val(zoom, tiled)= etl.tile(sourceTiles)
        etl.save[SpatialKey, MultibandTile](LayerId(etl.input.name, zoom), tiled)
    }
}
```

GIS Server 定义了路由表，根据客户端请求的 url 中的参数调用对应函数进行处理，从而返回结果，伪代码如下：

```
def routes: Route = get {
    pathPrefix("single"){//请求单波段遥感产品瓦片
        pathPrefix("tms")(tiledSingleMap)
    } ~
    pathPrefix("multi"){//请求多波段遥感产品瓦片
        pathPrefix("tms")(tiledMultiMap)
    } ~
    pathPrefix("singleImageValue"){//获取指定产品具体地理位置的像素值
        parameters('year.as[String], 'index.as[String], 'imageProductType.as[String],
'posx.as[Double], 'posy.as[Double]){
        (year, index, imageProductType, posx, posy)=> {
                getImageDataValue(year, index, imageProductType, posx, posy)
            }
        }
    }
}
```

GIS Server 可从 Accumulo 中读取遥感影像的瓦片，并可对相关瓦片进行运算后渲染成指定风格的图片，伪代码如下：

```
//根据请求参数做相应处理，并返回渲染后的瓦片图片
def tiledSingleMap: Route = pathPrefix(Segment / Segment / IntNumber / Segment /
IntNumber / IntNumber / IntNumber / Segment / IntNumber / IntNumber){
(satellite, product, year, doy, zoom, x, y, color, merge, flag)=>
        complete {
            Future {
                val tile: Tile = product match {
                    //根据不同产品类型对 Tile 进行不同处理
                }
                val colorBreak: Array[Double] = product match {
                    //对不同产品选用不同的色带
                }
                //将瓦片渲染成对应图片
    HttpResponse(entity = HttpEntity(ContentType(MediaTypes.`image/png`), png.bytes))
            }
        }
}
```

13.3.2 水稻长势分析

水稻长势分析主要是提取研究区域内不同行政区划等级(县、市、省等)下表征水稻长势的遥感产品长时间序列统计信息，主要输入数据包含水稻种植区域、归一化植被指数、矢量区域。水稻长势分析基于 Akka-actor 并发编程模型实现，对每个区域、每个时相的统计任务封装为一个计算 Actor，然后运行前配置一定的计算资源，运行时由 Akka 的路由策略进行资源的分配，其实现流程如图 13-1 所示，统计结果通过持久化操作保存

至数据库，进而用于后续核心功能的实现，如农情监测中的水稻长势分析功能。

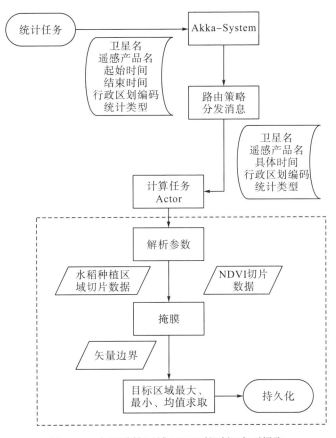

图 13-1　水稻种植区域 NDVI 长时间序列提取

水稻长势分析将每一个时相、每一类遥感产品(发送给 Actor 的消息)的最大、最小、平均值统计视为一个任务(Actor)，其实现伪代码如下：

```
class SpatialStatisticActor extends Actor {
    … //初始化
    override def preStart(): Unit = {println("计算 Actor 准备启动")}
    override def postStop(): Unit = {println("当前 actor 结束于" + new Date())}
    override def receive: Receive = {//接收消息并进行处理
        case stats(action: String, rsProduct: RSProductResponse, features:
JsonFeatureCollection)=>
            doStatisticByFuture(action, rsProduct, features)
                .onComplete({ //回调,对相关计算任务结果持久化
                    case Success(result)=> …
                    case Failure(exception)=> …
                    case _ => …}
    }
}
```

EVI、NDVI 等可表征植被的生长情况，而本节研究主题仅包含水稻的长势，因此需过滤掉其他种类的植被影响而只分析水稻种植区域内的长势。利用水稻种植区域产品对遥感产品进行栅格运算，目标在于将非水稻区域的象元赋值为 nodata，其实现伪代码如下：

```
//水稻种植区域对其他产品进行掩膜处理
def initParameters(rsProduct: RSProductResponse): Seq[(SpatialKey, Tile)] with
Metadata[TileLayerMetadata[SpatialKey]] = {
    raster = … //获取产品图层
    rasterMask = //获取对应水稻种植区域图层
    rasterResult = ContextCollection(raster.localInverseMask(rasterMask, 1, -
2147483648), raster.metadata)    //利用水稻种植区域做栅格运算
    rasterResult //返回处理结果
}
```

13.3.3 病虫害预报

病虫害预报模型源于广东省农业有害生物预警防控中心，主要为三化螟和稻纵卷叶螟等不同代数的发生数量或程度预测。

三化螟第三代灯下蛾量预测公式为

$$y = 184.6 \times x^{0.7346} \tag{13-1}$$

式中，y 为第三代灯下蛾量；x 为第一代灯下蛾量；模型适用区域为广东省。

三化螟第四代灯下蛾量预测公式为

$$y = 5.01 \times x^{0.5967} \tag{13-2}$$

式中，y 为第四代灯下蛾量；x 为第二代灯下蛾量；模型适用区域为广东省。

稻纵卷叶螟第三代发生程度预测公式为

$$y = 0.1617 \times x_1 + 0.029 \times x_2 - 0.3352 \times x_3$$
$$+ 0.0343 \times x_4 + 0.5161 \times x_5 - 3.646 \tag{13-3}$$

式中，y 为第三代灯下蛾量；x_1 为 4 月上旬雨日，x_2 为 1～2 月降雨量，x_3 为 1～2 月温雨系数，x_4 为 4 月上旬相对湿度，x_5 为 4 月上旬温湿系数。模型适用区域为华南、西南七省(区/市)。

模型本身较为简单，其高并发处理需求低，仅需对平台本身已有的数据加以处理然后代入模型即可，结果可用于预报功能的展示。以三化螟第四代灯下蛾量预测为例，其实现思路如下：

```
@Path("num")
@POST
@Consumes(MediaType.APPLICATION_JSON)
@Produces(MediaType.APPLICATION_JSON)
public List<PredictParam> borernumpredict(SearchParam searchParam){
    //设置请求参数
    WebTarget webTarget = client.target(daoServiceUrl + "/external/data");
    Response response = webTarget.request().post(Entity.entity(externalDataRequest,
MediaType.APPLICATION_JSON));
    ExternalDataSet result = response.readEntity(ExternalDataSet.class); //从数据库中拿到
的 MCGDDCJXDYCMSBB 中广东省的所有数据
    //对数据库的数据根据模型的输入做相应预处理
    …
//根据模型进行数量预测
    …
//对预测结果进行分级便于用户理解与可视化呈现
    …
    return data;
}
```

13.4　核心功能实现

核心功能的实现在于让不同用户的角色接触到大数据平台中不同的信息，这些信息源于经过预处理或专业模型加工的多源异构数据。考虑到代码量相对较大且篇幅有限，本小节将不再描述相应业务逻辑代码，仅简述实现的效果与交互方式。图 13-2 展示了大数据平台的门户首页面，其功能说明如下（序号与图中数字相对应）：

1：农情监测中心；

2：核心功能菜单栏；

3：搜索框，可进行地区检索；

4：重大消息滚动条，也是其功能入口之一；

5：用户框，点击可引出用户信息管理和系统性功能；

6：物联网—水稻长势视频监控系统；

7：版权信息；

8：地图类型（普通地图、卫星影像）切换。

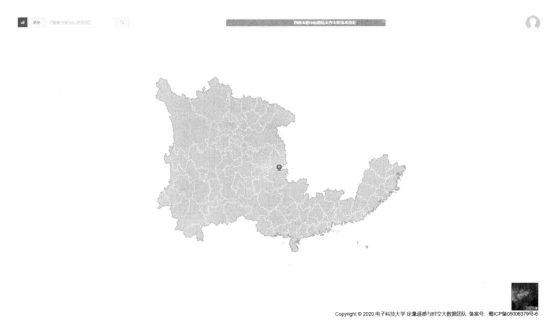

图 13-2　大数据平台门户首页面

大数据平台门户通过菜单导航至相应功能，主要有两处功能导航区，分别为核心功能菜单和系统性功能菜单，如图 13-3 所示。核心功能菜单包括农情监测、示范区、重大消息、资讯等，通过点击首页面的"菜单"按钮打开，系统性功能菜单包括个人信息、系统消息、帮助与反馈等，也是门户的登录和注销入口，通过点击首页面的头像打开。

(a)核心功能菜单　　　　　　　　(b)系统性功能菜单

图 13-3　大数据平台功能导航页面

13.4.1　用户管理

用户管理模块主要包括注册、登录、信息修改等,适用于所有用户角色。

1. 注册

在系统性功能菜单中点击登录或者其他必须登录才能访问的功能时,会跳转至用户登录注册界面,点击切换到注册页面,如图 13-4 所示。针对普通农户、服务商、农业专家、管理者等不同角色,平台需进行不同的信息校验,包括角色选择、基本信息填写、校验信息填写等步骤。另外,前述角色设计中的数据分析人员与数据审核人员由平台后台管理分配。

图 13-4　用户注册时角色类型选择页面

普通农户仅需填写基本信息,如图 13-5 所示。用户名和邮箱为非必填字段(如果不填,平台会设置为默认字段,可后续进行更改),通过填写手机号获取验证码,填写密码并确认密码后,普通农户点击注册按钮完成注册,其他角色则需完成实名校验。

图 13-5　普通农户基本信息填写页面

2. 登录

在用户登录注册界面切换至登录页面，如图 13-6 所示。在用户登录过程中，如果输入的用户名、密码、验证码正确，则会提示登录成功。如果用户通过点击某个菜单功能触发的登录注册框，那么直接在登录后执行相应的功能；否则，会在登录窗口中显示相应的错误，不能进入系统主界面，请重新输入用户名或密码。如果用户登录时忘记了密码，可通过手机号校验后重置密码，如图 13-6(b) 所示。

(a)用户登录

(b)重置密码

图 13-6　用户登录页面

3. 用户信息修改

用户信息修改主要包括用户名、电话、密码、邮箱、头像的修改，如图 13-7 所示。

(a)用户名修改

(b)电话修改

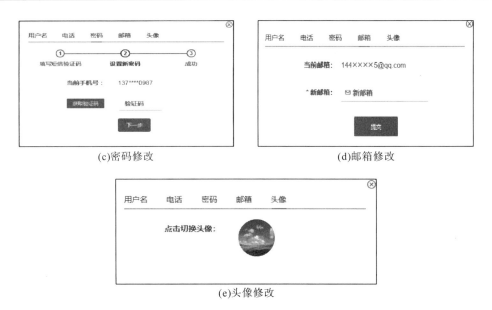

(c)密码修改　　　　　　　　　　　　　(d)邮箱修改

(e)头像修改

图 13-7　用户信息修改页面

13.4.2　农情监测

农情监测集中展示大数据平台的重要信息，将多维信息整合集中呈现，帮助用户了解实时水稻农情并及时决策，主要包括示范区、重大消息、农情资讯、商业服务、水稻长势、无人机影像、水稻基地苗情、地面采样、病虫害发生与防治情况等信息，如图 13-8 所示。该页面有一些特点，如背景的地图不允许拖动、缩放等操作，但可在无人机影像的小地图上进行这些操作；有图片呈现的功能，可点击查看大图；相关功能仅呈现最新的几期数据，并定时轮播；鼠标移至不同的病虫害图标上可查看其对农药的综合抗性水平。

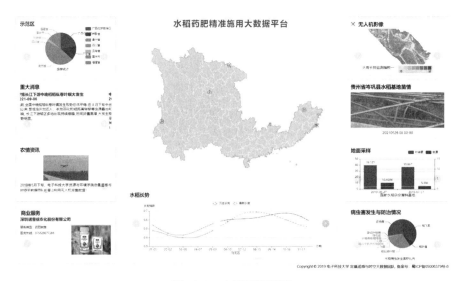

图 13-8　农情监测页面

13.4.3　示范区

示范区主要有两个功能，"所有"用于查看示范区信息，"新增"用于上传示范区数据。"所有"为所有用户可用，而"新增"仅限农业专家用户可用。"新增"表单根据相关数据库表结构进行设计，如图 13-9 所示。

图 13-9　新增示范区页面

示范区信息查看页面如图 13-10 所示。平台可根据不同的行政区划级别呈现不同的统计结果，如图 13-10(a)～图 13-10(b)所示，地图上数字表示不同区域的示范区数量，页面上则以图表呈现地区统计结果。另外，因为示范区包含的地理信息到县级行政区划级别，所以在图 13-10(b)中地图上以深色凸显并在页面上列出县级区域列表，均可点击查看具体数据，如图 13-10(c)所示。同时，也可放大查看现场图片，如图 13-10(d)所示。

(a)省级区域统计信息　　　　　　　　(b)县级区域统计信息

(c)示范区详情　　　　　　　　(d)现场图片查看

图 13-10　示范区信息查看页面

13.4.4 预报

预报是平台集成专业模型，也是可视化呈现给农业专家用户的入口。设计的子模块包括水稻长势、虫害、病害三个，如图 13-11 所示，当前平台中仅集成了虫害的相关模型。其中，病虫迁飞动态是病虫害模式报表实时和历史数据的可视化查看功能的超链接，主要包括稻飞虱、稻纵卷叶螟、螟虫；三化螟和稻纵卷叶螟主要是 13.3.3 小节中相关模型结果的可视化呈现。

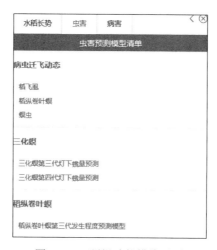

图 13-11　预报功能模块页面

图 13-12 展示了 2019 年三化螟第三代灯下蛾量的预测结果，根据全国农技中心病虫害测报站点记录的数据，每当平台获取第一代数据，就能及时给出第三代的预报结果，第四代预测结果的呈现方式与第三代类似，在此不再赘述。

图 13-12　2019 年三化螟第三代灯下蛾量预测结果

图 13-13 展示了 2019 年稻纵卷叶螟第三代发生程度的预测结果，平台根据当年的气象数据进行预测，参照图例可直观分析其发生的严重程度。

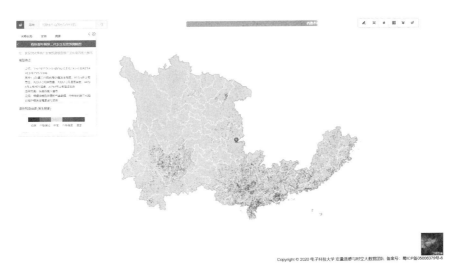

图 13-13　2019 年稻纵卷叶螟第三代发生程度预测结果

13.4.5　商业服务

商业服务主要包括服务定制与服务查看，所有用户均可查看服务，仅限服务商可定制服务，服务定制页面如图 13-14 所示。服务商点击"我的服务"即可查看服务商本人已定制的服务［图 13-14(a)］，点击"添加服务"可填写相应表单信息(通过点击🎈从地图上确认服务的中心点)［图 13-14(b)］。［图 13-14(c)］为添加产品页面，主要针对传统农技服务(如农药、化肥销售等)，而［图 13-14(d)］为添加案例页面，主要针对无人机植保服务。填好属性信息并选择相应文件，点击"确定"后会回到服务添加页，此时已完成基本服务内容的填写，再次确认信息后即可点击"确定"完成服务定制。

(a)已定制服务列表　　　　　(b)添加服务页面

(c)添加产品页面　　　　　　　　　　(d)添加案例页面

图 13-14　服务定制页面

服务定制成功后即可在"我的服务"中查看相应服务列表，并可进行编辑或删除。图 13-15 展示了服务内容与服务对应的案例或产品修改页面。图 13-16 展示了平台中所有可用商业服务，服务列表中的编号与地图上的标记一一对应，在列表中点击相应服务或者在地图上点击对应标记即可查看服务详情。服务详情页面主要包含服务的主要内容、服务商的联系方式、相关防治案例以及用户评价等，如图 13-17 所示。若为无人机植保，则防治案例为服务商进行无人机植保的实际案例；若为传统农技服务，则是相关产品的介绍。在服务详情页的最下方是用户评论的入口，可评分并填写评论内容，点击提交评论后可在评论内容中查看。

(a)服务内容修改　　　　　　　　　　(b)产品/案例修改

图 13-15　服务修改页面

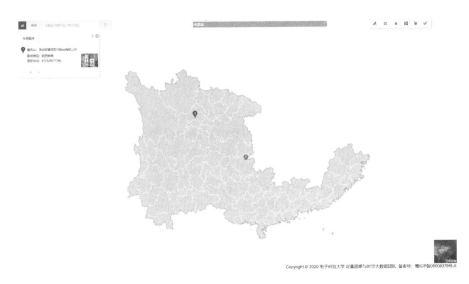

图 13-16　服务列表查看

(a)服务详情	(b)用户评价

图 13-17　服务查看页面

13.4.6　上报

上报是大数据平台进行数据整合的入口之一，包含水稻长势信息、病虫害图片、方法模型等数据上传的页面，如图 13-18 所示。图 13-18 呈现了所有的数据上报页面，但在实际使用过程中会根据角色区分，如农业专家拥有全部数据上传的功能，而普通农户不能上传方法模型、技术方案、抗性等数据。上报的数据经过平台处理将有用的信息发布给用户，从而形成信息闭环。

(a)水稻长势信息　　　　　　(b)病虫害图片　　　　　　(c)方法模型

(d)水稻药肥减施增效技术方案　　(e)抗性-虫害　　　　　(f)抗性-病害

(g)残留　　　　　　　　　　(h)其他

图 13-18　数据上报页面

13.4.7　数据可视化

　　数据可视化辅助农业专家进行数据溯源，有利于验证分析相关模型算法的计算结果，主要包括卫星遥感、无人机遥感、地面遥感、病虫害测报、抗性、残留、药肥销售、视频监控等数据。图 13-19 展示了农业专家用户登录后的门户页面。

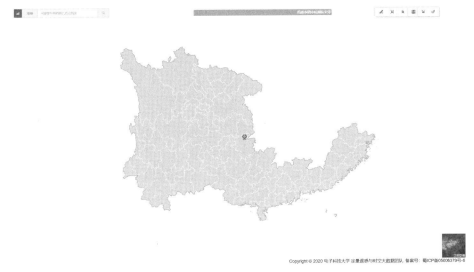

图 13-19　农业专家首页面

1. 卫星遥感数据

图 13-20 为卫星遥感数据的详情页面(可通过右上角的两个图标收起或者关闭)，主要包含系统收集的卫星遥感产品以及对应的目的，以及时空数据的查看。时空数据查看主要涉及四个参数：数据种类(当前系统所有的卫星遥感产品)、是否掩膜(是否只查看水稻种植区域内的相关产品)、起止日期(控制时空动态播放的开始日期和结束日期)、渲染方式(控制产品呈现的方式)。同时，平台会进行相应的表单验证，并提示相应操作错误信息。

图 13-20　卫星遥感数据时空动态查看参数界面

图 13-21 展示了华南及西南七省(区/市)2002 年的水稻种植区域分布，当在圆形框内设置正确相应参数后，圆角矩形框内的地图上会展示对应产品的空间分布，长条矩形框内的时间轴默认显示当前时相，并可进行拖动或者播放操作，地图上的数据会随之切换，即可达到时空数据直观查看的效果。当切换数据种类时，地图上会清除掉当前数据，表单会提示相应信息，辅助再次进行参数设置。

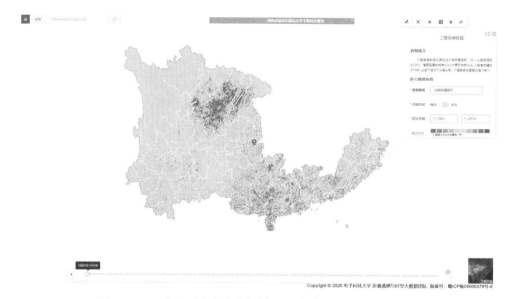

图 13-21　华南及西南七省(区/市)2002 年水稻种植区域分布图

　　水稻种植面积这个产品没有是否掩膜功能，系统提供多年合成功能，查看不同年份的合成产品，当选择合成方式为多年时，切换起止年份，即可查看对应年份合成产品，这种场景下不会出现时间轴，如图 13-22 所示。

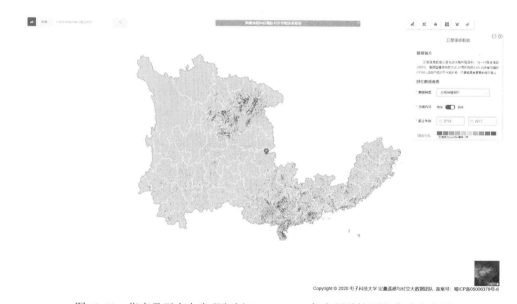

图 13-22　华南及西南七省(区/市)2000～2012 年水稻种植面积合成分布图

　　如果认为当前地图呈现的产品不方便查看或者不直观，可以点击"渲染方式"，即出现如图 13-23 所示的下拉框，可选择合适的颜色进行渲染查看，切换后的结果如图 13-24所示。图 13-25 为卫星遥感产品——叶面积指数显示效果，为查看叶面积指数产品，在选择起止日期时，仅能选择当前系统所含产品对应的时间周期内的日期，否则将无法选择。图 13-26 是选择掩膜并切换渲染方式后的效果。

图 13-23　卫星遥感产品渲染方式列表

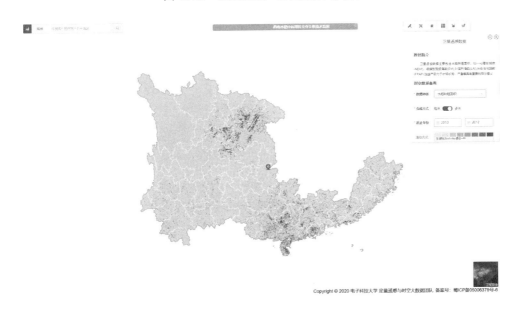

图 13-24　卫星遥感产品切换渲染方式后的效果

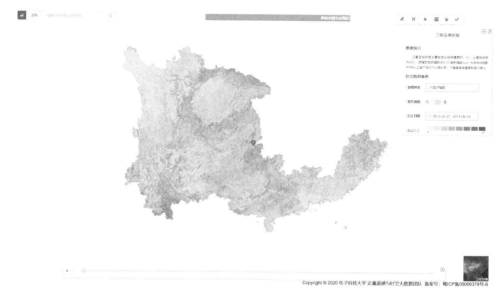

图 13-25　卫星遥感产品——叶面积指数显示效果

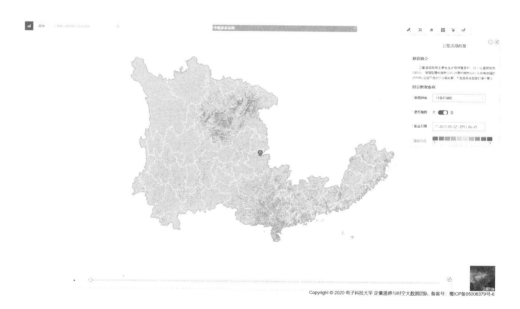

图 13-26　卫星遥感产品——叶面积指数掩膜并切换渲染方式后的效果

2. 无人机遥感数据

图 13-27 为无人机遥感数据概述的页面，主要包含数据介绍和采样区域两部分，地图会高亮采样行政区并以无人机图标标识采样位置。当前采样区域主要包含王家寨、磨脚湾、大有和国家水稻杂交育种基地，点击无人机图标或概述界面的区域，会显示对应的无人机遥感数据，如图 13-28 所示。

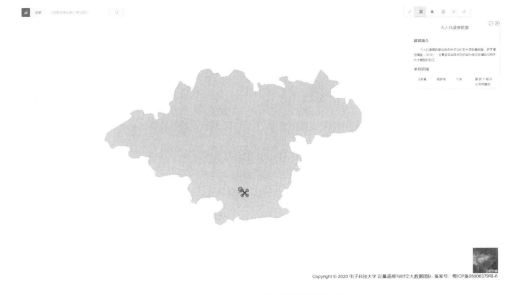

图 13-27　无人机遥感数据概述界面

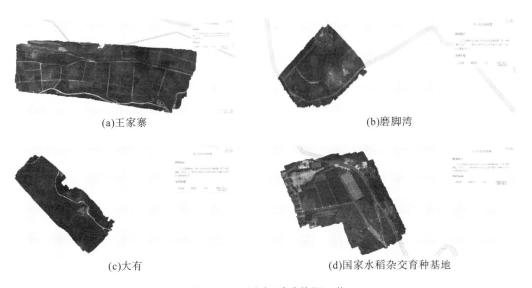

(a)王家寨

(b)磨脚湾

(c)大有

(d)国家水稻杂交育种基地

图 13-28　无人机遥感数据一览

3. 地面遥感数据

如图 13-29 所示，地面遥感数据概述的页面主要为数据介绍和采样区域，地图会高亮采样行政区划并以气泡图标标识采样位置。当前采样区域主要包含眉山市、罗定市、开平市和宾阳县。点击气泡图标或对应区域，地图会缩放至对应区域，并默认显示采样点编号 01 的数据，如图 13-30 所示。点击不同的采样点即可结合表格查看对应区域的数据，主要为叶绿素、氮素、叶面积指数等数据。

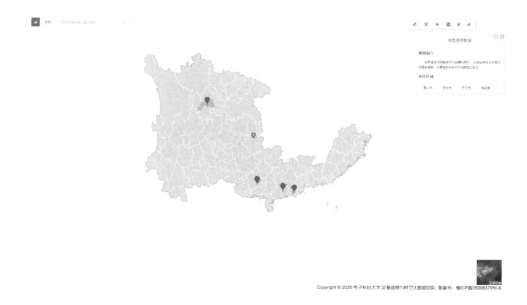

图 13-29　地面遥感数据概述页面

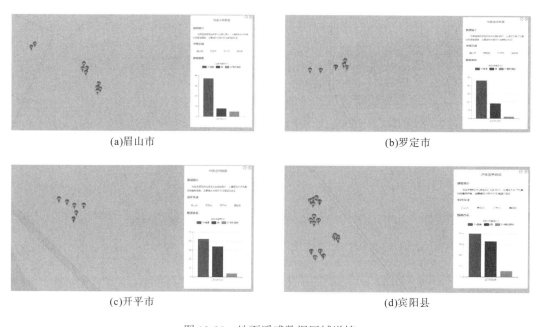

(a)眉山市　　　　　　　　　　　　　　(b)罗定市

(c)开平市　　　　　　　　　　　　　　(d)宾阳县

图 13-30　地面遥感数据区域详情

4. 病虫害测报数据

图 13-31(a)为病虫害测报数据概述页面，主要包含数据简介和参数选择两部分。病虫害测报数据参数主要设计有选择区域(可选择华南、西南七省(区/市)中感兴趣的省(区/市)，默认为全部)、数据名(水稻病虫害测报站记录的数据种类)、字段(每类测报数据所包含的属性)，初始日期(时间轴的初始时间)，截止日期(时间轴的截止时间)，渲

染方式(地图圆圈或热力图)等。图 13-31(b)展示了平台所有的病虫害测报数据种类，图 13-31(c)以二化螟为例展示了其属性信息。

　　　　(a)概述　　　　　　　　　(b)模式报表列表　　　　　(c)字段——以二化螟为例

图 13-31　病虫害测报数据参数情况

　　选择好相关参数后，地图上会以地图圆圈渲染数据，鼠标移至圆圈上会弹出气泡显示数据的详细值及单位，且病虫害测报站数据概述界面下方的表格集中展示该测报日期对应的数据情况，如图 13-32 所示。当播放或拖拽时间轴时，地图上渲染的地图圆圈与表格中所包含的数据会相应变化。当缩放地图时，会根据所处的层级进行聚合，聚合方法根据数据值的种类而变化(浮点数或整数则求和，百分比则求平均)。

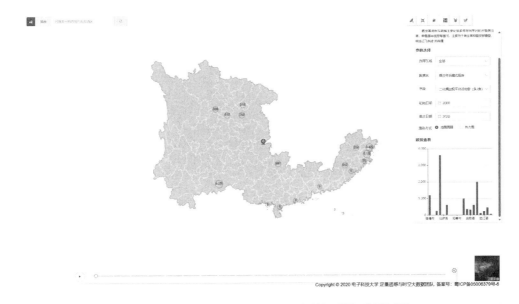

图 13-32　螟虫冬后模式报表 2000 年数据详情-地图圆圈

切换渲染方式后，螟虫冬后模式报表 2000 年数据将以热力图的方式呈现，反映其空间分布，如图 13-33 所示。如果只对某个省(区/市)的测报数据感兴趣，则通过"选择区域"切换，地图会缩放至对应区域，并高亮显示，表格与地图圆圈的数据仅显示对应区域内的数据，如图 13-34 所示。

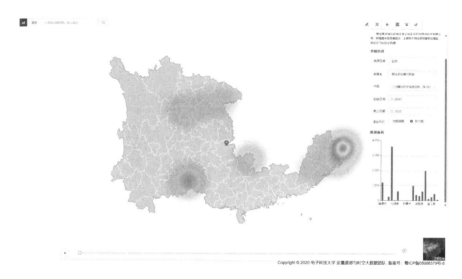

图 13-33　螟虫冬后模式报表 2000 年数据详情(热力图)

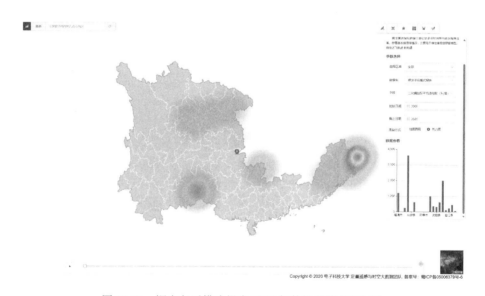

图 13-34　螟虫冬后模式报表 2000 年数据详情(福建省)

5. 水稻相关业务数据

水稻相关业务数据包含药肥销售和抗性数据，如图 13-35 所示，其呈现方式均按照"整体-局部"的思路，首先是整体空间分布，然后为具体数据详情。

图 13-35　水稻相关业务数据概述

　　图 13-36 展示了各个药肥销售站点的空间分布情况，用定位图标结合经纬度进行标注。如果对某个站点感兴趣，可点击相应图标，地图会缩放层级以便查看该站点具体的空间信息，同时该图标会以高亮显示且位于地图中心；水稻相关业务数据概述页面也会以图表方式呈现具体销售数据，并可查看不同时相的数据。当用户点击"切换销售站点"时，原站点的高亮转移到新站点，地图的中心也转移至新站点，并在概述页面的图表中更新数据，如图 13-37 所示。

图 13-36　药肥销售站点数据整体空间分布

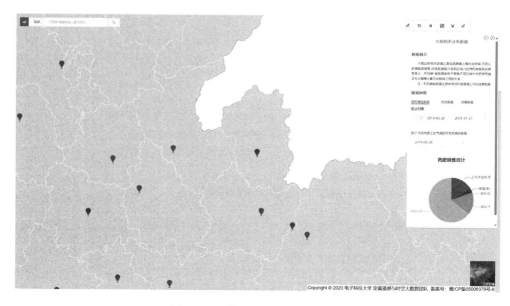

图 13-37　药肥销售站点具体情况

　　图 13-38 呈现了抗性数据的整体空间分布，为相应行政区划内的抗性检测结果，对相应行政区划进行标注，并在概述页面列出相关行政区划。通过点击列表中或地图上的行政区划，相关标注会切换颜色并且地图会以该行政区划为中心进行缩放；列表中会呈现具体行政区划的采样信息和抗性检测结果，一个样本可能会使用多种药剂进行检测，可查看不同药剂的抗性结果；当切换行政区划时，原行政区划的高亮转移到新行政区划，地图的中心也转移至新行政区划，并在概述页面的图表中更新数据，如图 13-39 所示。

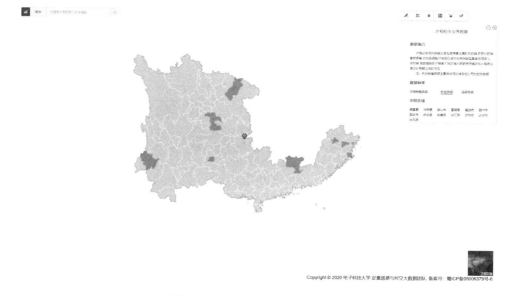

图 13-38　抗性数据整体空间分布

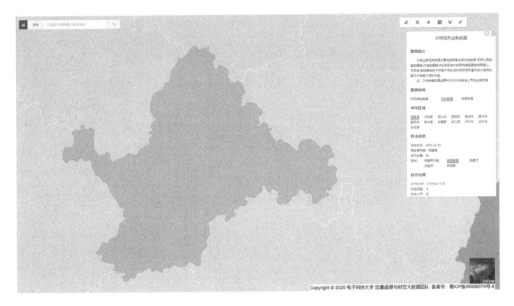

图 13-39　具体区域的抗性情况

6. 视频监控数据

视频监控数据用以呈现平台所有的网络摄像头对田间的监控情况，通过经纬度与摄像头图标在地图上标注哪儿有摄像头。点击摄像头后会以其为中心展示该区域有多少个摄像头，鼠标移至新展开的摄像头上可查看对应的摄像头名(以具体的放置位置命名)，如图 13-40 所示。点击新展开的摄像头，其颜色会变红以表示正在查看摄像头，且会新开标签页用于视频监控的查看与相应摄像头的切换，如图 13-41 所示。

图 13-40　视频监控入口

图 13-41　视频查看与切换

13.4.8　后台管理

后台管理是维护平台正常运行的重要工具，只有管理员可进行相关操作。图 13-42 展示了大数据平台的后台管理页面整体布局，左边为菜单区，右边为相应功能模块的呈现区域，主要功能为用户管理、业务管理等。业务管理主要保证从后台也可以像前台用户一样进行相应数据的上传和操作，此处不再重复介绍，仅介绍用户管理。

图 13-42 当前打开了用户信息管理功能，矩形方框内呈现了用户部分信息，可以点击"冻结"按钮冻结用户，冻结后该用户将不能登录平台；点击"解冻"按钮，即可使用户恢复正常使用。椭圆形框内呈现了平台统计的系统消息总量、用户登录情况和平台数据情况。

图 13-42　后台管理用户信息管理

当用户注册为农业专家、决策者、服务商时需要填写认证信息，超级管理员可以在角色审核页面根据这些信息来审核注册人的身份，并给出审核意见，填写审核结果，如图 13-43 所示(当前平台无需要审核的用户)。

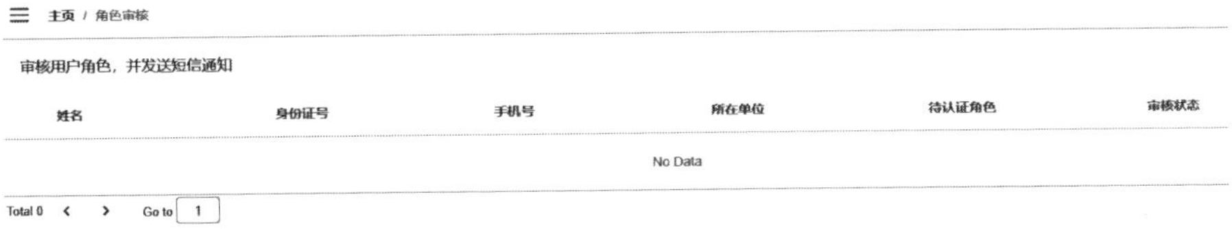

图 13-43　角色审核

当农业专家、服务商、决策者等用户部分信息有所变化时(如所在单位变化等)，可以在如图 13-44 所示信息修改页面更新信息。

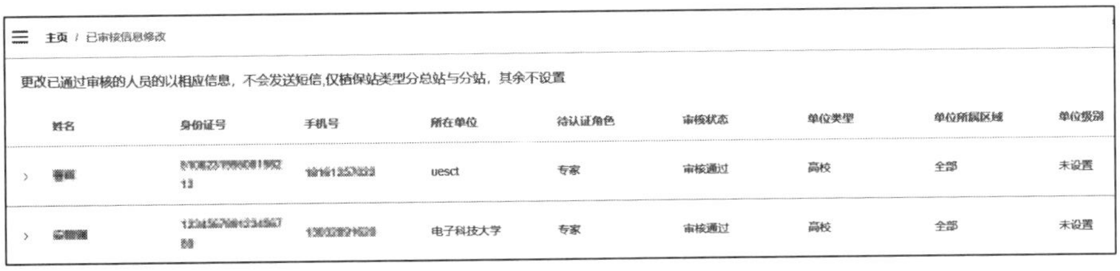

图 13-44　已审核信息修改

13.5　测　　试

测试主要针对大数据平台门户的布局、导航、相关功能等在不同浏览器和不同电脑屏幕分辨率下是否正常展开。第 2 章中设计约束的浏览器限制即通过测试获取，很难做到不同电脑屏幕分辨率下的完全适配，所以只保证了主要屏幕分辨率下布局正常。表 13-3 展示了大数据平台详细的测试结果。

表 13-3　大数据平台门户功能测试结果

测试内容	测试结果
布局：功能菜单、搜索框、用户头像、地图切换、版权信息等首页面内容是否排布整齐、清晰合理	正常
导航跳转：页面跳转、功能切换、访问控制	正常
用户信息： 1.用户注册(手机号重复注册)、登录网站、找回密码； 2.用户个人信息项目查看与修改是否正常； 3.普通用户在此申请角色认证是否正常	1.更改邮箱时出现表单校验异常提示邮箱格式错误； 2.角色认证入口消失； 3.其余正常
农情监测：页面要素布局、数据轮播	正常
示范区：创建、显示缩放、列表与地图联动	1.收起展开按钮功能异常； 2.其余正常

续表

测试内容	测试结果
商业服务：创建、编辑、查看以及与地图联动	正常
上报： 1.各类数据的表单验证、上传中、上报成功后的提示是否正常； 2.上报完毕后表单是否清除	正常
数据可视化： 1.多源异构数据的参数请求、设置、表单验证是否正常； 2.请求的数据在地图上呈现以及地图与参数表单的联动是否正常	1.由抗性数据切换至农药销售数据后，查询点击不起作用； 2.其余正常
后台管理及系统性功能： 1.后台管理中用户角色审核、冻结、信息查看功能是否正常，系统消息、示范区、上报等后台编辑是否正常； 2.系统性功能(如系统消息查看、查看帮助文档、反馈问题、友情链接、APP下载等功能)呈现与交互是否正常	1.问题反馈时不带照片会显示一直等待，没有是否反馈成功的提示； 2.其余正常

附　　图

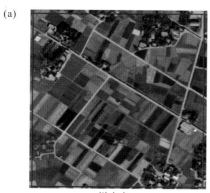 

样本点A　　　　　　　　　　　样本点B

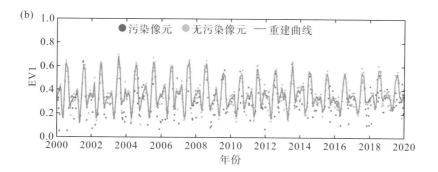

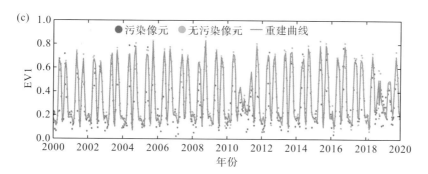

图 3-9　不同水稻种植制度的 EVI 时空张量补全曲线

注：（a）样本点 A：单季稻，经度 102.62708°E，纬度 29.45625°N；样本点 B：双季稻，经度 110.00208°E，纬度 20.89375°N。
　　（b）样本点 A 张量补全 EVI 时间序列曲线。（c）样本点 B 张量补全 EVI 时间序列曲线。

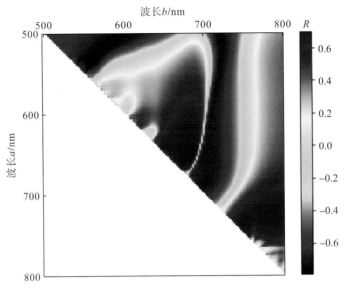

图 5-3 SPAD 与 RCRW$_{a\text{-}b}$ 相关系数图

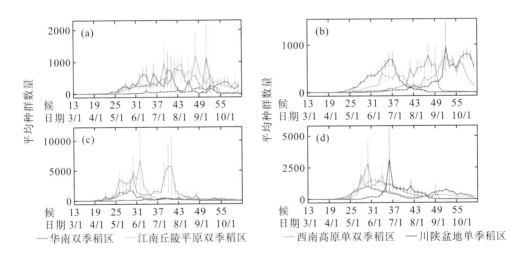

—— 华南双季稻区 　—— 江南丘陵平原双季稻区 　　—— 西南高原单双季稻区 　—— 川陕盆地单季稻区

图 8-2 稻飞虱 2000～2019 年 20 年平均种群动态

注：(a)迁入褐飞虱；(b)田间褐飞虱；(c)迁入白背飞虱；(d)田间白背飞虱。图中每候种群数量均值是基于 75～497 个灯诱虫量与 158～411 个田间发生量计算所得，竖线表示种群数量均值的标准误差。

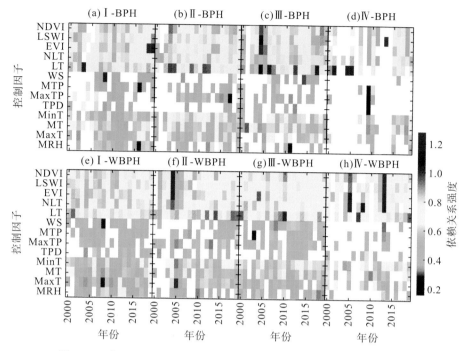

图 9-3　不同稻区稻飞虱田间种群动态与各控制因子间依赖关系强度

注：（a）～（d）分别为华南双季稻区、江南丘陵平原双季稻区、西南高原单双季稻区及川陕盆地单季稻区褐飞虱种群；
（e）～（h）分别为华南双季稻区、江南丘陵平原双季稻区、西南高原单双季稻区及川陕盆地单季稻区白背飞虱种群。

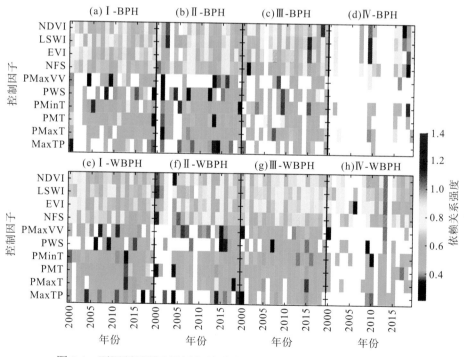

图 9-4　不同稻区稻飞虱迁入种群动态与各控制因子间依赖关系强度

注：（a）～（d）分别为华南双季稻区、江南丘陵平原双季稻区、西南高原单双季稻区及川陕盆地单季稻区褐飞虱种群；
（e）～（h）分别为华南双季稻区、江南丘陵平原双季稻区、西南高原单双季稻区及川陕盆地单季稻区白背飞虱种群。